生物学实验指导丛书

生物学形态实验指导

主　编　戈志强

苏 州 大 学 出 版 社

图书在版编目(CIP)数据

生物学形态实验指导/戈志强主编. —苏州：苏州大学出版社，2010. 8(2022. 7 重印)
(生物学实验指导丛书)
ISBN 978-7-81137-523-7

Ⅰ. ①生… Ⅱ. ①戈… Ⅲ. ①生物形态学－实验－高等学校－教学参考资料 Ⅳ. ①Q13-33

中国版本图书馆 CIP 数据核字(2010)第 169508 号

生物学形态实验指导
戈志强　主编
责任编辑　倪　青

苏州大学出版社出版发行
(地址：苏州市十梓街 1 号　邮编：215006)
广东虎彩云印刷有限公司印装
(地址：东莞市虎门镇北栅陈村工业区　邮编：523898)

开本 787 mm×1 092 mm　1/16　印张 14. 75　字数 282 千
2010 年 8 月第 1 版　2022 年 7 月第 6 次印刷
ISBN 978-7-81137-523-7　定价：45. 00 元

苏州大学版图书若有印装错误，本社负责调换
苏州大学出版社营销部　电话：0512-67481020
苏州大学出版社网址　http://www.sudapress.com

生物学实验指导丛书

编 委 会

《生物学形态实验指导》

编写人员名单

主　　编　戈志强

副 主 编　孙丙耀　卫功元

编写人员　孙丙耀　戈志强　卫功元

朱越雄　李蒙英　王大慧

吴　康

前言

Qianyan

随着高等教育改革的不断深入,人才培养有了新的目标,能力培养、知识学习成为高等教育的培养目标.为了适应当今生物学学科的发展,加强各课程间的融合交叉,我们结合我校实验教学改革的实际情况,组织编写了生物学实验系列教材,其目的是打破过去以课程为主设置实验教学内容而忽视学科间交叉融合的传统,构建新的实验教学体系,更好地体现能力培养的特色.

生物学实验(形态部分)主要包括了植物学、动物学和微生物学的教学内容.植物学、动物学和微生物学这三门课程是生物学专业的三门基础课程,是学好生物学其他相关课程的基础.为了使实验内容更加适合教学的需要,我们在总结多年教学经验的基础上,借鉴兄弟院校的教学成果并结合学科发展特点,编写了这本实验指导教材.本教材实验内容分为以下四个部分:(1) 实验技术篇:包括植物学、动物学、微生物学的经典实验技术,如制片技术、培养技术、染色技术等.(2) 基础实验篇:包括了三门学科的基础经典实验.希望通过实验使学生对三门课程的知识有全面了解和掌握.(3) 综合实验篇:主要内容为动植物学、微生物学的综合性实验.目的是通过实验使学生全面掌握相关知识.(4) 开放实验篇:主要是为开展研究性学习而设.其形式是在实验老师指导下由学生自主设计并完成实验,目的是使学生独立完成实验的技能得到锻炼和提高.由于教学时数的限制和各院校教学条件的不同,对于本教材所列实验内容,一般只需选择性开设其中部分基础实验和综合性实验.对于一些难度较大、需时较长的实验,可根据具体情况集中时间开设 1～2 个实验.

本书的植物学部分由苏州大学基础医学与生物科学学院孙丙耀老师编写,动物学部分由苏州大学基础医学与生物科学学院戈志强老师编写,微生物学部分由卫功元、朱越雄、李蒙英、王大慧、吴康老师编写.由于编者水平有限,本书可能存有疏漏或不足之处,诚请使用者批评指正.

目录

Mulu

第一篇 形态学实验技术

第二篇 形态学基础实验

第三篇　形态学综合实验

第四篇　形态学开放实验

生物学实验指导丛书

生物学形态实验指导

第一篇

形态学实验技术

第一章

显微镜使用技术

实验一 显微镜的构造和使用

显微镜是生物形态学学习和研究的重要工具，是生物学实验室的常用设备. 显微镜的结构和显微镜的使用方法是生物专业学生必须了解和掌握的.

［实验目的］

1. 了解普通光学显微镜的构造和各部分性能，学习和掌握显微镜的使用方法.

2. 学习使用显微镜观察动植物装片.

［实验材料与器具］

动植物装片，光学显微镜、擦镜纸等.

［实验内容］

（一）普通光学显微镜的构造

显微镜种类繁多，结构也很复杂，但其基本结构均可分为机械部分和光学系统部分(图 1-1).

1. 机械部分

显微镜机械部分是由精密而牢固的零件组成的，主要包括镜座、镜臂、载物台、镜筒、物镜转换器和调焦装置等.

（1）镜座：它是显微镜的基座，用以支持镜体平衡，其上装有反光镜或照明光源.

（2）镜柱：指镜座上面直立的短柱，用以连接、支持镜臂及以上的部分.

（3）镜臂：它弯曲如臂，上接镜筒、下接镜柱，支持载物台、聚光器和调焦装置，是取放显微镜时手握的部位. 直筒显微镜镜臂和镜柱连接处有活动关节，可使显微镜在一定范围内后倾，后倾角度一般不超过 30°.

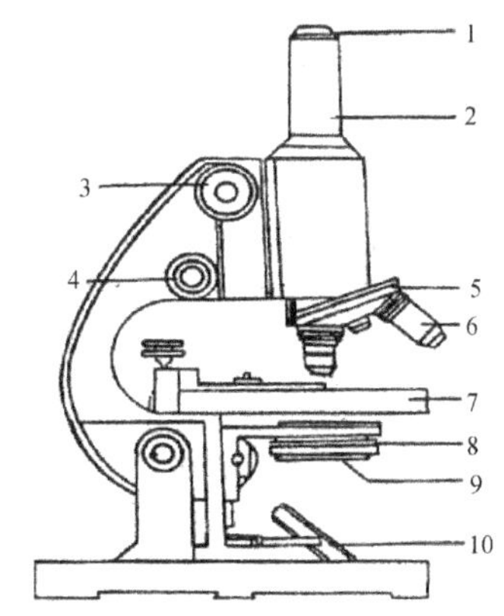

1. 接目镜 2. 镜筒 3. 粗调节器 4. 细调节器 5. 转换器 6. 接物镜 7. 载物台 8. 光圈 9. 聚光器 10. 反光镜

图 1-1 普通光学显微镜的构造

(4) 镜筒：镜筒一般长 160～170 cm. 其上端放置目镜，下端与物镜转换器相连. 双筒斜式的镜筒，两镜筒距离可以根据两眼距离及视力来调节.

(5) 物镜转换器：它是固着在镜筒下端的圆盘，其上装有不同倍数的物镜，可以左右自由转动，便于更换物镜.

(6) 载物台：载物台是放置切片的平台. 其中央有一个通光孔，旁边装有固定玻片的压夹或标本移动器. 有的显微镜载物台下装有聚光镜.

(7) 调焦装置：镜臂两侧有粗、细调焦轮各一对，旋转时可使镜筒上升或下降，以便得到清晰物像，即调焦. 大的一对是粗调，每旋转 1 周可使镜筒升降 10 mm，用于低倍物镜观察时；小的一对是细调，每旋转 1 周可使镜筒升降 0.1 mm，用于高倍物镜观察时. 使用时，必须先用低倍镜，后用高倍镜.

2. 光学系统部分

光学系统由成像系统和照明系统组成. 前者包括物镜和目镜，后者包括反光镜（或内置光源）和聚光器.

(1) 物镜：物镜是决定显微镜性能（如分辨率）的最重要部件. 它将标本第一次放大成倒像. 一般低倍物镜放大倍数有 10×、4×，高倍物镜为 40×，而油镜为 100×. 使用油镜时，玻片与物镜之间须加入折射率大于 1 的香柏油作为介质. 例如：物镜上标有“40/0.65 160/0.17”字样中的“40”表示物镜放大倍数；“0.65”表示镜口率，其数值越大，工作距离越小，分辨率越高（分辨率是指显微镜能分辨两点之间最小的距离）；“160”表示镜筒的长度；“0.17”表示要求盖玻片的厚度.

(2) 目镜：目镜的作用是将物镜放大所成的像进一步放大，放大倍数有 5×、10×、15×等. 目镜内可安装“指针”，也可安装测微尺.

(3) 聚光器：聚光器由聚光镜和彩虹光圈（可变光栅）组成. 聚光镜可以使光汇集成束，增强被检物体的照明度. 彩虹光圈通过拨动其操作杆，可使光圈扩大或缩小，借以调节通光量. 有的聚光器下方还有一个滤光片托架，根据镜检需要可放置滤光片. 构造简单的显微镜无聚光器，仅有光圈盘，其上有若干个大小不同的圆孔，使用时选择适当的圆孔对准通光孔.

(4) 反光镜：反光镜的作用是把光源投射来的光线向聚光镜反射. 反光镜有平、凹两面，平面镜反光，凹面镜兼有反光和聚光的作用. 一般前者在光线充足时使用，后者在光线不足时使用. 装有内置光源的显微镜，只要打开电源开关，使用光亮调节器即可.

（二）普通光学显微镜的使用

1. 取放：拿取显微镜时，应一只手握住镜臂，另一只手平托镜座，将显微镜放置在桌面左侧距桌边 5～10 cm 处，以便腾出右侧位置进行观察记录或绘图.

2. 对光：对光时，先将低倍物镜对准通光孔，用左眼或双眼观察目镜. 然后，调节反光镜或打开内置光源并调节光强，使镜下视野内的光线明亮、均匀又不刺眼.

3. 低倍镜的使用：将玻片标本放置在载物台上固定好，使观察材料一定正对着通光孔中心.转动粗调焦轮,使物镜下降至距玻片 5mm 处,接着用左眼(或双眼)注视镜筒,再慢慢用粗调焦轮上升物镜,直到看见清晰的物像为止.

4. 高倍镜的使用:由于高倍镜视野范围更小,所以使用前应在低倍镜下选好需要观察的结构,并将其移至视野中央,然后转高倍镜至工作位置.高倍镜下视野变暗且物像不清晰时,可调节光亮度和细调焦轮.由于高倍镜使用时与玻片之间距离很近,因此,操作时要特别小心,以防镜头碰到玻片.

5. 调换玻片:观察时如需调换玻片,要将高倍镜换成低倍镜,取下原玻片,换上新玻片,重新从低倍镜开始观察.

6. 使用后整理:观察完毕,上升镜筒,取下玻片,将物镜转离通光孔呈非工作状态,放上擦镜布,按原样收好显微镜.

用实验室提供的动植物装片进行观察时,先在低倍镜下找到所要找的结构,仔细区分各部分构造,把要进行详细观察的结构调到视野中央,换高倍镜进行观察.

[注意事项]

1. 显微镜是精密仪器,使用时一定要严格遵守操作规则,不许随意拆修.

2. 随时保持显微镜清洁.观察临时装片时,一定要将盖玻片四周溢出的水或其他液体用吸水纸吸干净,以免污染镜头.已被污染的镜头要用镜头纸擦拭.

3. 观察时,坐姿要端正,双目同时张开,切勿睁一只眼闭一只眼或用手遮挡一只眼.

4. 观察玻片时,一定要按先低倍物镜后高倍物镜的顺序使用.细调焦轮要在观察到物像而不够清晰时使用,切忌沿同一方向不停地转动细调焦轮.

[实验报告]

绘制不同放大倍数镜头下观察到的同一结构的放大图,比较低、中、高倍镜下观察物体时分辨率的不同.

实验二　显微镜油浸系物镜的使用

一般显微镜的物镜和标本之间的介质是空气,放大倍数一般在 60 倍以下.为了能观察到微小物体,需要放大倍数更大的物镜,这时就必须在物镜与标本之间加入一种和玻璃折光率几乎相等的香柏油才能观察到清晰的物像,这种物镜即被称为油镜.

一般物镜上标以“HI”或“OI”的字样,加香柏油,是为了消除光由一种介质进入另一种介质时发生的折射现象.

油镜,即油浸接物镜.当光线由反光镜通过玻片与镜头之间的空气时,由于空气与玻片的密度不同,使光线曲折,发生散射,降低了视野的照明度.若中间的介质是一层香柏油(其折射率与玻片的相近),则几乎不发生折射,增加了视野的进光量,从而使物像更加清晰(图 1-2).

［实验目的］

1. 复习显微镜低倍镜和高倍镜的使用技术.

2. 了解油浸物镜的基本原理.

3. 掌握油浸系物镜的使用方法及维护.

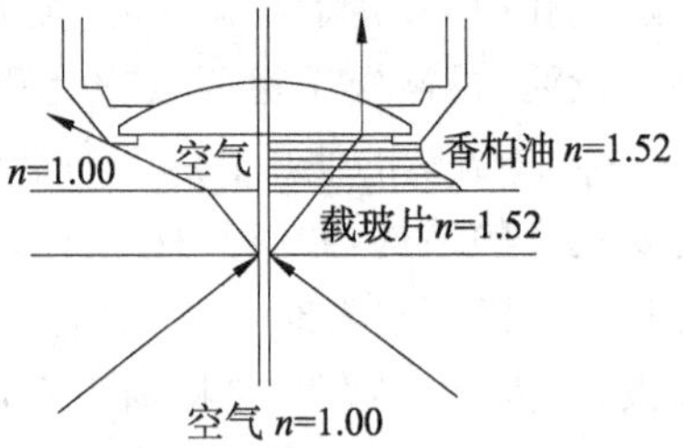

［实验材料与器具］

1. 菌种

枯草芽孢杆菌和金黄色葡萄球菌的斜面菌种.

图 1-2　干燥物镜与油镜的光线通路比较

2. 器具

显微镜、香柏油、二甲苯、无菌水、擦镜纸、吸水纸、载玻片、盖玻片、接种环、酒精灯、小滴管等.

［实验步骤］

（一）观察前的准备

1. 领取并检查显微镜

从显微镜箱中取出显微镜时，用右手紧握镜臂，左手托住镜座，直立平移(图 1-3)，轻轻放置在实验台上，镜座距实验台边沿约 4 cm. 检查各部件是否齐全，镜头是否清洁. 若发现问题，应及时报告老师.

图 1-3　显微镜的搬动

2. 调节光源

将低倍物镜转到工作位置，把光圈完全打开，聚光器升至与载物台相距约1 mm的位置. 转动反光镜，采集光源，对光至视野内均匀明亮为止. 观察染色装片时，光线宜强；观察未染色装片时，光线不宜太强.

（二）低倍镜观察

上升镜筒，将枯草芽孢杆菌载玻片标本(涂面朝上)置于载物台中央，用标本夹固定，并将标本移到物镜正下方. 转动粗调旋钮，使镜头与标本间的距离降到 10 mm 左右. 然后，一边看目镜内的视野，一边调节粗调旋钮缓慢升高镜头，至视野内出现物像时，改用细调旋钮，以获得清晰的物像. 移动装片，把合适的观察部位移至视野中央，再换高倍镜观察.

（三）高倍镜观察

眼睛离开目镜从侧面观察，旋转转换器，将高倍镜转至正下方，注意避免镜头与载玻片相碰. 再由目镜观察，将光圈的光线适当调亮，旋转细调旋钮使物像清晰为止. 将最适宜的观察部位移至视野中央，边观察边绘图.

不要移动装片，准备用油镜观察.

（四）油镜观察

1. 将镜筒上升约 2 cm，将油镜转至正下方. 在玻片标本的镜检部位（镜头的正下方）滴一滴香柏油.

2. 从侧面注视，小心慢慢降下镜筒，使油镜浸在油中至油圈不扩大为止，镜头几乎与装片接触，但是不可压及装片，以免压碎玻片，损坏镜头.

3. 将光线调亮，左眼从目镜观察，用粗调节器将镜筒徐徐上升（切忌反方向旋转）. 当视野中出现物像时，再旋转细调旋钮使物像清晰. 如果因镜头下降未到位或镜头上升太快未找到物像，必须再从侧面观察，将油镜降下，重复操作直至物像清晰为止. 仔细观察并绘图.

4. 调换标本

提起镜筒，换上金黄色葡萄球菌染色装片，依次用低倍镜、高倍镜和油镜观察，绘图. 重复观察时可比上一次少加香柏油.

（五）镜检完毕后的工作

1. 移开物镜镜头.

2. 取出装片.

3. 清洁油镜. 油镜使用完毕，必须先用擦镜纸擦去镜头上的香柏油，再用擦镜纸沾少许二甲苯擦掉残余的香柏油，最后用干净的擦镜纸擦干残留的二甲苯.

4. 擦净显微镜，将各部分还原. 将接物镜呈“八”字形降下，不可使其正对聚光器.

[注意事项]

1. 使用油镜必须按照先低倍镜、后高倍镜、最后油镜观察的顺序操作.

2. 下降镜头时，一定要从侧面注视. 切忌用眼睛对着目镜，边观察边下降镜头，以免压碎玻片而损坏镜头.

3. 擦拭镜头须用擦镜纸，不要用手指或普通纸.

4. 观察标本时，请睁开双眼，一方面养成两眼轮换观察的习惯，以减轻眼睛疲劳；另一方面养成左眼观察，右眼绘图的习惯，以提高效率.

[实验报告]

分别绘出在高倍镜和油镜下观察到的枯草芽孢杆菌及金黄色葡萄球菌的形态，并注明放大倍数.

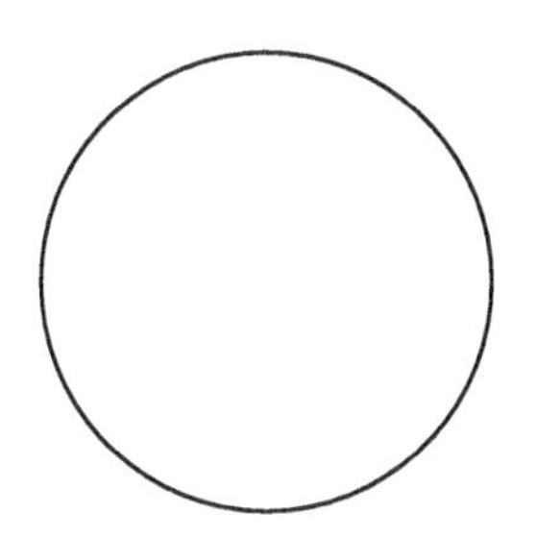

枯草芽孢杆菌（放大____×____）

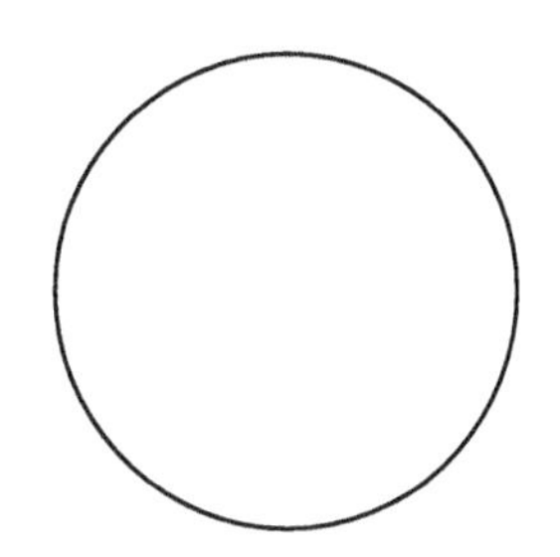

金黄色葡萄球菌（放大____×____）

[思考题]

1. 使用油镜时应特别注意哪些问题?

2. 镜检标本时,为什么先用低倍镜观察后用高倍镜观察,而不直接用高倍镜或油镜观察?

第二章 植物学实验技术

实验三 植物标本临时制片技术

常用的植物制片方法有以下四种:

1. 涂压制片法

涂压制片是一种非常直接的方法,所需化学品种类少,且大多对人体无明显危害.制片过程需时短,通常约1小时即可完成整个制片过程.如果需要,也可将涂压片制成永久切片.涂压制片法也有一些不足之处:除了细胞核和染色体外,对细胞质内的结构固定效果差,涂压过程中会导致细胞间的关系消失;制备永久切片比其他方法难度大.

2. 徒手切片法

徒手切片法有时也称为手工切片法,是研究高等植物解剖结构的简要方法.该方法所需的仪器简单、药品经济、耗时较短,且易于保持组织或细胞内活体情况和天然色泽,对于一般结构的观察和组织化学的研究均较适宜,必要时也可经染色制成永久切片而保存下来.因而,徒手切片法在植物解剖结构研究中应用非常广泛.但是,对于体积微小或巨大、质地柔软或坚硬的材料处理困难,同时也不能制成厚薄均一的连续切片,因此,在应用上仍存在一定的局限性.

3. 表皮剥离法

植物的多种器官(特别是叶片)最外层组织的表皮可以撕取呈条块状,通常只有一层细胞,可直接用于显微镜观察.在植物分子生物学和功能基因组学研究中,用做基因瞬时表达模式实验系统的洋葱鳞叶的表皮即为典型的可直接撕取的材料,显微观察非常方便.为了获得良好的撕取效果,实验操作时一般用锋利的刀片将植物器官的表面切割开,然后用镊子在切口的一边轻轻地将表皮撕离,将撕得的表皮小块浸于含润湿剂的水滴中制成水封片.如果材料的疏水性强,则可以用乙醇作为封片剂.

4. 振动切片法

振动切片机是一种类似于石蜡切片机的切片设备,它通过振动的刀片对组织进行切割.振动的振幅、速率和刀片的角度可以得到控制.固定的或新鲜的组织材料包埋于低熔点琼脂糖凝胶中(在有些情况下未经琼脂糖包埋也取得了较好的效果),凝于切片机上的金属块后即可在水浴或缓冲液浴中进行切片.切片后可用细毛刷收集组织切片,转移到多孔板的载片上进行染色.对大部分植物标本来说,无论横切还是纵切,茎最易于进行切片操作.叶的横切也相对容易进行,但有时叶片在切片时可发生卷曲而产生非典型的横切片.根的木质化程度高,是最难以切割的器官.利用经软化处理的根或组织培养基上生长的根进行组织切片可显著提高切片效果.与振动切片相关的参数,包括固定和切割设置,很大程度上决定于组织来源.不同种类的植物.不同的器官或组织,所需设定的切片参数也不同,实际操作中需要对参数进行优化.保存于固定液的植物材料需要在 50 mmol/L 哌嗪-N,N′-双(2-乙磺酸)(PIPES)缓冲液中洗涤,每隔 30 min 更换一次缓冲液,洗涤后将组织包埋在 5.0%的低熔点琼脂糖凝胶中,使之冷却后固化.通常可用一次性的 5 mL 容量的微型塑料烧杯作为胶模,每个胶模可包埋多个组织块.固化过程中,注意让植物材料的各边均被琼脂糖凝胶包围.固化后,切出含每个组织块的琼脂块,适当修整,以适宜于定向夹持在金属块上.夹持于金属块后另外滴加凝胶以强化固定效果,约固化 5 min 后在振动切片机上进行切片.振动切片操作前请参阅相关使用说明.

[实验目的]

1. 学习植物制片技术.

2. 了解常见植物制片方法.

[实验材料与器具]

植物根段,显微镜、玻片、镊子、解剖针.

[实验步骤]

(一) 涂压法

1. 用刀片切取根先端 0.5～1.0 cm 长的根段.

2. 将切取的根段置于卡诺依氏固定液中,室温下静置 10～15 min.

3. 将根段从固定液中转移至盐酸 - 乙醇浸离液(无需洗涤),室温下静置 5～10 min.具体浸离时间须经优化试验确定,通常 5 min 即可产生较好的效果.

4. 用流动的自来水洗涤约 15 min,尽可能除去残留的浸离液.(如果浸离液去除不充分,将导致后续染色困难.)

5. 将根尖转移至含醋酸洋红染液的试管中染色,或在洁净的载玻片中央滴上一至二滴醋酸洋红染液,再用镊子取一个根尖于染液液滴上.此时,可用酒精灯小火下稍微加温促进染色,也可将试管置于约 60 ℃的温水水浴中.注意不要让染液失水干燥.

6. 用数滴 45%的醋酸洗涤根尖,分生组织区将被染成深棕红色,其余部分则被染成透明红色.

7. 将根尖的分生组织部分置于载玻片上.

8. 盖上盖玻片,用解剖针将盖玻片前后移动,使材料与玻片间密接.此时可发现细胞团已展开.

9. 在盖玻片上覆盖几层吸水纸,然后用拇指挤压盖玻片,使细胞群展开.

10. 用指甲油或石蜡凡士林液封片,可保存数日.

(二) 徒手切片法

1. 取材、切片

用双面刀片或剃刀进行手工切片,刀口必须十分锋利.剃刀的刀口如果已钝,要随时磨锋利.一般采用细质的青石,加水磨刀,有时也可涂加少量中性肥皂液作为润滑剂.磨刀时,将剃刀平置于磨刀石上的向身一端,刀口向前,右手执握刀柄,左手压于刀口附近,用力均匀地向前偏左的方向推动剃刀.当剃刀推移至磨刀石的前端时,再以刀口向上,翻转剃刀,然后将剃刀从前方斜拉而回.如此反复进行,直到刀口锋利为止.磨刀之后或每次切片前,还要在鐾刀皮上鐾刀.鐾刀时,刀口必须向后,以免割坏皮革和损伤刀口.剃刀用过后,应立即擦洗、上油,以免生锈.

切片所用的材料,可用新鲜的,也可将选好的材料先经固定液(FAA 为常用的固定液)固定 12 h 以上.对于较大的材料,如直径在 5～6 mm 的根、茎等,用刀割取长约 2 cm 的小段,直接用手捏住材料进行切片;较软或较小的材料,如植物的叶片,则顺主脉的两侧切割,使中央形成宽 5～6 mm、长 1～1.5 cm 的长条形材料,夹在通草茎或向日葵茎的髓中,也可用萝卜根或胡萝卜根作为夹持物.通草茎遇水易软,因此,保存在乙醇中的材料,以通草作夹持物较好.

切片时,通常以左手的拇指、食指和中指夹握材料,拇指的位置较食指稍低,材料上端略高于食指;右手执刀,刀平置左手食指上,刀口向内,与材料垂直,从刀口偏后处开始接触材料,用臂力自左向右拉切.切片时,双手不要紧靠身体或紧压桌面.拉刀过程中不要中途停顿,经常用毛笔蘸水湿润材料的切面,以免材料干燥变形,并减小切片时的阻力.切下的薄片,用湿毛笔从刀上轻轻刷入盛有清水的培养皿中.毛笔只能从刀口向外轻刷,以免刀口将笔毛割断.

从培养皿中挑选最薄而完整的切片,移至载玻片上,加水,盖上盖玻片,制成临时玻片标本,在显微镜下观察,或用甘油封藏作短期的保存.

2. 染色、封片

如欲将新鲜材料制成永久切片,挑选符合要求的切片移入盛有 70%乙醇的小酒杯或小染色皿中,进行固定,迅速将组织中的细胞杀死,并尽量使其形态结构和组成保持原有的状态.固定的时间约 15 min,然后在 1%的番红乙醇(70%的乙醇)溶液中染色 1～2 h 或更长时间,用 70%的乙醇换洗两次,并经一次 85%的乙醇,每次约1 min,除去多余番红沉淀.当木质部呈鲜红色,其余部分仅留浅红色时,再用 0.5%的固绿(95%的乙醇溶液)进行双重染色.当材料刚刚全面呈现绿色时,立即停止复染,一般染 30～60 s.也可用 1%的苯胺蓝(95%的乙醇溶液)代替固绿进行复染，染色时间为 3～5 min. 双重复染的时间常需要根据具体情况而作调整.

如果番红染色过深，不易洗净余色，则可用盐酸乙醇(70％的乙醇 30 mL 中滴 1～2滴浓盐酸)适当退色，但事后必须用乙醇洗净盐酸，最好再经一次氨乙醇(70％或 80％的乙醇 30 mL 中滴 2～3 滴浓氨水)中和，然后洗去氨液再进入固绿. 双重染色后，有时可再用 2％的苦味酸(95％的乙醇溶液)分色 1～3 min，可获得红绿对比更加鲜艳的染色效果.

染色完毕，随即转入 95％的乙醇、无水乙醇(两次)中脱水，经 2/3 无水乙醇加 1/3 二甲苯、1/3 无水乙醇加 2/3 二甲苯、二甲苯进行透明. 以上各级分别为 3～5 min，但在 95％的乙醇中宜快一些. 对于容易收缩卷曲的材料，加入二甲苯的速度要放慢，步骤要细. 如改用叔丁醇、冬青油或香柏油代替二甲苯，可减少材料收缩. 但冬青油和香柏油透入材料的速度较二甲苯为慢，可适当延长透明时间. 同时，冬青油有毒性，使用时要注意室内通风.

最后将经过染色、透明的切片材料用小镊子轻轻挑至载玻片上，滴上加拿大树胶或中性树胶，盖上盖玻片，贴上标签，注明材料名称和制作日期等. 待树胶干固后，这种手工切片便可长期保存. 较好的切片，其细胞核和木质化细胞壁被染成红色，细胞质和纤维素的壁部则常被染成绿色(苯胺蓝染色则被染成蓝绿色)，红绿相衬，有利于辨别植物体的内部结构.

徒手切片法操作要点：

(1) 切片时，植物材料和刀片均需保持湿润，切下的薄片要及时转移到水中，以免细胞失水.

(2) 切片动作要连续，不可中途停顿，以避免切面锯齿状起伏不平. 操作时不要过多地注意切出的个别薄片，应尽可能快速地切出大量的薄片，然后从中选择足够薄而均匀的切片材料用于观察.

(3) 切片前对植物材料作适当的修整处理，使手指把持材料时感觉自然而不紧张，材料不能高出手指过多，并保持刀面与材料垂直，避免切出厚薄不均一的楔形切片.

[实验报告]

1. 涂压法制作一临时装片，观察并绘图.
2. 徒手切片法制作一切片，观察并绘图.

实验四　植物组分的组织化学染色分析技术

植物细胞在结构上主要包括细胞壁、细胞核、质膜以及处于细胞质中的各类执行特定功能的细胞器，在组成上还包括各类功能性化合物和细胞代谢过程中产生的后含物. 后含物种类很多，如淀粉、糊粉粒、脂肪或油滴、各种结晶体、生物碱、甙、鞣质等，其中有些是细胞内的贮藏物质，也有些是代谢废物. 植物种类、细胞类型和发育阶段等不同,细胞内的后含物类型也不同.此外,细胞内还存在各类细胞结构组成成分,如参与细胞壁组成的纤维素和木质素等,以及细胞发育到特定阶段产生的物质(如胼胝质).上述物质经特定的染料染色后可产生特征性的颜色,利用这一特点研发出的组织化学染色技术在植物细胞学研究以及诸如中草药的化学成分分析等方面有着广泛的应用.

[**实验目的**]

掌握植物细胞内有代表性的主要结构组分、后含物的特征性染色方法,加深理解植物细胞后含物的概念.

[**实验材料与器具**]

1. 植物材料

七叶树或柳树嫩枝、马铃薯块茎、洋葱鳞茎、白菜叶柄、辣椒或木兰科植物叶片、银杏(或蚕豆、三叶草)叶片、花生种子.

2. 器具

显微镜、剃刀或双面刀片、载玻片、盖玻片、纱布、吸水纸等.

3. 染液和其他溶液

间苯三酚饱和溶液,甲苯胺蓝O,IKI溶液(2% KI,0.2% I_2),苯胺蓝,20% HCl,65% H_2SO_4,亚甲蓝,硫酸铁或三氯化铁溶液,苏丹Ⅲ或苏丹Ⅳ溶液,甘油,氨基黑溶液,乙醇.

[**实验步骤**]

1. 木质素的染色

取七叶树或柳树嫩枝,用锋利的刀片连续横切,尽可能切薄,产生直径方向完整的薄片,但不必薄如显微切片.依照下列方法进行木质素染色,并置于显微镜下观察,注意观察木质素的分布和判断木质化程度.

间苯三酚测试:将切片浸入间苯三酚饱和溶液(在20%的HCl溶液中饱和,浓度约为0.1%)中,2~3 min后转移至清水中,洗涤,盖上盖玻片制成水封片.木质素被染成紫红色.由于间苯三酚和HCl均具腐蚀性,因此染色操作时应避免染液被污染.

甲苯胺蓝O:在标本上滴加一滴0.05%的甲苯胺蓝O水溶液,2~4 min后吸除染料,加水洗涤.木质素和单宁等多酚类物质可被染成绿色或蓝绿色,果胶类物质将被染成粉色或紫色.

2. 淀粉的染色

利用IKI反应可使淀粉特征性染色.取马铃薯块茎,先用剃刀将块茎切成易于手指夹持的长形薯条,再用双面刀片按徒手切片法切成约20 μm厚的薄片,将切片置于IKI溶液中,约15 s后转移至水中,用水封片.数分钟内,淀粉可被染成蓝色至黑色,新形成的淀粉出现红色至紫色.

3. 胼胝质(筛板)的染色

胼胝质的染色需时较长,实验前通常由指导教师准备材料.将撕取的洋葱鳞叶表皮或徒手切片法切取的白菜叶柄纵切片的新鲜材料置于苯胺蓝溶液中，4～24 h后用水洗涤切片并制成水封片，进行显微观察，注意胼胝质可被染成蓝色．间苯二酚蓝或棉染蓝可替代苯胺蓝对胼胝质进行染色．另一胼胝质染色方法是：先将标本在IKI溶液中浸2 min，然后转移到水中洗涤，再转移到0.1％的苯胺蓝水溶液中，5 min后转移到水中洗涤，制成水封片．

4. 纤维素的染色

将辣椒或木兰科植物的叶片卷叠后依照徒手切片法切成薄片(适当长度的丝状)．采用下述IKI/H_2SO_4方法进行染色观察．先将切片浸入IKI溶液15 min以上(此时不要用盖玻片覆盖组织材料)，用盖玻片覆盖制成IKI封片，在盖玻片一侧滴加一滴65％的H_2SO_4溶液，使之在盖玻片下扩散开．含纤维素的细胞壁将变为深蓝色，木质素将被染成橙色至黄色．(注意：这种测试方法最后会破坏标本，所以在加酸处理之前必须完成其他观察．同时，观察时务必避免酸液与显微镜的直接接触，以保护显微镜不受腐蚀．)

纤维素也可用亚甲蓝染色观察．在切片标本上滴加一滴0.1％的亚甲蓝水溶液，染色15～20 min，然后用水替换染料，纤维素可被染成蓝色．蓝色越深，说明纤维素越纯．

5. 单宁的染色

将银杏(或蚕豆、三叶草)叶片切成横切薄片，将切片标本置于0.1 mol/L HCl溶液配制的0.5％～1.0％的硫酸铁或三氯化铁溶液中，5～10 min后用镊子取出，制成封片后进行显微观察，出现蓝色沉淀表示存在单宁．因试剂中含HCl，使用时应避免其直接接触显微镜．

6. 脂类的染色

取花生种子的肥大子叶，切成薄片；或撕取洋葱的表皮．将它们浸入苏丹Ⅲ或苏丹Ⅳ溶液(70％乙醇配制的饱和溶液，约0.1％)中约1 min后，转移到70％的乙醇中，再转入水中，制成水封片．或者将材料置于50％的乙醇中1 min，然后用苏丹Ⅳ染色5～20 min，再用50％的乙醇洗涤约1 min，最后用甘油封片，显微观察．蜡质、脂肪和油滴等将被染成红橙色．

7. 蛋白质的染色

一般的植物组织均含有一定量的蛋白质，利用实验提供的新鲜材料切成薄片，将切片标本在氨基黑溶液(7％的乙酸配制的浓度为1％的溶液)浸约1 min，转移至7％的乙酸溶液，再转入水中，制成水封片．也可将新鲜的徒手切片浸入苦味酸中数分钟，然后用无水乙醇彻底洗涤，最后制成无水乙醇封片．蛋白质可被染成黄色．

[实验报告]

1. 列表总结实验中涉及的染液、植物材料、染色变化．
2. 分析染色时间与染色效果的关系．

第三章

动物学实验技术

实验五 动物标本制片技术

[实验目的]

1. 掌握血涂片、临时装片制作方法及撕碎分离技术.

2. 学习石蜡切片制作方法.

[实验材料与器具]

动物材料,显微镜、载玻片、解剖针、镊子、石蜡、切片机.

[实验内容与方法]

1. 制作蛙的肠系膜平铺片

(1) 将活蛙置于放有乙醚棉球的倒置烧杯内,用乙醚麻醉致死.将蛙仰卧于蜡盘中,用大头针固定四肢.剪开腹部皮肤和腹壁,用镊子取下小肠处肠系膜少许.肠系膜若被血液污染,可用0.7%的生理盐水洗净后放在载玻片上,用解剖针将其挑开、展平、晾干.

(2) 加数滴1%的硝酸银溶液覆盖于肠系膜上,立即置日光下3~5 min,或在灯光下照射10~15 min.当肠系膜变成浅褐色时,倾去载玻片上的染液,用蒸馏水缓缓冲去残留染液,再加1~2滴甘油,盖上盖玻片.

(3) 单层扁平上皮的观察:将上述制片置显微镜下,观察肠系膜的间皮细胞和肠系膜内毛细血管的内皮细胞(它们均为单层扁平上皮).先在低倍镜下选择标本最薄的部分观察,可见黄色或淡黄色的背景上显现黑棕色或黑色的波形线,这是细胞之间的边界.

(4) 高倍镜下,单层扁平上皮细胞为多边形,细胞边缘呈锯齿状,相邻细胞彼此相嵌;细胞核呈扁圆形,无色或淡黄,位于细胞中央.

2. 骨骼肌装片的制作与观察

(1) 用尖头镊子取蝗虫浸制标本胸部的一小束肌肉,置于载玻片上的水滴中,用解剖针仔细分离肌纤维(越细越好),用0.1%的亚甲基蓝染色,加盖玻片后置显微镜下观察.

(2) 先用低倍镜观察,可见骨骼肌为长条形肌纤维,在肌纤维间有染色较淡的结缔组织.在高倍镜下,单个骨骼肌纤维呈长圆柱形,其表面有肌膜,肌膜内侧有许多染成蓝紫色的卵圆形胞核.缩小光圈,使视野不致过亮,可见到每条肌纤维内有很多纵行的细丝状肌原纤维.

3. 蛙血涂片标本的制备

(1) 解剖蛙,剪开心包膜,暴露心脏,用注射器吸取蛙血液,滴1滴在洁净载玻片右端.注意血滴不宜过大.

(2) 取另一玻片作推片用,将边缘光滑的载玻片斜置于第1块载玻片上血滴的左缘,并稍向右移,接触血滴,使血液散布在两玻片之间.将推片以约45°角迅速向左方匀速推进,使玻片上留下薄而均匀的血膜.注意两玻片间的角度和推片速度.

(3) 晃动涂有血膜的玻片,使之尽快干燥,以免细胞皱缩.将晾干后的血涂片放入盛有甲醇的染色缸内,固定3～5 min.将固定后的血涂片平放在玻片架上,滴加姬姆萨染液8～10滴,以盖满血膜为宜,染色15～30 min.然后在染色玻片的一端用自来水细流缓缓冲去剩余的染液,斜立血涂片于空气中,晾干后置显微镜下观察.

(4) 蛙血涂片的观察:在低倍镜下选择分布均匀的血细胞,换高倍镜观察.镜下可见蛙红细胞呈椭圆形,中央有一椭圆形细胞核,呈蓝色,细胞质呈红色.此外,还可见到白细胞和血小板.

4. 草履虫临时装片的制备

为限制草履虫的迅速游动以便于观察,先将少许棉花纤维撕松后放在载玻片中部,再用滴管吸取草履虫培养液,滴1滴在棉花纤维之间,盖上盖玻片,在低倍镜下观察.如果草履虫游动仍很快,则用吸水纸在盖玻片的一侧吸去部分水(注意不要吸干),再进行观察.

5. 石蜡切片技术

(1) 取材:选取生长良好、有代表性的目标材料,洗净.用锋利的双面刀片截取材料,动作要迅速.材料的大小不超过0.5～1 cm^3.

(2) 固定:将选取的材料放入固定液中,固定液的体积大约是材料的20倍.固定是用化学试剂迅速杀死细胞的过程.其目的是尽可能使细胞中的各个组分保持生活状态的结构,并固定在它们原来的位置上.常用的固定剂有FAA、卡诺和纳瓦兴固定液.前两种固定液的固定时间是2～24 h,后者是12～48 h.FAA既是良好的固定剂,也是保存剂,材料可以在其中长久保存.而卡诺固定液和纳瓦兴固定液则不能长久保存材料,固定后应尽快清洗,转入70%的乙醇中保存.若材料含有空气,固定时还需要抽气.

(3) 脱水:固定好的材料经各级乙醇脱水至纯乙醇.各级乙醇的浓度为30%、50%、70%、85%、95%和100%.

(4) 透明:纯乙醇中的植物材料用1/2纯乙醇和1/2二甲苯混合液处理2～3 h,

转入纯二甲苯中,处理两次.由于石蜡溶于二甲苯而不溶于乙醇,因此该操作的目的除了使材料变得透明外,另一方面是将材料中的乙醇除去.

(5) 浸蜡:使石蜡慢慢溶于透明剂中,然后完全取代透明剂进入植物组织中.一般将透明好的材料换入新的二甲苯中,然后加入等体积的碎蜡,置于40 ℃左右的温箱中.随着碎蜡的溶解,不断加入碎蜡使石蜡饱和为止.所需时间为1~2 d.

(6) 包埋:浸蜡后,在60 ℃的温箱中换两次已溶解的纯蜡,每次约2 h.然后将材料和石蜡一起倒入小纸盒中,用加热的镊子迅速把材料按需要的切面和一定的间隔排列整齐,再将小纸盒平放于冷水中,使其很快凝固.

(7) 修块:将包埋好的材料切割成小块(每个小块包含一个材料),然后按需要的切面将蜡块切成梯形.注意切面在梯形的上部,上部矩形的对边平行;梯形的底部用烧热的蜡铲将其固定在木块上.

(8) 切片:用手摇切片机将蜡块切成连续的蜡带.切片时,把切片刀夹在刀架上,再把木块夹在固定装置上,调整固着位置,使材料的切面与刀口平行.然后调整厚度,转动切片机进行切片.

(9) 粘片:粘片是指将切好的蜡片粘在载玻片上.在洁净的载玻片上,加少许粘贴剂并涂匀.然后加几滴3%的甲醛溶液或蒸馏水,用解剖针或镊子轻轻将蜡片放在液面上.再将带有蜡片的载玻片放在温台上,温台的温度在45 ℃左右,蜡片受热后慢慢伸直.用滤纸吸去多余液体,表面烤干后,转入30 ℃温箱放置一昼夜.

(10) 染色和封片:切片干燥后,可以选用不同的染色法进行染色.染色前要进行脱蜡,然后根据配制染液的溶液情况,决定是否需要复水.下面以植物生物学中最常见的番红-固绿染色方法为例来说明染色与制片过程.

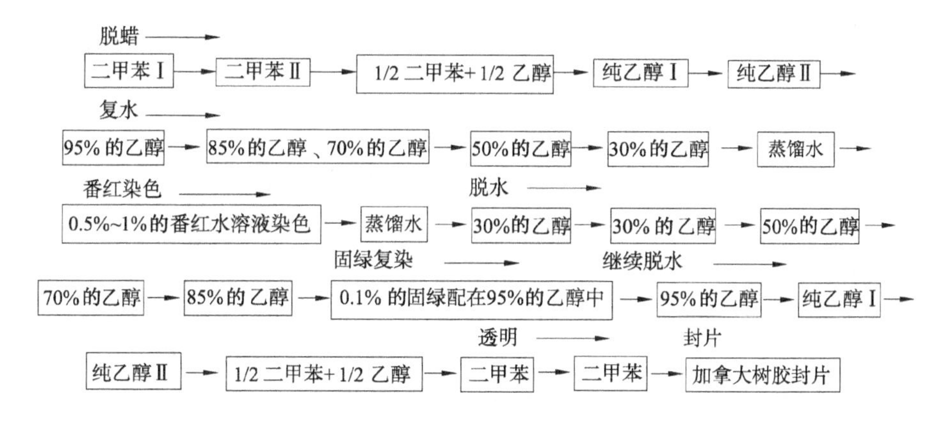

[实验报告]

1. 绘制蛙肠系膜组织图.

2. 绘制横纹肌组织图.

[思考题]

1. FAA固定液的主要成分是什么?各成分的作用是什么?

2. 石蜡制片过程中，二甲苯的作用是什么？乙醇的作用又是什么？

实验六　原生动物标本的采集、培养和观察技术

原生动物是动物界较为特殊的类群，它们也是动物界最原始、最低等的一个类群. 它们的身体仅由一个细胞组成，因此，也称单细胞动物. 原生动物身体微小，体长介于 200～300 μm. 广泛分布于海水、淡水、潮湿的土壤里，有的营自由生活，也有的在动物体内营寄生生活以及互惠共生. 为了适应生活环境，它们的细胞内分化出类似多细胞动物器官的结构，称细胞器；鞭毛就是细胞的运动器官. 原生动物仅由一个细胞组成，但它们都具备了多细胞动物所必有的生命现象：营养代谢、呼吸与排泄、应激性与运动、生殖与发育等.

［实验目的］

1. 学习原生动物的采集和培养方法.
2. 掌握原生动物主要类群的形态结构特点及生理机能.
3. 了解原生动物的生态.

［实验材料与器具］

眼虫、变形虫、草履虫装片，显微镜、载玻片、盖玻片、吸管、吸水纸、碘酒、蓝墨水、5%的冰醋酸.

［实验步骤］

1. 眼虫的采集、培养和观察

(1) 样液采集：在带有绿色的池塘或雨后路边呈绿色的积水里采集.

(2) 培养：取富含腐殖质的土壤少许，置试管中，加水至试管的 2/3 处，以棉花塞住试管口，煮沸 15 min. 放置 24 h 后，将采到的含眼虫的样液接入，置于向阳处培养. 1 周后可得到大量眼虫.

(3) 临时装片制作：从瓶里绿色较浓的一边用吸管吸一些液体，在载玻片上滴一滴并加盖玻片(可在盖玻片下加几丝棉花，以限制或减缓其活动能力).

(4) 观察：眼虫前端钝圆，后端尖削. 前端一侧有一个很明显的红色眼点，功能为吸收光线，起遮光作用. 前端中央有一个略呈长圆形、无色透明的部分称储蓄泡. 细胞内有许多绿色椭圆形小体——叶绿体，身体中央稍靠后方有一个圆形的透明结构，为细胞核(图 1-4). 将光

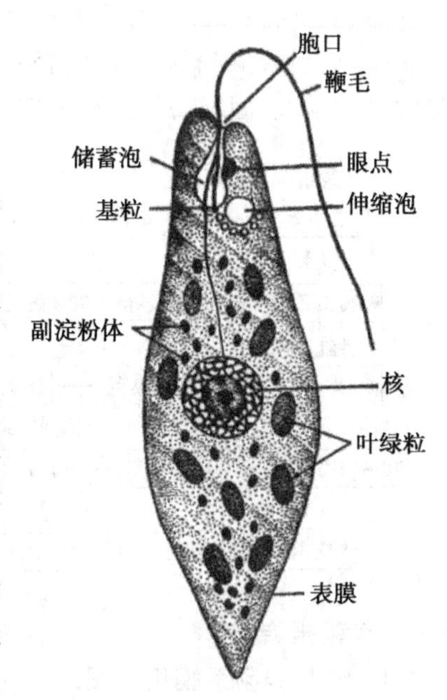

图 1-4　眼虫的形态结构

(引自江静波等. 无脊椎动物学. 北京：高等教育出版社，1981)

线调暗些，可见到虫体前端有一根鞭毛在不停地摆动．加一滴碘液于盖玻片一侧，能将鞭毛及细胞核染成褐色．

有时在视野内可见到圆形不动的个体，外面形成一层较厚的包囊．副淀粉粒及收缩泡不易看到．

2．变形虫的采集、培养和观察

（1）样液采集：在较清洁的池塘中水草叶上或水中浮游物上可采集到变形虫．

（2）培养：把从野外采回附有变形虫的树叶、水草等物放入盛有池水的培养皿中，24 h后，晃动一下培养皿并立即将水草和水一起倾出．然后用蒸馏水轻轻冲洗培养皿，此时镜检可见变形虫伸出伪足附于培养皿底部．向培养皿内注入20 mL蒸馏水，放入4～5粒大米粒，盖上皿盖，在20 ℃左右（18～22 ℃）恒温下培养约两周即可得到大量的变形虫．也可采一些早熟禾或狗尾草等禾本科杂草（连根拔起，带些泥土），剪成约1寸长的小段，放入培养缸中加水浸没，用玻璃棒搅拌后置18～22 ℃的恒温箱中培养1周（培养时切勿搅动）．当水面结成一层淡黄色薄黏膜时镜检，在黏膜、腐草上即可发现大量的变形虫．

（3）制作临时装片：方法同前．

（4）观察：变形虫最外面为质膜，其内为细胞质．细胞质明显分为两部分：外边一层透明的为外质，外质里颜色较暗、含有颗粒的部分为内质．内质中央有一个呈扁圆形、较内质略为稠密的结构，即为细胞核．内质中还可看到伸缩泡和一些大小不同的食物泡．伸缩泡是一清晰透明的圆形泡，时隐时现，可调节变形虫的水分平衡（图1-5）．

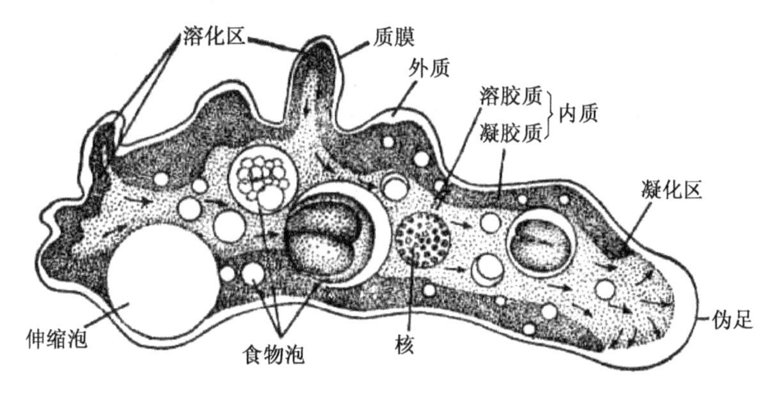

图1-5 变形虫的形态结构

（引自江静波等．无脊椎动物学．北京：高等教育出版社，1981）

观察时可随变形虫体的运动而移动玻片，保持变形虫在视野内，并注意伪足的形成以及溶胶质、凝胶质的变化流动情况．

3．草履虫的采集、培养和观察

（1）样液采集：在有机质丰富且不大流动的污水、河沟或池塘里可采集到草履虫．

(2) 培养：将1g稻草秆切成约3 cm长的小段，取100 mL水放入锥形瓶中，瓶口塞好棉花，煮沸30 min，放置24 h后即可使用. 取少量带有草履虫的水注入表玻璃内，在解剖镜下用吸管挑取草履虫注入稻草水培养液中，放在20～30℃、不被阳光直射的地方，大约1周后可见到很多游动的小白点，这就是草履虫.

(3) 临时装片制作：方法同前. 加几丝棉花纤维或涂上一些蛋清，以减缓草履虫的运动.

(4) 观察：草履虫前端钝圆，后端稍尖，螺旋状前进. 虫体最外为表膜，有弹性，虫体满覆纤毛，时时摆动. 表膜内是透明、无颗粒的外质，外质里是有颗粒的内质. 在外质内有与表膜垂直排列的折光性强的椭圆形刺丝泡，用蓝墨水滴一下可见虫体受刺激后放出纵横交错的刺丝(防御功能)，并且虫体很快死亡. 虫体前端有一斜向后行直达体中部的凹沟，是口沟. 口沟后端有胞口，下有一导入内质的短管，为胞咽. 胞咽内有颤动的纤毛，具有运输食物的功能. 内质里有大小不同的食物泡，虫体前后两端各有一个圆的亮泡，即伸缩泡，周围有6～11条放射状的长形透明小管，即收集管. 两伸缩泡及伸缩泡与收集管之间交替收缩，可调节水分平衡. 大草履虫有两个细胞核，在内质中央滴一滴5%的冰醋酸2～3 min后，光线充足情况下，核被染成黄白色，肾形的为大核，在大核凹处有一点状的小核(图1-6).

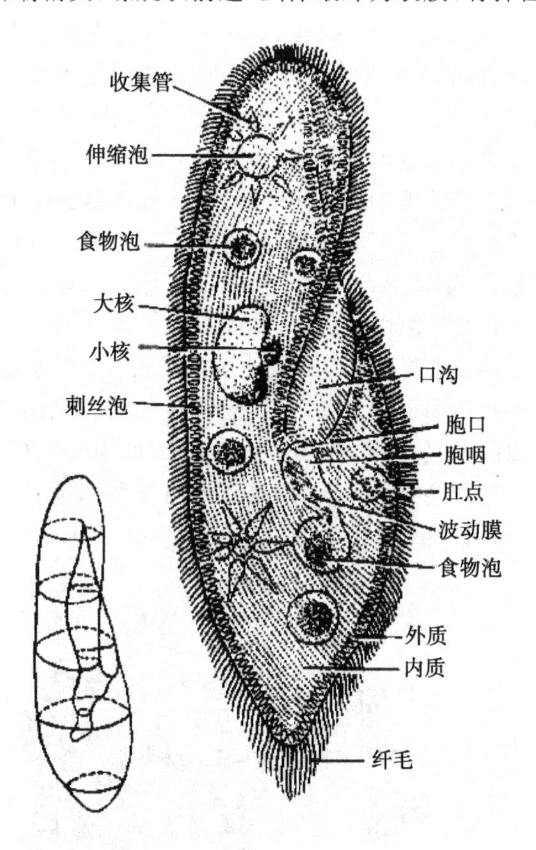

图1-6　草履虫的形态结构

(引自江静波等. 无脊椎动物学. 北京：高等教育出版社，1981)

[实验报告]

1. 在高倍镜下观察眼虫，绘制眼虫放大图.
2. 绘制草履虫放大详图，标示各种结构.

实验七 昆虫标本的采集与制作

昆虫是动物界最大的一个类群，不仅种类多，而且数量巨大，与人类关系也十分密切.要学习、了解昆虫的特点，就要学会采集和制作昆虫标本.

［实验目的］

1. 学习昆虫标本的采集方法.
2. 掌握昆虫标本的制作和保存方法.

［实验材料］

采集网、毒瓶、三角包、乙醚、甲醛、展翅板、标本盒.

［实验步骤］

（一）采集昆虫的一般方法

1. 网捕

网捕工具有气网和水网.气网主要用于网捕空中飞行的昆虫或停息在空中物体上的昆虫，水网主要用于抓捕水中的昆虫或其他动物.

捕到昆虫后，应及时取出装进毒瓶.取虫时，先用手握住网袋中部，将虫束在网底，再将毒瓶伸入网内扣取.对蝶蛾类昆虫，应隔网用手轻捏其胸部，使其丧失飞翔能力，以免因虫体挣扎，而使翅和附肢遭到损坏，再将昆虫放入三角包内.水中捕捉的动物直接用镊子抓入毒瓶(瓶中一般放有甲醛).

2. 扫捕

扫捕的工具是扫网.用扫网扫捕昆虫是采集标本的主要方法.扫捕时用扫网在草地和灌丛中边走边扫，扫的时候要左右摆动.用扫网捕到的昆虫不但种类多，个体多，一网可得数十、数百个小型昆虫，而且时常可扫捕到非常珍贵的稀有标本.

扫捕的各类动物(可能有其他杂物，尽量剔除)直接倒入毒瓶，等虫被熏杀后，再倒在白纸上或白瓷盘中进行挑选.

3. 振落

对于高大树木上的昆虫，可用振落的方法进行捕捉.具体方法是：先在树下铺上白布，然后摇动或敲打树枝树叶，利用昆虫的假死习性，将其振落到白布上进行收集.用这种方法可以采集到鞘翅目、脉翅目和半翅目的许多种类.

4. 搜索

很多昆虫躲藏在各种隐蔽的地方，需要用搜索法进行采集.树皮下面、朽木当中是很好的采集处，用刀剥开树皮或挖开朽木，能采到很多种类的甲虫.

在搜索中，遇到小型昆虫，可用吸虫管吸取，或用毛笔轻轻扫入瓶中.

5. 诱集

利用昆虫对光线、食物等因子的趋性，用诱集法进行采集，是极省力而又有效的方法.常用的诱集法有以下几种：

(1) 灯光诱集：用支柱式诱虫灯诱集昆虫时，应在没有月光又无风的夜晚，选择一个合适的地方，将诱虫灯的构件安装好，就会诱来各种昆虫，其中最多的是大小不一的蛾类，四面飞来停在幕布上. 只要准备几个毒瓶，就可大量收集了.

(2) 糖蜜诱集：蝶蛾类喜欢吸食花蜜，许多甲虫和蝇类也常到花上或聚集在树干流出的含糖液体上. 利用昆虫这种对糖蜜的趋性，可以在树干上涂抹一些糖浆进行诱集. 一般用50%的红糖、40%的食用醋、10%的白酒混合后在微火上熬成浓的糖浆，用时涂抹在树林边缘的树干上. 白天常有少量蛱蝶等蝶类飞来取食，夜间则可诱到许多蛾类和甲虫. 使用糖蜜诱集时，由于蚁类和多足纲动物也喜食糖蜜，常将所涂抹的糖浆霸占，使别的昆虫不敢前来取食，因此可在涂有糖浆的树干下面圈上一圈黏纸，使这些动物无法接近糖浆.

(3) 腐肉诱集：利用某些昆虫对腐肉类物质的趋性进行诱集，也是一种有效的采集方法，尤其适于采集各种甲虫. 诱集时，将一个玻璃瓶埋在土中，瓶口与地面相平，瓶内放置腐肉或鱼头类腥臭物. 如果瓶口较大，还应在瓶口上方用树枝或石块进行遮盖，以防鼠、鸟等衔食. 过些时候检查，则会有许多甲虫落入瓶中.

(二) 昆虫标本的制作与保存

1. 标本制作与保存的工具

(1) 还软器：用于使虫体还软. 可选用干燥器和大广口瓶作为还软器使用. 还软器应盖严密闭，以使还软过程迅速进行.

(2) 昆虫针：用来固定昆虫，以便于标本制作和手持研究. 昆虫针是一种不锈钢特制的针，根据针的粗细、长短不同，分成00、0、1、2、3、4、5号7种. 其中0～5号针的长度为38～45 mm，0号针的直径为0.3 mm，每增加1号，直径增加0.1 mm. 00号昆虫针是将0号针自尖端向上1/3处剪断而成的.

(3) 三级台：用来矫正昆虫针上的昆虫和标签的位置. 三级台(图1-7)是用木材或有机透明玻璃制作的，长65 mm，宽24 mm，高度分为三级，第一级为8 mm，第二级为16 mm，第三级为24 mm. 在每一级的中央有一个和5号昆虫针粗细相等、上下贯通的孔穴. 三级台结构简单，完全可以自制.

(4) 展翅板：用来伸展和固定昆虫的翅. 展翅板(图1-8)是用轻而软的木材制成的，长30 cm，下面有一个呈"工"字形、中间及两端均有槽的木架. 木架的两边各有一块厚0.3～0.8 cm、宽7 cm的木板，每块木板都是内低外高、有一定倾斜度. 在两块木板间形成一条沟，沟的下方与木架中间的槽相通. 一块木板固定在木架上，

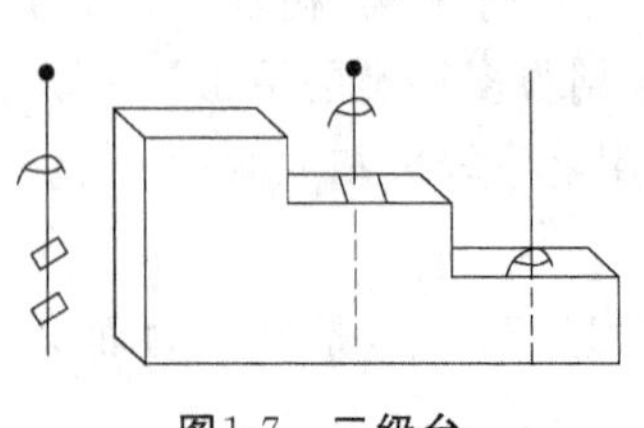

图1-7　三级台

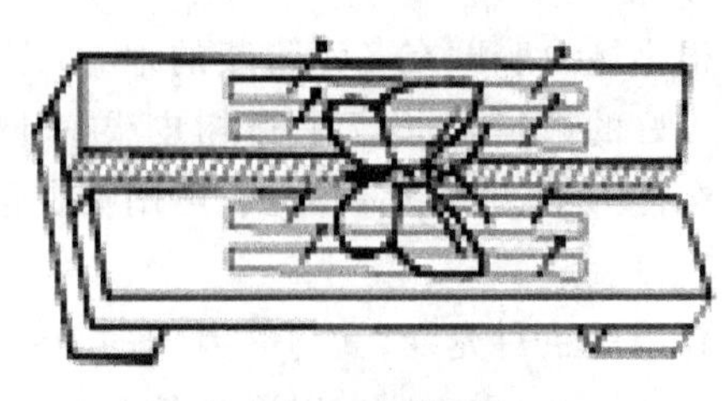

图1-8　展翅板

另一块木板可以在木架两端的左右方向移动，以便根据虫体的胸腹部大小调整沟槽的宽度.

(5) 幼虫干燥器：用于制作幼虫干燥标本. 它由吹胀器和烘干设备组成. 吹胀器可到医药公司购买；烘干设备是由酒精灯、煤油灯罩及固定架组成的.

(6) 标本盒：用来保存针插干燥标本. 标本盒由木材或硬纸板制成. 为了便于存放，标本盒大小有一定的规定，其规格为长 38.1 cm、宽 44.4 cm、高 7.5 cm，盒盖上装有玻璃，便于隔盖观察盒内标本. 为防止虫害或菌类侵入，盒盖和盒体之间要有凹凸槽口相接，使其尽量密合. 盒底铺有软木板，便于插下昆虫针. 这种标本盒的容量大，适宜存放，可用于展览、观摩和教学标本.

(7) 标本柜：是用于保存干燥标本的专用柜. 其规格应为双层双门、高 205 cm、宽 115 cm、深 50 cm. 柜内中央有一纵向的隔板，上下层横向再各为四格，在各格中存放标本盒. 柜的最下层装有一块活板，里面放入吸潮、防虫药品.

(8) 指形管和标本架：用于保存浸制标本. 指形管的规格应该一致，一般高 7 cm、直径 2.2 cm，上面盖以橡皮塞. 与指形管相配套的是标本架，指形管内装入保存液和昆虫标本后，应摆放在标本架上保存.

(9) 浸制标本柜：是用于保存浸制标本的专用柜. 其结构与上述标本柜相同，只是每层的隔板要厚，以便能承受指形管的保存液重量. 在隔板正面沿前后方向钉上固定标本架的木条，标本架下也应挖有与木条相吻合的凹槽，插放标本架时将凹槽对准隔板上的木条，便抽拉自如.

2. 干燥标本的制作

标本干燥以后，用昆虫针将其固定在标本盒里长期保存，这种昆虫标本称为干燥标本. 干燥标本的制作多用于体型较大、翅和外骨骼比较发达的成虫. 蛹和幼虫经过人工干燥以后，也能做成干燥标本.

(1) 成虫干燥标本的制作

① 还软：从野外采集到的昆虫，在制成干燥标本以前常已存放了一段时间，其虫体已干硬发脆，因此在制成标本前必须经过还软才不致折断.

② 针插：还软的昆虫，要用昆虫针穿插起来. 针插时，先要根据虫体的大小，选择适宜型号的昆虫针，即虫体小的使用小型号针，虫体大的使用大型号针.

虫体上针插的位置是由各种昆虫身体的特殊结构所决定的，国内外都有统一规定，绝不能随意，以免破坏被插昆虫的分类特征，使标本丧失完整性. 鳞翅目、蜻蜓目、双翅目昆虫，应将针自中胸背板中央稍偏右插入，留出完整的背中线来；鞘翅目昆虫，应将针插在右侧翅鞘的左上角，使昆虫针正好穿过腹面的中后足之间，这样就不会破坏鞘翅目昆虫分类特征的基节窝；半翅目昆虫，应将针插在小盾片的中央偏右方，这样就可以完整地保留腹面的口器槽；螳螂目和直翅目昆虫，应将针插在中胸基部上方偏右侧的位置上；膜翅目昆虫则应插在中胸的正中央部位；等等(图 1-9).

无翅昆虫和鞘翅目、半翅目等目的昆虫标本，在针插后，只须把触角和足整理好，标本制作就完成了．但对大多数有翅昆虫来说，为了便于观察和研究，针插后还必须进行展翅．

③ 展翅：展翅时，将用针插好的虫体，插在展翅板中间槽内的软板上，用拨针（鳞翅目小型种类用小毛笔）按要求将翅展到规定位置．对于鳞翅目、直翅目等前翅后缘较直的种类，以伸展到前翅后缘左右成一直线、后翅前缘压在前翅后缘下方、前缘脉左右平直为准．对于前翅后缘呈弧形的脉翅目等目的昆虫，则以后翅前缘左右成一直线为准．展翅时，先将前翅拉高些，按要求将后翅固定后，再将前翅松开，使其下垂到所需高度．对于双翅目和膜翅目昆虫，要将前翅顶角拨到与头顶左右成一直线．当上述各类昆虫的翅伸展程度已按要求展开时，立刻用光滑的纸条覆在翅上，并用昆虫针固定，然后再将触角和足加以整理，使其尽量接近自然状态．

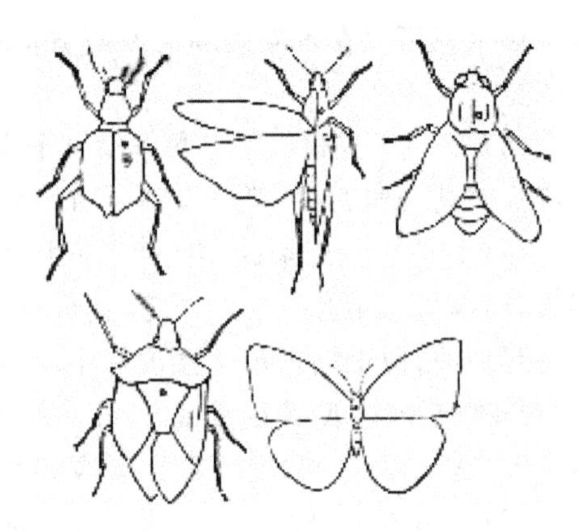

图 1-9　各种昆虫针插位置

上述放有展翅昆虫的展翅板，应放在通风无尘、无虫害、无鼠害的地方，待干燥后，先取下纸条，轻提昆虫针，从展翅板上取下标本，加上标签后即可长久保存．

（2）幼虫和蛹干燥标本的制作

制作鳞翅目幼虫干燥标本时，先将选择好的幼虫毒杀，放在吸水纸上，用镊子或钩针将幼虫肛门拉破，再用一根圆棍压住虫体，从头至尾均匀用力慢慢向前滚动，将内脏从肛门排出，然后用镊子夹住幼虫肛板，将吸胀器上玻璃管的尖端插入肛门内．与此同时，点燃酒精灯，烘烤灯罩，将虫体送入灯罩内，一边烘烤，一边不断用吸胀器送气，使虫体保持膨胀状态，并随时调整虫体姿势，待完全干燥后，将虫体从插头上取下，再从肛门插入适当粗细的高粱秆，用胶水粘住，外露部分插在虫针上，加上标签即可．

鳞翅目蛹的体壁比较坚硬，因此干燥标本的制作方法比较简单，可用小剪刀将腹部中央的节间膜剪开一条缝，用镊子将腹内软组织取出，用脱脂棉吸干汁液，重新将剪口粘合，插上虫针，在幼虫干燥器内烘干后，加上标签即可．

3. 浸制标本的制作

将采集到的昆虫直接放入保存液中杀死、固定和长期保存，这样制成的标本称为浸制标本．凡是昆虫的卵、幼虫、蛹以及身体柔软、体型细小的成虫，都可以制成浸制标本．

（1）保存液：常用的保存液有5%的甲醛溶液，85%的乙醇，甲醛、乙醇、冰醋酸混合液（由5份甲醛、15份80%的乙醇、1份冰醋酸混合而成）．前两种保存液适于固定比较大的幼虫；第三种保存液对昆虫体内柔软组织的固定效果较好，适合固定微小昆虫.

(2) 浸制和保存方法：浸制标本的制作方法简单. 对于卵和细小昆虫，可以直接放入指形管中，加入保存液保存；对于体型较大的幼虫和蛹，要先在开水中煮沸 5～10 min，直到虫体变硬，再放入指形管中加保存液保存. 标本经过这样处理，不易变色和收缩. 对于其中的幼虫，由于虫体内水分较多，应在浸制过程中更换几次保存液，以防虫体腐烂.

指形管中的保存液量一般是容积的三分之二. 盖好橡皮塞以后，要用蜡封好，然后贴上写好的标签. 标签要用毛笔写，项目包括采集号、名称、采集时间、采集地点和寄主植物名称等.

[注意事项]

1. 全面采集. 各种昆虫都是研究的重要材料，不应随便取舍，要全面采集.

2. 标本完整. 要尽量保证标本的完整. 对于珍稀标本，再破也要保留，在没有确定它的价值以前，决不要随便舍弃.

3. 正确记载. 所有标本均应有采集记载.

4. 保护昆虫资源.

[作业]

使用昆虫采集工具抓捕 3～4 只昆虫，并制作成标本.

[思考题]

1. 水网、扫网、气网分别主要用于抓捕哪些类型的昆虫？

2. 哪些昆虫需要展翅？

实验八 脊椎动物骨骼标本的制作

脊椎动物演化过程中，骨骼系统会发生明显的变化，从水生到陆生. 各类陆生动物的不同适应都能从骨骼系统的变化上反映出来. 在形态学上，对骨骼系统的研究具有重要意义. 要对骨骼系统进行研究，必须制作骨骼标本.

[实验目的]

1. 了解脊椎动物骨骼标本制作的一般方法.

2. 掌握两栖动物骨骼标本的制作方法.

[实验材料与器具]

1. 材料

脊椎动物各纲代表性动物活体材料，如鲫鱼或鲤鱼、青蛙或蟾蜍.

2. 器具与药品

解剖器、解剖盘、容器、线、脱脂棉、铁丝、牙刷、木板、乙醚、氢氧化钠或氢氧化钾、过氧化氢或漂白粉、汽油或乙醚或二甲苯、乳胶.

［实验步骤］

1. 脊椎动物整体干制骨骼标本的制作

(1) 选择材料：选择身体各部位无损伤、骨骼完整、发育成熟的活体动物做材料.

(2) 剔除肌肉：杀死动物后，剥去皮肤，去掉内脏，剔除骨骼上的肌肉. 注意剔除肌肉时不要损伤骨髓和韧带.

(3) 腐蚀和脱脂：将骨骼浸入一定浓度的腐蚀剂中数日后，残留在骨节上的肌肉因腐蚀作用而呈半透明状态. 取出后用清水洗净药液，并剔除残留肌肉，用乙醚脱脂.

(4) 漂白：将已经脱脂的骨骼浸入一定浓度的漂白剂中进行漂白，以使骨骼外形洁白美观. 由于漂白剂对骨骼、关节韧带有一定的腐蚀作用，其使用浓度与处理时间各种动物不同.

(5) 整形和装架：将漂白过的骨骼整理成自然连接状态. 整形需在韧带尚未干燥前进行，整形后的骨骼置于阳光下干燥并作必要的串连和装架.

2. 两栖类(以蟾蜍为例)骨骼标本的制作

(1) 处死：把标本放入标本缸中用乙醚麻醉致死.

(2) 剔肉：剖开蟾蜍腹部的皮肤，将皮剥离，去掉内脏和眼球，剔除各部分的主要肌肉. 用缠线或缠脱脂棉的铁丝从枕骨大孔伸入椎管和脑腔，除去脊髓和脑. 剔除肌肉时不要将头骨、脊柱、腰带、肢骨各关节间相连接的韧带拆开. 剔除肌肉时，可以将标本放入开水中煮烫，使肌肉发硬，以便于剔除，但一定要注意时间不能长，以免损坏标本. 有时仅需蘸一下即可.

(3) 腐蚀与脱脂：将剔好的骨放入1%的氢氧化钠或氢氧化钾溶液中腐蚀(腐蚀脱脂须用0.5%～0.8%的氢氧化钠或氢氧化钾水溶液浸泡1～3 d). 腐蚀过程中，隔一段时间取出，放在水中刷洗、剔除残肉. 如此经过数次，便可除净残肉，用净水浸洗数小时后晾干，放入乙醚中浸渍5～6 h脱脂.

(4) 漂白：将骨架放于1%的过氧化氢溶液中浸3～4 h，待骨骼变白后取出，水洗、晾干. 漂白时间要适度，时间过长会破坏骨骼表面的光泽度.

(5) 整形、装架：取一块软木板，把蟾蜍骨骼放在上面，按蟾蜍活体姿势整理其躯干和四肢骨骼，并用大头针适当固定. 如果头和脊柱断开，可用粗细合适的铁丝一端折回成双股，缠线，插入脑室并卡紧，另一端插入椎管直至尾杆骨前一节椎骨. 在骨骼悬空的地方，如下颌骨和胸部椎骨下方可用纸团垫起，以维持较好的形态. 两前肢骨借肩胛骨用白乳胶黏附在第Ⅱ、第Ⅲ颈椎横突两侧，腕骨、掌骨、指骨、蹠骨和趾骨用白乳胶粘在标本台板上. 其他骨关节若连接不牢固均可用白乳胶加固或粘连. 整形后自然风干，待干燥后取出下颌骨和胸部椎骨下方用于垫起的纸团.

［注意事项］

1. 哺乳动物常用断颈动脉放血法致死.

2. 腐蚀过程中,应时刻注意避免损伤韧带.可经常观察并间隔一段时间从腐蚀液中取出,用刀子和刷子去除一部分被腐蚀的肌肉,然后再放回继续腐蚀.

3. 脱脂和漂白过程中都要视标本大小等情况确定所需时间,做到既达到目的又不损坏标本结构.

[实验报告]

制作一蟾蜍骨骼标本,并绘图.

实验九 脊椎动物血管注射标本的制作

在解剖和观察脊椎动物血液循环系统时,为了清楚观察各种血管的分布,常采用向动物心脏(室、房)或血管内注射有颜色的填充剂的方法,使各类血管清楚显示.注射时通常向动脉血管注射红色色剂,静脉血管注射蓝色色剂,注射后血管饱满并有颜色,便于观察.

[实验目的]

1. 通过脊椎动物血管注射标本的制作,学习其制作方法.

2. 通过脊椎动物各纲代表性动物血管注射标本的比较观察,了解各纲动物血液循环系统的特点及脊椎动物循环系统的演化规律.

[实验材料与器具]

1. 材料

脊椎动物各纲代表性动物活体材料,如活鲤鱼、蟾蜍等.本实验选蟾蜍用于血管注射标本的制作.

2. 器具与药品

解剖器、解剖盘、注射器(5～10 mL 入 7～9 号针头)、100 mL 的烧杯、水浴锅、玻棒、玻璃板、线、脱脂棉、乙醚、明胶、颜料(油红、洋蓝或市售广告色等)、甲醛.

[实验步骤]

1. 注射色剂的配制

注射色剂的种类很多,现仅将常用注射色剂的配制方法介绍如下:

明胶(动物胶)25g,银珠或柏林蓝或铬黄 10 g,水 100 mL.先将明胶捣碎成小片,按比例加水浸泡 3～4 h.待充分软化后,在水浴锅中隔水加热,使明胶全部熔化.然后加入色料,用玻璃棒搅拌均匀,再用双层纱布过滤后即可使用.

2. 蟾蜍血管注射方法

将蟾蜍用乙醚深度麻醉后,放入解剖盘内,先由后向前切开腹面体壁,暴露心脏,剪开围心膜,提起心脏,用棉线结扎动脉圆锥的基部,阻断动脉圆锥和心室的通路.另备一棉线.

(1) 动脉注射:针头自动脉圆锥处刺入,注射色剂 3～5 mL,待肠系膜或皮肤的小血管充满色剂时,即停止注射,结扎备用线.

（2）静脉注射：用棉线结扎静脉窦，找到腹静脉，穿好两条棉线，注射针在两棉线间插入，分别向前、向后注射（静脉注射量一般为7～8 mL），待胃壁或皮肤的静脉充满色剂即可停止注射，结扎两根棉线，以免色剂外溢.

3. 家兔血管注射方法

处死：乙醚麻醉致死.

（1）动脉注射：通过股动脉、颈动脉注射红色色剂，注射时做好结扎，以免色剂流出.

（2）静脉注射：通过股静脉、颈静脉注射蓝色色剂，注射时做好结扎，以免色剂流出.

（3）门静脉注射：直接从肝门静脉注射黄色色剂，结扎肝静脉，以免色剂流入腹大静脉.

［注意事项］

1. 注射前应检查针筒是否干净，针头是否畅通；注射后应立即洗净注射器.

2. 解剖时不要损坏大的血管，以免注射剂从破损处流出.

3. 注射动物胶做填料的色剂要隔水加温，注射动作要快而准确；被注射的动物体尽可能在其体能尚未散失时进行，以免色剂在注射过程中遇冷而凝结.

4. 双色注射时，一般先注射动脉，再注射静脉. 注射静脉前必须抽出部分静脉血液，以免注射时涨破血管.

5. 注射剂的用量要适当.

6. 棉线结扎不要用力过大，以免扎破血管.

［实验报告］

1. 为什么说单循环是和鳃呼吸联系在一起的，而双循环是和肺呼吸联系在一起的？

2. 比较各纲动物心脏的分化和动脉弓及静脉系统的演变，总结演变的趋势.

第四章 微生物形态学实验技术

实验十 细菌的革兰氏染色

革兰氏染色是一种常用于细菌的鉴别染色法.通过结晶紫(初染)、碘(媒染)、95%的乙醇(脱色)、沙黄(复染)四个步骤后,可将细菌分为两种类型,即蓝紫色的革兰氏阳性细菌和红色的革兰氏阴性细菌.革兰氏染色机制:通过初染和媒染操作后,在细菌的细胞壁内可形成不溶于水的结晶紫与碘的蓝紫色复合物.革兰氏阳性细菌由于其细胞壁较厚、肽聚糖网层次多和交联致密,故遇脱色剂乙醇处理时,因失水而使肽聚糖网孔缩小,再加上它基本不含类脂,故乙醇处理不能在壁上溶出缝隙,因此,结晶紫与碘复合物仍牢牢阻留在其细胞壁内,使其保持蓝紫色.反之,革兰氏阴性细菌因其细胞壁薄、外膜层类脂含量高、肽聚糖层薄和交联度差,故遇脱色剂乙醇后,以类脂为主的外膜迅速溶解,这时薄而松散的肽聚糖网不能阻挡结晶紫与碘复合物的溶出,因此细胞褪成无色.这时,再经沙黄等红色染料复染,就会呈现红色,而革兰氏阳性细菌则仍呈紫色.

[实验目的]

1. 掌握细菌涂片方法.
2. 学会利用革兰氏染色法鉴别微生物.

[实验材料与器具]

1. 菌种

培养 12～18 h 的枯草芽孢杆菌、大肠杆菌的斜面菌种.

2. 器具

革兰氏染色液(结晶紫染液、卢戈氏碘液、95%的乙醇、石炭酸复红液等)、显微镜、香柏油、二甲苯、无菌水、擦镜纸、接种环、酒精灯、载玻片、盖玻片、吸水纸、小滴管等.

[实验步骤]

(1) 涂片

在同一块载玻片上可同时做两个涂片,如左边涂大肠杆菌,右边涂枯草芽孢杆菌.

(2) 干燥(可省略).

(3) 固定.

(4) 初染.

将涂片置于平台上,在两个涂面上滴加结晶紫染色液,染色 1 min 后,水洗至洗出液无色,吸水纸印干.

(5) 媒染

将涂片置于平台上,在两个涂面上滴加碘液,染色 1 min 后,水洗,吸水纸印干.

(6) 脱色

将涂片置于平台上,在两个涂面上滴加 95%的乙醇,脱色 30 s 后,立即水洗.

(7) 复染

将涂片置于平台上,在两个涂面上滴加蕃红染色液,染色 1 min 后水洗,吸水纸印干.

(8) 镜检

先用低倍镜和高倍镜观察,将典型部位移至视野中央,再用油镜观察染色后的枯草芽孢杆菌和大肠杆菌.

将染色片置油镜下观察,革兰氏阳性菌被染成蓝紫色(图 1-10),革兰氏阴性菌被染成淡红色(图 1-11).

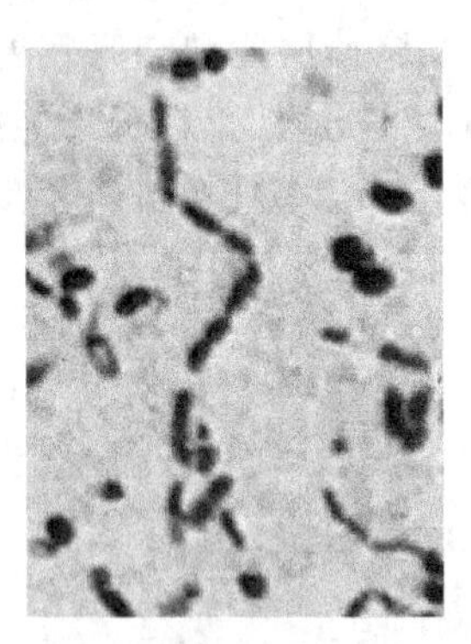

图1-10　枯草芽孢杆菌
(革兰氏染色阳性,10×100)

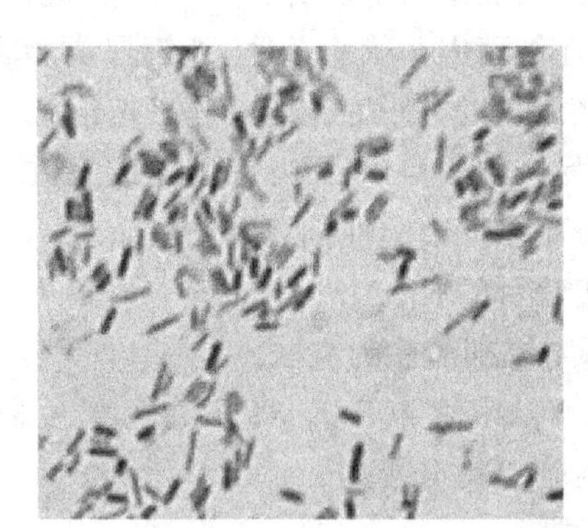

图1-11　大肠杆菌
(革兰氏染色阴性,10×100)

混菌制片更能显出两者的对比,见图 1-12.

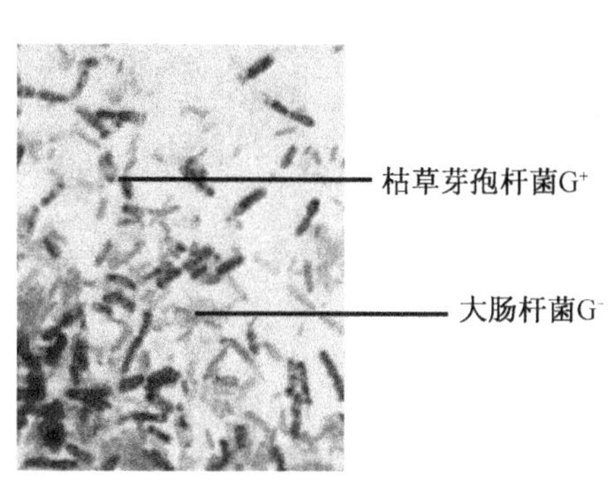

图 1-12 枯草芽孢杆菌和大肠杆菌(革兰氏染色,10×100)

[注意事项]

1. 涂片务求均匀,切忌过厚.

2. 在染色过程中,不可使染液干涸.

3. 革兰氏染色中,控制脱色时间极其重要.如脱色过度,革兰氏阳性菌也可被脱色而被误认为是革兰氏阴性菌;如脱色时间过短,革兰氏阴性菌也会被误认为是革兰氏阳性菌.

[实验报告]

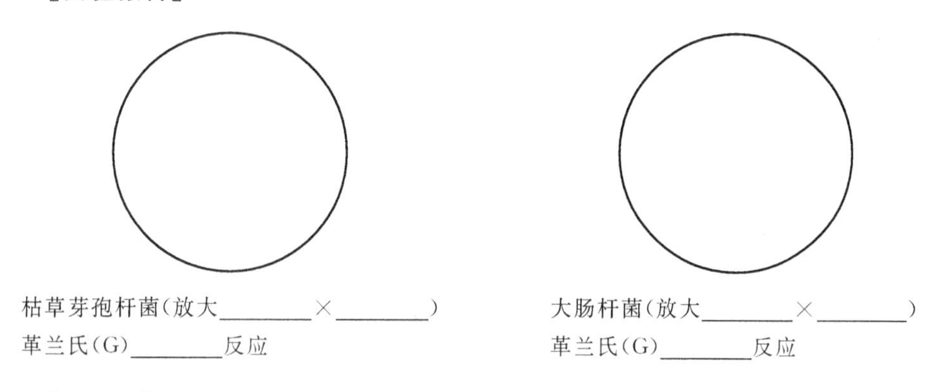

枯草芽孢杆菌(放大________×________)
革兰氏(G)________反应

大肠杆菌(放大________×________)
革兰氏(G)________反应

[思考题]

1. 什么是革兰氏染色法?染色过程中应注意什么?

2. 革兰氏染色过程中哪一步是关键?为什么?如何控制这一步?

实验十一 细菌的荚膜染色

糖被是包被于某些细菌细胞壁外的一层厚度不定的透明胶状物质.糖被的有无、厚薄除与菌种的遗传性相关外,还与环境尤其是营养条件密切相关.糖被的类型有荚膜(图 1-13)、微荚膜、黏液层和菌胶团,糖被的化学成分包括多糖、多肽和蛋白质等.细菌糖被具有下列生理功能:(1) 保护作用.糖被上大量的极性基团可保护菌体免受干旱的损伤,防止噬菌体的吸附和裂解;一些动物致病菌的荚膜还可保护它们免受宿主白细胞的吞噬.(2)贮藏养料,以备营养缺乏时重新利用.(3)作为透性屏障和离子交换系统,以保护细菌免受重金属离子的毒害.(4)表面吸附作用.如可引起龋齿的唾液链球菌会分泌一种己糖基转移酶,使蔗糖转变为果聚糖,由它们把细菌牢牢地黏附于齿表.(5)细菌间的信息识别作用.(6)堆积某些代谢废物的作用.(7)贮存养料的作用.

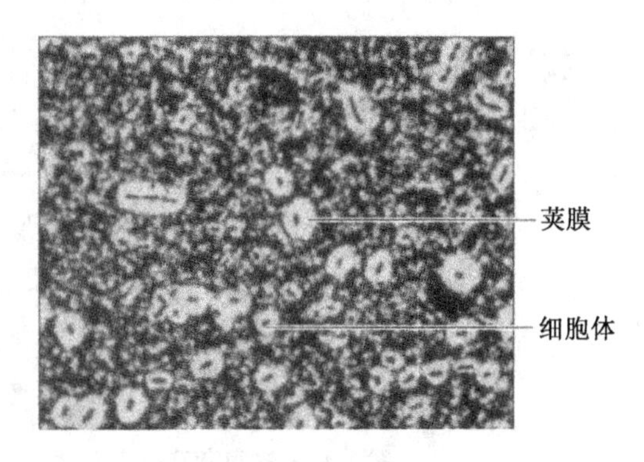

图 1-13 细菌荚膜的显微图片

由于荚膜与染料间的亲和力弱,不易着色,而且可溶于水,在用水冲洗时易被除去,所以通常采用负染色法染色,即设法使菌体和背景着色而荚膜不着色,从而使荚膜在菌体周围呈一透明圈.由于荚膜的含水量在90%以上,故制片时一般不加热固定,以免荚膜皱缩变形,影响观察.

[实验目的]

1. 学习细菌的荚膜染色法.

2. 观察细菌荚膜的生长位置及荚膜的大小.

[实验材料与器具]

1. 菌种

培养 3～5 d 的胶质芽孢杆菌(*Bacillus mucilaginosus*,俗称"钾细菌").该菌在以甘露醇作碳源的培养基上生长时,荚膜丰厚.

2. 染色液和试剂

Tyler 法染色液,用滤纸过滤后的绘图墨水,复红染色液,黑素,6%的葡萄糖水溶液,1%的甲基紫水溶液,1%的结晶紫水溶液,甲醇,20%的硫酸铜水溶液;香柏油,二甲苯.

3. 器具

显微镜、载玻片、试管、玻片搁架、擦镜纸、接种环、酒精灯、打火机等.

[实验步骤]

1. 负染色法

(1) 制片:取洁净的载玻片一块,加蒸馏水一滴,取少量菌体放入水滴中混匀并涂布.

(2) 干燥:将涂片放在空气中晾干或用电吹风冷风吹干.

(3) 染色:在涂面上加复红染色液染色 2～3 min.

(4) 水洗:用水洗去复红色染液.

(5) 干燥:将染色片放在空气中晾干或用电吹风冷风吹干.

(6) 涂黑素:在染色涂面左边加一小滴黑素,用一边缘光滑的载玻片轻轻接触黑素,使黑素沿玻片边缘散开,然后向右一拖,使黑素在染色涂面上成为一薄层,并迅速风干.

(7) 镜检:先低倍镜后高倍镜下观察.

染色结果:背影灰色,菌体红色,荚膜无色透明.

2. 湿墨水法

(1) 制菌液:加一滴墨水于洁净的载玻片上,挑少量菌体与其充分混合均匀.

(2) 加盖玻片:放一清洁盖玻片于混合液上,然后在盖玻片上放一张滤纸,向下轻压,吸去多余的菌液.

(3) 镜检:先低倍镜后高倍镜下观察.

染色结果:背景灰色,菌体较暗,在其周围呈现一明亮的透明圈即为荚膜.

3. 干墨水法

(1) 制菌液:加一滴6%的葡萄糖液于洁净载玻片一端,挑少量胶质芽孢杆菌与其充分混合,再加一环墨水,充分混匀.

(2) 制片:左手执玻片,右手另拿一边缘光滑的载玻片,将载玻片的一边与菌液接触,使菌液沿玻片接触处散开,然后以30°倾角,迅速而均匀地将菌液拉向玻片的一端,使菌液铺成一薄膜.

(3) 干燥:空气中自然晾干.

(4) 固定:用甲醇浸没涂片,固定1 min后,立即倾去甲醇.

(5) 干燥:在酒精灯上方用文火烘干.

(6) 染色:用甲基紫染色1~2 min.

(7) 水洗:用自来水轻洗,自然晾干.

(8) 镜检:先用低倍镜再用高倍镜观察.

染色结果:背景灰色,菌体紫色,荚膜呈一清晰的透明圈.

4. Tyler法

(1) 涂片:按常规法涂片,可多挑些菌体与水充分混合,并将黏稠的菌液尽量涂开,但涂布的面积不宜过大.

(2) 干燥:在空气中自然晾干.

(3) 染色:用Tyler染色液染5~7 min.

(4) 脱色:用20%的$CuSO_4$水溶液洗去结晶紫,脱色要适度(冲洗2遍).用吸水纸吸干,并立即加1~2滴香柏油于涂片处,以防止$CuSO_4$结晶的形成.

(5) 镜检:先用低倍镜再用高倍镜观察.观察完毕注意用二甲苯擦去镜头上残留的香柏油.

染色结果:背景蓝紫色,菌体紫色,荚膜无色或浅紫色.

[注意事项]

1. 加盖玻片时不可有气泡,否则会影响观察.

2. 应用干墨水法时,涂片要放在火焰较高处并用文火烘干,不可使玻片发热.

3. 在采用 Tyler 法染色时，标本经染色后不可用水洗，必须用 20%的$CuSO_4$溶液冲洗.

[实验报告]

绘出胶质芽孢杆菌的形态图，并注明各部位的名称.

[思考题]

1. 比较各荚膜染色法的优缺点.

2. 通过荚膜染色法染色后，为什么被包在荚膜里的菌体着色而荚膜不着色？

3. 应用干墨水法时，为什么涂片要放在火焰较高处并用文火烘干，不可使玻片发热？

4. 用 Tyler 法染色时，标本经染色后为什么不可用水洗，必须用 20%的 $CuSO_4$ 溶液冲洗？

实验十二　鞭毛染色法及细菌运动性的观察

鞭毛是细菌的运动"器官". 大多数球菌无鞭毛，有些杆菌生有鞭毛. 螺旋菌都生有鞭毛. 鞭毛着生的位置和数目是种的特征，对细菌分类具有重要意义，因此细菌鞭毛的染色制片技术是微生物学的重要实验技术.

细菌的鞭毛极为纤细，一般直径只有 10～20 nm，只有用特殊的鞭毛染色法进行染色，才能在光学显微镜下观察到. 鞭毛染色法的原理是借助媒染剂和染色剂的沉淀作用，使染料沉淀在鞭毛上，以加粗鞭毛的直径，同时使鞭毛着色，因而在普通光学显微镜下能够看到鞭毛的着生位置和数目.

鞭毛菌在液体环境下可自由快速运动. 在显微镜下观察细菌的运动性，可初步判断细菌是否有鞭毛. 通常使用压滴法或悬滴法观察细菌的运动性，观察时要适当减弱光线，以增大反差.

[实验目的]

1. 学习并掌握细菌鞭毛染色的基本方法及观察细菌鞭毛的着生情况.

2. 学习观察细菌运动性的方法.

[实验材料与器具]

1. 菌种

枯草芽孢杆菌、假单胞菌的斜面菌种.

2. 器具

培养箱、显微镜、香柏油、二甲苯、鞭毛染色液、无菌水、擦镜纸、接种环、酒精灯、载玻片、盖玻片、培养皿、吸水纸、小滴管等.

[实验方法和步骤]

1. 鞭毛染色及鞭毛着生位置和数目的观察

(1) 载玻片的准备：挑选光滑无划痕的载玻片，置于洗衣粉水中煮沸 20 min，取出用水充分洗净，沥干后放入95%的乙醇中脱水．过火去乙醇后立即使用．

(2) 菌种活化：用新制备的琼脂斜面连续移种2～3代，染色前的最后一代菌种接种到新制备的试管底部有少量冷凝水的琼脂斜面或半固体培养基平板上，30 ℃条件下培养10～12 h，备用．

(3) 菌液制备：用接种环轻轻挑取斜面底部水面交界处的菌苔，或挑取半固体培养基平板上菌苔边缘的菌体，小心移入装有与菌种同温的无菌水(1～2 mL)中．不要搅动，在30 ℃培养箱中保温10 min，让老菌体及其杂质沉降，让有活动能力的菌体游入水中，运动松散鞭毛，菌液呈轻度浑浊．

(4) 涂菌制片：用胶头吸管吸取上述菌悬液，置于载玻片的一端，稍稍倾斜载玻片，使菌液缓慢地流向另一端，在载玻片表面形成菌液带，自然干燥，固定．或不进行如上述步骤(3)中的菌液制备，在载玻片一端滴一滴无菌水，直接用接种环蘸取琼脂斜面底部的菌悬液，在无菌水中轻蘸两下，稍稍倾斜载玻片，使菌液缓慢地流向另一端，在载玻片表面形成菌液带，自然干燥，固定．

(5) 鞭毛染色：涂片干燥后滴加A液，染色3～5 min后，用蒸馏水或自来水彻底冲去A液，滴加B液．用木夹子夹住玻片，在酒精灯上稍加热，使其微冒蒸汽且不干，染色30～60 s，然后用蒸馏水冲洗干净，自然晾干．

(6) 镜检：镜检时如未见鞭毛，应在整个涂片上多找几个视野．鞭毛为深褐色，菌体为褐色．

细菌鞭毛染色要求非常高，每个方面都须小心仔细，染色成功的关键主要决定于以下几个方面：(1) 菌体要连续转接几次，使其充分活化，染色所用的菌种一般培养10～12 h较好．菌龄超过15 h者，鞭毛染色效果较差，这可能与老龄菌体活动度降低、鞭毛易脱落有关．(2) 染色液一定要新鲜，A染液和B染液最好都现用现配，A液一般不能放置过夜．(3) 所用的玻片一定要光滑无划痕，并彻底洗干净．(4) 鞭毛很容易脱落，挑菌、涂片等操作一定要轻、慢．

2. 细菌运动性观察

(1) 制作水封片：在载玻片上滴半滴生理盐水，挑取活化12 h左右的菌体少许，在生理盐水中轻蘸几下，制成菌悬液，然后盖上盖玻片．

(2) 镜检：在高倍镜下观察细菌的运动性．由于菌体是透明的，镜检时可适当缩小光圈或降低聚光器，以增大反差，便于观察．

[实验报告]

1. 绘出菌体和鞭毛外形图，对菌体和鞭毛进行标注，并在图下注明细菌种名和显微镜放大倍数．

[思考题]

1. 镜检时如何区分细菌的运动、布朗运动和菌液的流动？

2. 可用哪些方法判断和观察细菌的运动性？

实验十三　微生物细胞大小的测定

微生物细胞的大小是微生物基本的形态特征，也是分类鉴定的依据之一. 绝大多数微生物的个体都很小，需要借助于显微镜才能观察到. 在显微镜下，微生物的大小可使用显微镜测微尺进行测定.

显微镜测微尺包括目镜测微尺和镜台测微尺两部分(图 1-14). 目镜测微尺是一块可被放入目镜内的圆形玻璃片，其中央有精确的等分刻度，在 5 mm 刻尺上分 50 份. 目镜测微尺每格实际代表的长度随使用目镜和物镜的放大倍数而改变，因此，在使用前必须对其进行校正. 镜台测微尺是中央部分刻有精确等分线的载玻片，一般是将 1 mm 等分为 100 小格，所以每格长 0.01 mm(即 10 μm)，是专门用于校正目镜测微尺每格长度的.

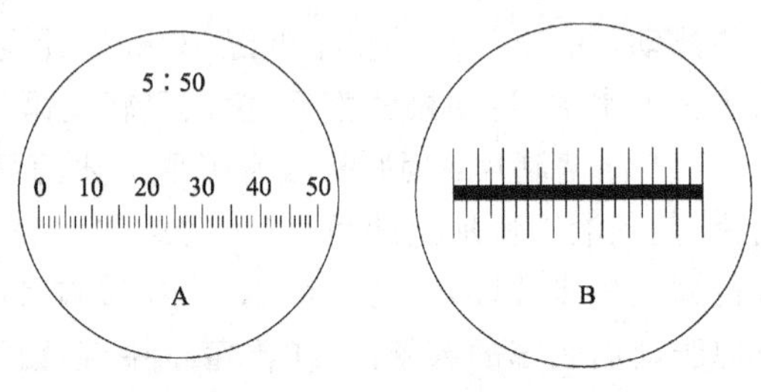

图 1-14　目镜测微尺(A)和镜台测微尺(B)

在利用目镜测微尺测量微生物大小时，必须先用镜台测微尺进行校正，以求出该显微镜在一定放大倍数的目镜和物镜下，目镜测微尺每小格所代表的相对长度，然后根据微生物细胞相当于目镜测微尺的格数，即可求出细胞的实际大小.

杆菌和酵母菌用长和宽表示、球菌用直径表示其大小，如枯草芽孢杆菌大小为(0.7～0.8)μm×(2～3)μm、酵母菌为(1～3)μm×(2～10)μm、金黄色葡萄球菌直径约为 0.8 μm.

[实验目的]

1. 学习使用目镜测微尺和镜台测微尺在显微镜下测定微生物大小的方法.
2. 增强对微生物细胞大小的感性认识.

[实验材料与器具]

1. 菌种

大肠杆菌、枯草芽孢杆菌、酿酒酵母或市售活性干酵母自制菌悬液.

2. 器具

显微镜、目镜测微尺、镜台测微尺、无菌水、擦镜纸、接种环、酒精灯、载玻片、盖玻片、吸水纸、小滴管等.

[实验步骤]

(一) 目镜测微尺的校正

1. 安装目镜测微尺

旋下目镜上的接目透镜后，将目镜测微尺的刻度朝下轻轻放入目镜的隔板上，然后旋上目镜透镜，再将接目镜插入镜筒中(图 1-15).

2. 安装镜台测微尺

把镜台测微尺置于载物台上，刻度朝上(图 1-16).

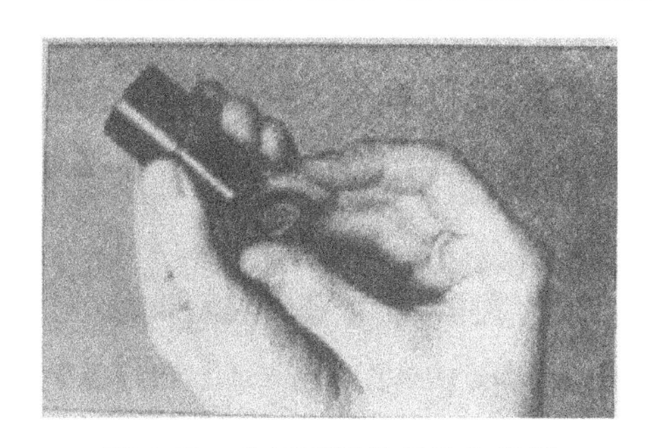

图 1-15 将目镜测微尺装入目镜

图 1-16 镜台测微尺置于载物台上

3. 校正目镜测微尺

先用低倍镜观察，对准焦距，在视野中看清镜台测微尺上的刻度后，转动目镜，使目镜测微尺与镜台测微尺的刻度平行，并使两尺右边的一条线重合，再向左寻找第二个完全相重合的刻度(图 1-17). 记录两重叠刻度之间目镜测微尺的格数和镜台测微尺的格数.

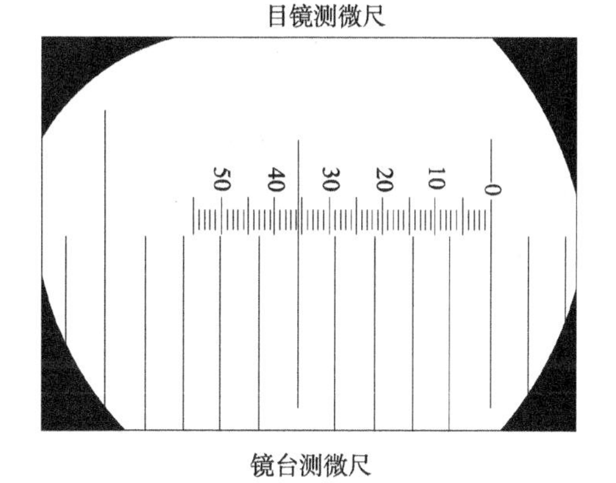

图 1-17 镜台测微尺与目镜测微尺的重叠情况

4. 计算

已知镜台测微尺每格长 10 μm，利用下列公式即可计算低倍镜下目镜测微尺每小格所代表的实际长度：

$$\text{目镜测微尺每格长度}(\mu\text{m})=\frac{\text{两条重合线间镜台测微尺的格数}\times 10}{\text{两条重合线间目镜测微尺的格数}}$$

用同样的方法校正不同放大倍数下目镜测微尺每小格所代表的实际长度.

(二) 微生物大小的测定

1. 制作样片

在载玻片上将细菌固定、染色，制成染色样片. 酵母菌直接制成悬液作涂片.

2. 换样片

取下镜台测微尺，换上染色样片或涂片.

3. 镜检

先在低倍镜下找到目标，然后在高倍镜下用目镜测微尺测定每个菌体的长度和宽度(占目镜测微尺的格数). 细菌需要在油镜下测量其大小(最好选用对数生长期细胞).

4. 计算

根据目镜测微尺测得的小格数，计算菌体的实际长度和宽度.

测量微生物细胞的大小时，一般测量10个菌体左右，用最大和最小的数值来表示菌体的大小范围. 例如，宽为1～2 μm，长为3～5 μm，则其大小可表示为(3～5)μm×(1～2)μm.

[注意事项]

1. 放大倍数改变时，目镜测微尺须用镜台测微尺重新进行校正.
2. 校正目镜测微尺时，要注意准确对正目镜测微尺和镜台测微尺的重合线.

[实验报告]

1. 目镜测微尺校正结果

你所使用的目镜放大倍数是:________(倍).

低倍镜(________倍)下目镜测微尺每格长度是________ μm.

高倍镜(________倍)下目镜测微尺每格长度是________ μm.

油镜(________倍)下目镜测微尺每格长度是________ μm.

2. 针对所测微生物，按照下表分别记录各菌体大小的测定结果.

菌 号	目镜测微尺格数		实际长度	
	宽	长	宽(μm)	长(μm)
1				
2				
3				
4				
5				
6				
7				
8				
9				
10				

3. 大肠杆菌的大小为(________～________)μm×(________～________)μm.

枯草芽孢杆菌的大小为(________～________)μm×(________～________)μm.

酿酒酵母菌的大小为(________～________)μm×(________～________)μm.

[思考题]

1. 为什么更换不同放大倍数的目镜和物镜时必须重新用镜台测微尺进行校正?
2. 当接目镜不变，目镜测微尺也不变，只改变物镜(即改变物镜的放大倍数)

时,目镜测微尺每格所测量的镜台上的菌体细胞的实际长(宽)是否相同?为什么?

3. 将实验所测量的菌体大小与已知的杆菌和酵母菌的大小作比较,是否一致,为什么?

实验十四 微生物细胞的显微直接计数

显微镜直接计数法是将少量待测样品的悬浮液置于一种特制的具有特定面积和容积的载玻片(计数板)上,于显微镜下直接计数的一种简便、快速、直观的方法.在微生物学实验室中,一般采用细菌计数板进行细菌计数,采用血球计数板进行酵母菌或霉菌孢子的计数.两种计数板的原理和部件相同,不同之处是:细菌计数板较薄,可使用油镜观察;而血球计数板较厚,不能使用油镜观察.

血球计数板是一块特制的厚型载玻片.载玻片上有四条槽构成三个平台,中间的平台较宽,中央有一短横槽将其分为两半(图 1-18A),每个半边各有一个方格网.每个方格网共分九大格,中间的一大格称为计数室(图 1-18B).计数室的刻度有两种:一种计数室分 25 个中格,每个中格再分成 16 个小格(图 1-19A);另一种计数室分 16 个中格,每个中格再分成 25 个小格(图 1-19B).两种计数室都是由 400 个小格组成的.

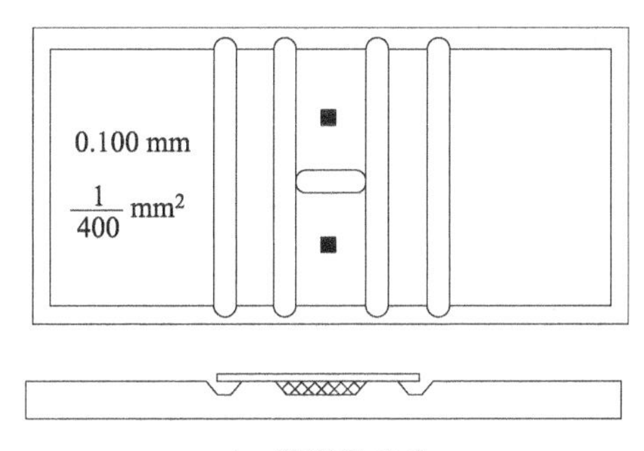

A. 厚型载玻片

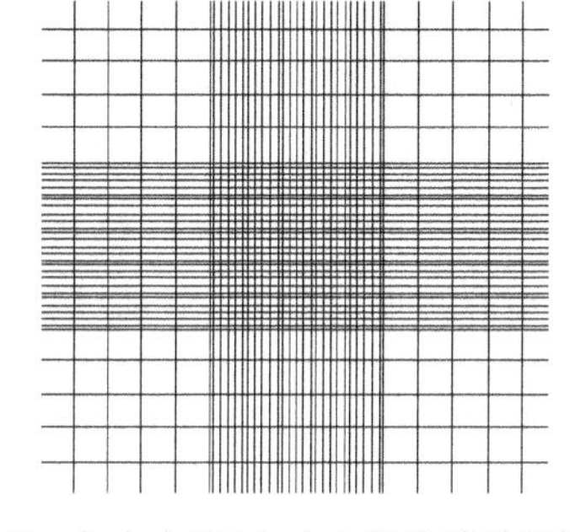

B. 九个大格(中央大格为计数室)

图 1-18 血球计数板的构造

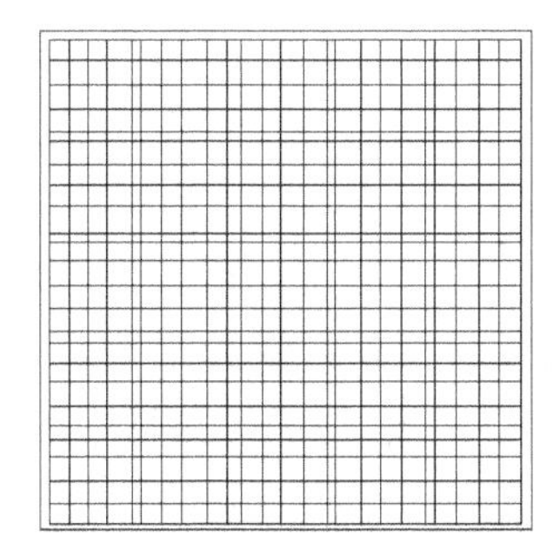

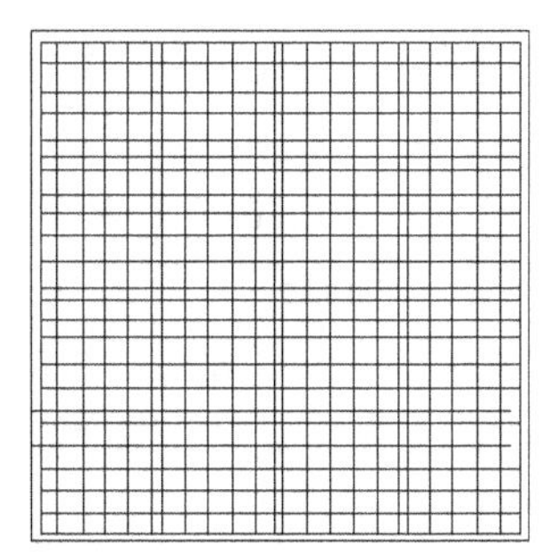

A. 25 中格×16 小格　　B. 16 中格×25 小格

图 1-19 血球计数板的计数区

计数区边长 1 mm，面积 1 mm^2，每个小格的面积 1/400 mm^2. 盖上盖玻片，计数室的高度 0.1 mm，计数室体积 0.1 mm^3，每个小格 1/4 000 mm^3. 使用血球计数板计数时，通常是数 5 个或 4 个中方格的总菌数，然后求得每个中方格的平均值，再乘以 25 或 16，就得出一个大方格中的总菌数，然后再换算成每毫升菌液中的微生物数量.

显微直接计数法测得的细胞数是细胞总数，它不能区分死细胞和活细胞.

［实验目的］

1. 了解血球计数板的构造和使用方法.

2. 掌握使用血球计数板进行微生物计数的方法.

3. 了解血球计数板直接计数的原理及其优缺点.

［实验材料与器具］

1. 菌种

酿酒酵母菌或市售活性干酵母.

2. 器具

显微镜、无菌水、擦镜纸、接种环、酒精灯、载玻片、盖玻片、吸水纸、小滴管等.

［实验步骤］

1. 制备菌悬液

以无菌生理盐水将酿酒酵母菌制成浓度适宜的菌悬液，或用温开水将活性干酵母制成一定浓度的菌悬液.

2. 加菌液

取一干净的血球计数板，在计数室上面加一盖玻片. 用毛细滴管或小滴管吸取以上稀释菌液一小滴(不宜过多)滴于盖玻片的边缘，让菌液沿缝隙靠毛细渗透作用自行渗入计数室. 如发现加的菌液过多，则应该立即用滤纸将多余菌液吸去，否则会影响计数结果(注意取样时要摇匀菌液，且计数室内不得有气泡). 静置5 min，让细胞全部沉降到计数室底部.

3. 镜检

先用低倍镜找到计数板的大方格，并将计数室移到视野中央. 转换高倍镜后，调节光亮度至菌体和计数室线条清晰，看清小格.

4. 计数

对于 25 中格×16 小格型的血球计数板，取左上、右上、中央、左下、右下 5 个中格(共 80 个小格)内的细胞逐一计数，记录计得的结果并填入表中. 对每个样品重复计数 3 次(每次数值不应相差过大，否则重新操作)，取其平均值. 在计数前若发现菌液太浓或太稀，需要重新调节稀释度后再计数. 一般样品稀释度要求每小格内有 5～10 个菌体为宜.

5. 血球计数板的清洗

计数完毕，将血球计数板和盖玻片在水龙头下用流水冲洗干净，切勿用试管刷洗刷，洗净后自行晾干或用吹风机吹干，放入盒中.

6. 计算

按下列公式计算每毫升菌液中所含的细胞数.

$$大格中的细胞数(N)=\frac{X_1+X_2+X_3+X_4+X_5}{5}\times 25$$

$$酵母菌细胞数/\text{mL}=N\times 10^4\times 稀释倍数$$

[注意事项]

1. 加菌液不能太多，不能产生气泡.

2. 酵母细胞无色透明，计数时宜调暗光线.

3. 为避免重复计数和遗漏计数，当遇到中格线上的细胞时，一般只计此中格的上方和右方线上的细胞(或只计此中格的下方和左方线上的细胞). 遇到有芽体的酵母时，如果芽体和母体同等大小，按两个酵母细胞计数；芽细胞大小达不到母细胞一半的不计数.

[实验报告]

将实验结果记录在以下表格中：

计算次数	各中格中的细胞数					大格中的细胞总数	稀释倍数	总菌数/个·mL^{-1}
	左上(x_1)	右上(x_2)	中央(x_3)	左下(x_4)	右下(x_5)			
1								
2								
3								
平均值								

[思考题]

1. 在滴加菌液时，为什么要先置盖玻片，后滴加菌液？能否先加菌液再置盖玻片？

2. 在用血球计数板计数过程中，如果只看到细胞而看不到方格线或只看到方格线而看不到细胞，怎么办？

3. 为什么菌液一定要摇匀后再向计数室内滴加？

4. 若要通过该实验测出活性干酵母中活细胞所占的比例，请设计1～2种可行的测定方案，并给出理由.

5. 根据实验体会，说说此实验的误差来自哪些方面？应如何减小误差？

实验十五 培养基的配制和灭菌

培养基是人工配制的供微生物细胞生长繁殖、代谢和合成产物的按一定比例配制的多种营养物质的混合物，也为微生物提供除营养外的其他生长所必需的环境条件．对培养基的基本要求是：提供微生物正常生活所需的各种营养物质（如碳源、氮源、无机盐类、生长因子等）并保持养料之间的平衡；具有适宜的 pH；具有合适的渗透压；保持无菌状态．

加压蒸汽灭菌是指利用高压灭菌锅，使水的沸点在密闭的锅内随压力的升高而增高，以高温蒸汽来杀灭微生物的灭菌方法．其杀菌机制是：变性作用、凝固作用、穿透作用．

［实验目的］

1．学习培养基配制的一般方法和步骤．

2．掌握培养基及其器皿的灭菌方法．

3．学习玻璃器皿的包扎方法．

4．掌握加压蒸汽灭菌的原理和操作方法．

［实验材料与器具］

牛肉膏、蛋白胨、琼脂、1 mol/L 的 NaOH 溶液、1 mol/L 的 HCl 溶液、电炉、试管、三角瓶、烧杯、量筒、玻璃棒、天平、牛角匙、pH 试纸、纱布、棉花、牛皮纸、记号笔、线绳．

［实验步骤］

（一）牛肉膏蛋白胨培养基的配制

牛肉膏蛋白胨培养基是一种应用最广泛和最普通的细菌基础培养基，常用于分离和培养细菌．固体培养基的配方如下：

牛肉膏 3 g	蛋白胨 10 g	NaCl 5 g
琼脂 15～20 g	水 1 000 mL	pH 7.2～7.4

1．称量

计算好实际用量后，按配方称取各种药品放入大烧杯中．

如果某种药品的用量太少，可预先配成较浓溶液，然后按比例吸取一定体积的溶液加入培养基中．

牛肉膏可放在小烧杯中称量，用热水溶解后倒入大烧杯；也可放在称量纸上称量，随后放入热水中，牛肉膏便与纸分离，立即取出纸片．蛋白胨极易吸潮，故称量要迅速，称量药品后要及时盖上瓶盖．

2．加热溶解

往已称好药品的大烧杯中加少量水（根据需要可用自来水或蒸馏水），边加热边搅拌，待药品完全溶解后再补充水至所需体积．

若配制固体培养基，则将称好的琼脂放入已溶解的药品中，再加热融化．此过程中，须不断搅拌，以防琼脂糊底或溢出．

3．定容

待药品完全溶解后，倒入一量筒中，加水至所需体积．

4. 调 pH 值

一般用 pH 试纸测定培养基的 pH 值. 如果对培养基 pH 的精度要求较高，则须采用 pH 计进行测定.

先测量定容好的培养基的 pH 值，如果偏酸或偏碱，可用 1 mol/L 的 NaOH 溶液或 1 mol/L 的 HCl 溶液进行调节. 调节时，要边加边搅拌(防止局部过酸或过碱)，并不时用 pH 试纸测定. 应注意 pH 值不要调过头，以免回调而影响培养基内各离子的浓度.

（二）分装

按照实验要求，将培养基分装入试管或三角瓶中. 分装时要避免培养基沾在管口或瓶口上造成污染.

分装量：装入试管中的培养基量为管长的 1/5～1/4；装入三角瓶中的培养基量为三角瓶容积的 1/3～1/2；倒平板的培养基量为 15～20 mL.

（三）包扎

分装好试管后，塞好硅胶塞，用防水纸包扎成捆，挂上标签(图 1-20).

分装好三角瓶后，塞好棉花塞(棉花塞的制作和要求见图 1-21、1-22)，然后用防水纸包扎，贴上标签(图 1-23).

棉花塞要求不紧不松，两头光滑，试管棉花塞的长度约 3 cm. 塞入试管内部约占 2/3，头部稍大，约占 1/3.

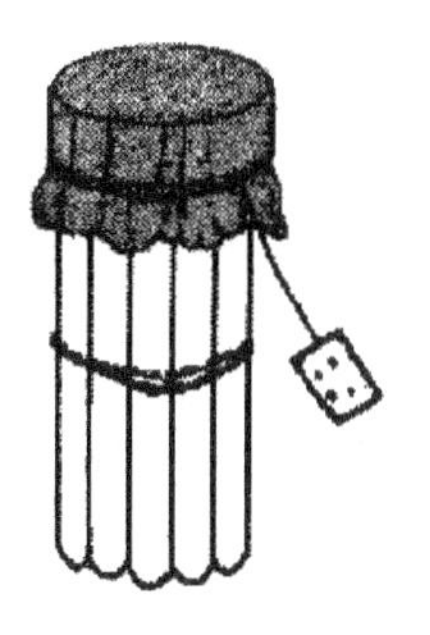

图 1-20　试管培养基包扎并挂标签图

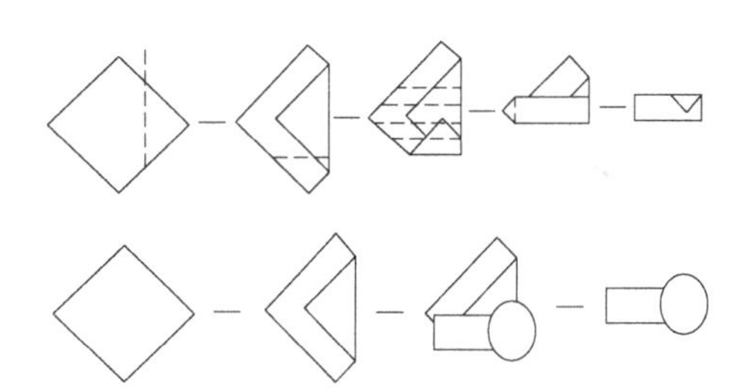

图 1-21　棉花塞的制作

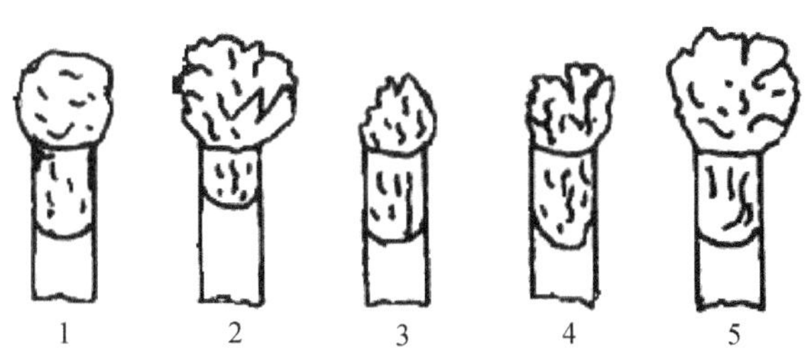

1. 正确的式样；2. 管内部分太短，管外太松；3. 外部太小；4. 整个棉塞太松；5. 管内部分太紧，外部太松

图 1-22　对棉塞的要求

图 1-23　包扎好的三角瓶

（四）灭菌

（1）将灭菌锅的内层灭菌桶取出，往外层锅内加水至水位线，将内层灭菌桶再放回锅内，掩上灭菌锅盖.

（2）接通电源，预热.

（3）将包扎好的待灭菌物品（如培养基、无菌水等）放入灭菌锅内. 装有液体培养基的容器放置时要防止液体溢出；瓶塞不要紧贴桶壁，以免冷凝水沾湿棉塞.

（4）加盖：摆正锅盖，对齐螺口，然后以同时旋紧相对的两个螺栓的方式拧紧所有螺栓，并打开排气阀.

（5）排气：待锅内水沸腾后，水蒸气和冷空气一起从排气孔排出. 一般认为，当排出的气流很强并有嘘声时，表明锅内空气已排尽（沸后约 5 min）.

（6）升压：当锅内冷空气排尽时，即可关闭排气阀，锅内压力开始上升. 当压力表指针达到 0.1 MPa 时，控制电源使压力维持在 0.1 MPa.

（7）保压：当压力表指针达到 0.1 MPa 时，开始计时，保压（0.1 MPa）20 min.

（8）降压：保压达到所需时间后，关闭电源，让压力自然下降到零后，打开排气阀. 待放尽余下的蒸汽后，再打开锅盖. 等锅内温度下降后，取出灭菌物品，倒掉锅内剩水.

（五）摆斜面

待试管内培养基温度降到 50～60 ℃时摆斜面（图 1-24）. 摆得过早会产生较多的冷凝水. 斜面长度为试管长的 1/2.

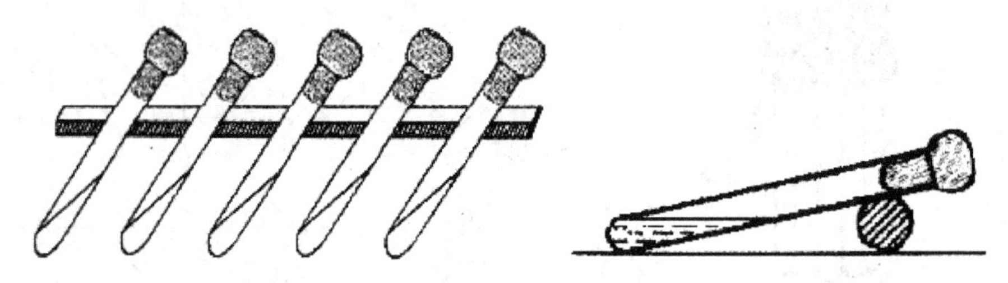

图 1-24　斜面制作

[注意事项]

1. 使用灭菌锅时应严格按照操作程序进行，避免事故发生；灭菌时，需有人看管，时刻注意压力表的读数.

2. 切勿在高压灭菌锅内尚有压力、温度高于 100℃的情况下开启排气阀，否则会因压力骤降造成培养基溢出.

[思考题]

1. 配制培养基的主要程序有哪些？

2. 高压蒸汽灭菌时为什么要把冷空气排尽？灭菌后为什么不能骤然快速降压，而要在放尽锅内蒸汽后才能打开锅盖？

第二篇

形态学基础实验

第五章 植物学形态实验

实验十六 植物细胞的基本结构

细胞是包括植物在内的所有生物有机体的基本组成和结构单位.组成不同类群的生物有机体的细胞在形态、构造及功能上存在显著的差异.植物细胞在构造上主要包括原生质体和包围原生质的细胞壁两个部分.原生质体可以理解为"裸露的"植物细胞.原生质是植物细胞除细胞壁以外所有物质的总称,是细胞生命活动的物质基础.原生质由细胞质和细胞核所组成,细胞质主要是指介于质膜和液泡膜之间的除细胞核以外的所有组成部分.在细胞质内,有内质网、核糖体、质体、线粒体、高尔基体等各种执行特定功能的细胞器.生物膜是指质膜和各种细胞器膜结构的总称,它们在植物光合作用、呼吸作用、物质运输和合成等生理过程中起重要的控制和调节作用.

了解植物细胞的结构是全面理解和准确揭示植物组织和器官生长、发育的生理学和遗传学机制的重要基础.显微镜技术的应用是人们获取植物细胞知识的重要手段.长期以来,光学显微镜已经成为观察植物细胞的重要工具,尽管光学显微镜的分辨率远低于电子显微镜的分辨率,但利用光学显微镜和简易的切片技术就可以观察到生活的、色彩天然的非失真的植物细胞,因而,光学显微镜在植物细胞的显微观察和实验研究中仍将发挥其无可替代的作用.

洋葱鳞叶的表皮是非常适宜于观察细胞及其结构的材料,可以利用洋葱表皮在显微镜下方便地区分出细胞壁、细胞质、细胞核和液泡等植物细胞结构.本实验利用光学显微镜观察植物细胞的基本结构,将有利于加深对细胞是植物结构基础的认识.

[实验目的]

1. 重点了解植物细胞的基本构造、特征及其功能.
2. 了解光学显微镜下可观察的主要细胞器类型.
3. 了解和掌握从植物材料上撕取最外层表皮的方法,以及制作临时染色装片时避免产生气泡的方法;了解光学显微镜使用过程中如何调节进光量和焦距.

［实验材料与器具］

1. 植物材料

洋葱（*Allium cepa*）根尖纵切面永久切片，洋葱鳞茎，水绵（*Spirogyra*）丝状体永久装片，紫万年青（*Rhoeo discolor*）叶背中肋表皮.

2. 溶液或试剂

蒸馏水、甘油、IKI溶液.

3. 器具

复式显微镜、载玻片、盖玻片、镊子、刀片、滴瓶和滴管、吸水纸.

［实验方法］

1. 取已制备的洋葱根尖纵切面永久切片，置于低倍镜下观察比较根尖外部形态的根冠、分生区、伸长区、成熟区（根毛区）等四个部分的细胞形态及构造（各分区相对位置见图2-1）.

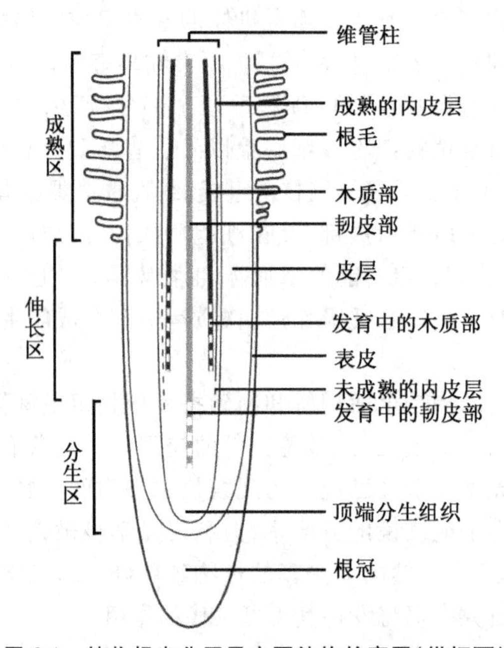

图2-1 植物根尖分区及主要结构轮廓图（纵切面）

（引自Lack AJ, et al. Instant notes in plant biology. Oxford: BIOS Scientific Publisher Limited, 2001）

2. 洋葱鳞茎上有膜质鳞叶和肉质鳞叶两类. 取一枚洋葱肉质鳞叶，用刀片在内表皮上划出“井”字形切口，用镊子撕取洋葱内表皮一小块（$<0.5\ cm^2$），用蒸馏水制成水封装片. 将装片置于复式光学显微镜的载物台上，先在低倍镜下观察，可见紧密排列无细胞间隙的一层近长方形的细胞群（图2-2）. 接着将其中一个细胞置于视野中央，转动转换盘使高倍镜正对光轴，适当调节光亮，或调节细准焦齿轮使所观察的细胞显像清晰. 重点观察该细胞的细胞壁、细胞核、细胞质、液泡等结构，

同时注意观察其与相邻细胞间的排列.如不清晰,用IKI溶液染色后观察.注意,在绝大部分生活细胞中,可观察到细胞核和核仁.利用洋葱细胞可重点观察到细胞核和核仁,每个细胞内部通常有一个圆形的细胞核(不一定处于细胞中央),在每个细胞核中可以存在多个细点状的核仁.

另取一枚洋葱鳞叶,按上述相同方法取其内表皮,用1～2滴1/5 000詹纳斯绿B溶液制成临时封片,将载玻片于37 ℃恒温水浴染色10～15 min,复式显微镜下观察线粒体,注意观察线粒体的形状、大小、数量和分布等.

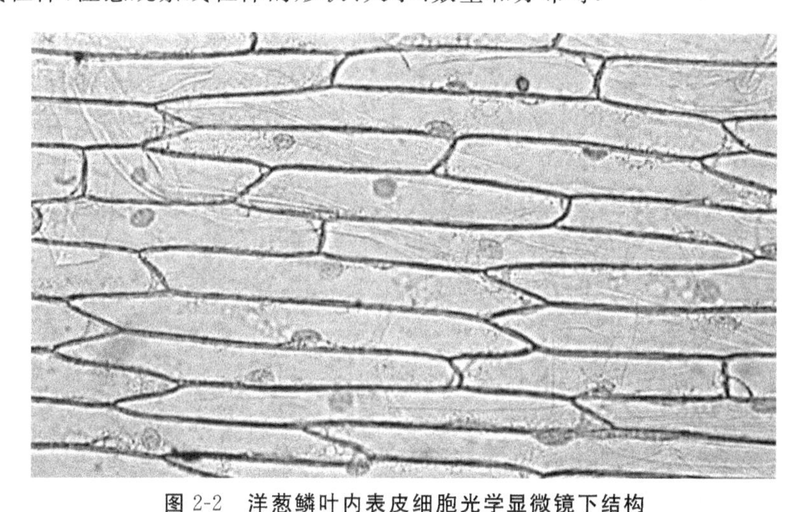

图2-2 洋葱鳞叶内表皮细胞光学显微镜下结构

(引自 http://www.sd393.k12.id.us/wjshs/science/bioone.htm)

3. 取水绵丝状体的永久装片,于低倍镜下观察丝状体及其细胞、叶绿体及中央液泡的形态构造.

4. 取新鲜的紫万年青,于叶背主脉处剥取表皮,滴水加盖玻片后,将该表皮浸入1 mol/L的蔗糖溶液中,5 min后观察液泡范围、液泡膜、细胞质膜的存在及液泡内的花青素.

[实验报告]

根据高倍镜下的观察,画2～3个洋葱鳞叶的表皮细胞,标示出包括细胞壁、细胞核、核膜等在内的各种细胞结构.

实验十七 植物细胞特有结构的活体观察

质体、细胞壁和中央大液泡被认为是植物细胞所特有的细胞结构或细胞器.这一看法只在基于生物二界分类系统的广义植物界范畴和广义的细胞器概念下才成立.在五界系统中,细菌和蓝藻归为原核生物界,真菌归为菌物界(真菌界),它们均具有细胞壁,在这种意义上细胞壁不是植物所特有的结构.同时,关于细胞壁是否属于细胞器也存在着不同或模糊的看法.在Rittner D和McCabe TL编撰的《生物学百科全书》(*Encyclopedia of Biology*)中,细胞器被定义为细胞内所有膜结合和非膜结合的执行特定功能的结构(细胞"器官"),如叶绿体、中心体、高尔基体、核糖体、线粒体,甚至包括细胞核.根据这一定义,细胞壁因处于细胞表面而似乎不能被看做是细胞器.在 Cammack R 的《牛津生物化学与分子生物学词典》(*Oxford Dictionary of Biochemistry and Molecular Biology*)中,将细胞器广义地定义为单细胞生物和多细胞生物的单个细胞中适应或专一地执行一种以上重要功能的结构,但也未明确细胞壁属于细胞器.

植物细胞与动物细胞具有多种相同类型的细胞器或结构,如质膜、细胞核和核仁、线粒体、核糖体、内质网、高尔基体、过氧化物酶体、微管等.但是,它们也各自具有特征性的细胞结构,如动物细胞内含有中心粒和中间纤维等,而植物细胞具有质体、细胞壁和中央大液泡等.

质体是由小而无色的未分化原质体发育而来的植物细胞器,为细胞功能所必需.质体也可通过二分裂或出芽方式进行分裂.不同类型的细胞在代谢上具有不同的需要,细胞分化过程中,细胞内的原质体也分化为特定的不同类型质体.质体主要有淀粉体或白色体(淀粉的合成和贮藏)、叶绿体(光合作用)、有色体(植物颜色)、黄化体(见光后可转化为叶绿体的无色质体)、造蛋白体(蛋白质的贮藏)、造油体(贮藏油滴)等类型.其中,叶绿体含光合作用所需的酶和色素,是最重要的一类质体.

细胞壁是包围着质膜的细胞最外层的坚韧结构,主要为细胞提供支持和保护.典型的植物细胞壁可区分为胞间层、初生壁和次生壁三个结构层次.胞间层是相邻细胞之间的由果胶组成的壁层.在化学组成上,初生壁由纤维素、半纤维素(主要为木葡聚糖)和果胶等组成,纤维素和半纤维素形成网络,包埋在果胶基质中.在禾本科植物的细胞壁中,木葡聚糖和果胶较少,而葡糖醛酸阿拉伯木聚糖较多.植物表皮细胞的初生壁外通常渗入角质和蜡质,形成通透屏障角质层.次生壁含有35%～50%的纤维素、20%～35%的半纤维素(木聚糖)和10%～25%的木质素,这些化合物的存在使细胞壁的机械特性和通透性发生变化.树皮木栓细胞的细胞壁含有软木脂,软木脂是初生根中通透屏障凯氏带(Casparian strip)的主要组分.此外,次生壁(特别是禾本科植物中)还含硅晶,对提高细胞壁的强度和防御食草动物起重要作用.细胞壁还含有各种酶类,如水解酶、酯酶、过氧化物酶和转糖苷酶等以及少量的结构蛋白.

中央液泡是处于许多植物细胞中央最显著的细胞器,可占细胞体积的90%.分生组织细胞含大量小的前液泡,前液泡被认为是由高尔基体产生的小泡融合而成的.随着细胞的分化和体积的扩大,前液泡融合,形成一个大型的酸性中央液泡.液泡在植物细胞中发挥着多方面的重要功能.与细胞骨架和细胞壁结构的改变相协调,中央液泡通过膨压的变化来增加细胞体积.液泡可区隔各种对植物细胞有毒害作用的物质,叶肉细胞、表皮细胞和毛状体等各种叶部细胞的中央液泡内可贮藏过量的 Cd^{2+}、Zn^{2+} 和 Ni^{2+} 等金属离子,大豆叶片生长过程中特化产生的含晶异细胞中，中央液泡可积累草酸钙结晶.液泡也参与自噬作用，细胞通过自噬作用降解其自身的细胞器.当受烟草花叶病毒感染后，叶肉细胞可从内质网产生双层膜结构的自噬体(autophagosome).自噬体可区隔细胞质、细胞器和病原物，随后与中央液泡融合，经中央液泡中的水解酶降解.中央液泡还通过自溶作用而在程序性细胞死亡中发挥重要作用.

[实验目的]

1. 质体、细胞壁和中央大液泡作为植物细胞特有的结构，在植物的生长、发育过程中起着关键的生理作用，通过系统观察这些结构的显微形态加深了解它们的生理功能.

2. 不同种类的植物以及不同类型的组织，其细胞壁组分存在较大差异，采用不同染料对细胞壁进行染色观察，从而加强对细胞壁化学组成差异的理解.

[实验材料与器具]

1. 植物材料与处理

(1) 伊乐藻(*Elodea*)植株、葫芦藓(*Funaria hygrometrica*)拟茎叶体、紫鸭跖草(*Tradescantia pallida*)幼叶、番茄(*Lycopersicon esculentum*)或红辣椒(*Capsicum frutescens*)果实.

(2) 绿豆(*Vigna radiata*)幼根根尖、苹果(*Malus pumila*)成熟果实、紫鸭跖草(*Tradescantia pallida*)雄蕊.

(3) 番茄(*Lycopersicon esculentum*)、蚕豆(*Vicia faba*)、向日葵(*Helianthus annuus*)的茎、马铃薯(*Solanum tuberosum*)的块茎.

2. 器具

明视场显微镜，荧光显微镜(可选!)，恒温水浴箱，剪刀、刀片、镊子、解剖针，载玻片、盖玻片，吸管、吸水纸.

3. 溶液或试剂

(1) 溶液：0.1%的四硼酸钠溶液、95%的乙醇.

(2) 染料：① 甲苯胺蓝(碱性湖蓝 17)：用 0.1%的四硼酸钠溶液配制成质量浓度为 0.01%的甲苯胺蓝溶液；② 苏丹Ⅲ溶液：将 2 g 苏丹Ⅲ溶于 100 mL 无水乙醇，加 100 mL 45%的乙醇；③ 钌红(Ruthenium Red)：质量浓度为 0.02%的钌红水溶液；④ 卡尔科弗卢尔(Calcofluor)M2R：质量浓度为 0.01%的卡尔科弗卢尔 M2R 水溶液；⑤ 间苯三酚：用 95%的乙醇配制质量浓度为 10%的间苯三酚溶液；⑥ 中性红：质量浓度为 0.03%的中性红水溶液.

[实验方法]

1. 不同类型质体的观察

用刀片从伊乐藻植株上部切取一枚小叶，再用镊子夹取后置于洁净载玻片中央，在叶片上滴加一滴蒸馏水，小心地盖上盖玻片，制成水封片.先在低倍镜下观察，将叶缘部分置于视野中部，找到呈椭圆形的绿色细胞.转入高倍镜，注意观察细胞内部绿色的叶绿体，细致观察可发现细胞内叶绿体的运动(图 2-3).

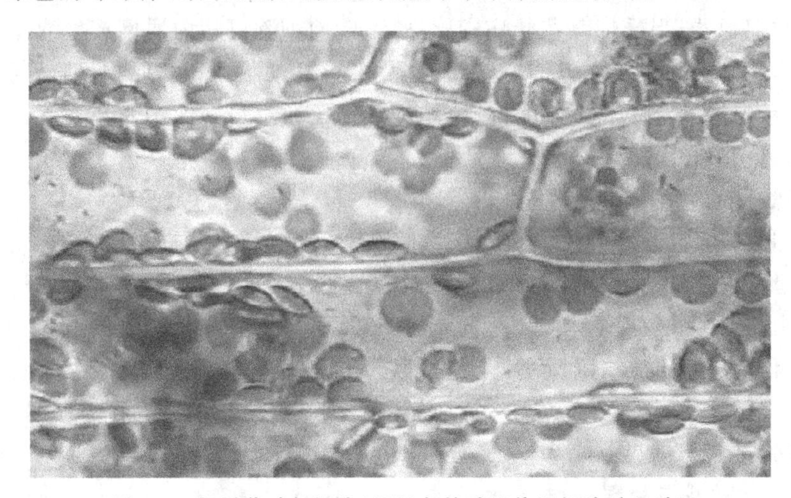

图 2-3　伊乐藻叶部细胞(示绿色的叶绿体沿细胞壁运动)

(引自 http://grandpacliff.com/Trees/AutLeaves－8.htm)

用镊子直接从紫鸭跖草的幼叶上沿叶脉处撕取一块表皮，按照上述方法制成水封片.先在低倍镜下观察，尽可能避开视野中有气泡的区域，用转换盘将高倍镜转入光轴，找到细胞核，细致观察细胞核周围，呈颗粒状的细胞器为白色体.

用镊子从红辣椒果皮内侧撕取小块果肉，置于载玻片上，再用解剖针将果肉块适当展开，滴加蒸馏水，盖上盖玻片.在低倍镜下观察到清晰的细胞结构后转入高倍镜下观察，可发现在薄壁细胞内呈橙红色的有色体.也可用镊子撕除成熟番茄的果皮，露出果肉，再用解剖针挑取小块果肉，依上述方法制成水封片，在高倍镜下也可观察到橙红色的有色体.

2. 植物细胞壁的染色观察

甲苯胺蓝是植物组织染色常用的染料，可将纤维素壁、细胞质和细胞核染成蓝色，而将核仁染成紫色，木质化细胞壁染为绿色/蓝色.事实上，对特定的细胞壁组分可以采用其他的专一性强的染料进行染色，如钌红(Ruthenium Red)、卡尔科弗卢尔(Calcofluor)M2R、间苯三酚等可分别对果胶(红色)、纤维素(银色/蓝色)、木质素(鲜红色)进行特异性较强的染色.利用这一特点，采用不同的染液，对同一组织进行染色可初步判断细胞壁的主要组分.(注意：卡尔科弗卢尔 M2R 为荧光染色试剂，显微观察时需要采用带紫外滤光块的荧光显微镜.)

参照实验十六所述方法取洋葱鳞叶内表皮，分别用甲苯胺蓝、钌红、间苯三酚等不同染液进行染色，染色时间分别为 1～2 min、5～10 min、5～30 min，制成装片.其中，间苯三酚染色后，滴加等体积的浓盐酸，静置 2～3 min，用蒸馏水洗涤后封片.显微镜下观察细胞壁所染成的颜色.

3. 细胞壁修饰的观察

纤维素是植物细胞壁的主要组成成分.除纤维素外，次生壁常可出现不同类型的修饰，如木质化、角质化、栓质化、黏液质化和矿质化等.

(1) 木质化染色检测：以徒手切片法对蚕豆茎进行横切，选取一厚薄均匀的完整薄片，置于洁净载玻片中央，滴加一滴盐酸以浸润细胞，2～3 min 后吸去盐酸，接着滴加一滴间苯三酚染液，盖上盖玻片，置显微镜下观察染成红色的细胞.（注意：这些细胞为厚壁细胞，由于厚壁细胞的木质化程度深，盐酸处理使细胞处于酸性环境，利用木质素在酸性环境中与间苯三酚间的红色反应可观察木质化的厚壁细胞的分布特点.）

(2) 角质化染色检测：角质化发生于植物器官的表皮细胞，主要是指脂类的角质素沉积于表皮细胞的外侧. 以徒手切片法对蚕豆、番茄或向日葵茎进行横切，选取一厚薄均匀的完整薄片，置于洁净载玻片中央，滴加一滴苏丹Ⅲ染液，盖上盖玻片，置显微镜下观察，可发现茎表皮细胞被染成橘红色的外切向壁.（注意：切出尽可能薄的厚薄均匀的横切片，否则，盖玻片不易在载玻片上放平，会影响染色.）

(3) 栓质化染色检测：栓质也是脂类物质，栓质化主要发生于植物器官较成熟的近表层的细胞壁. 取马铃薯块茎，靠薯块外侧切成约 1 cm 厚的长条，以拇指、食指和中指夹持薯条进行徒手横切，用苏丹Ⅲ染液染色封片，置于显微镜下观察，可发现近表面数层细胞的细胞壁被染成橘红色.

4. 液泡的观察

(1) 根尖液泡系：取绿豆幼苗初生根的根尖(1～2 cm)，纵切，切片置于载玻片中央，滴加一滴 0.03%的中性红染液，染色 5～10 min. 然后将载玻片置于 37 ℃恒温水浴，盖上盖玻片，用解剖针柄轻轻挤压使根尖细胞展开，置于显微镜下观察. 观察时注意根尖细胞中液泡的数目和分布.

(2) 中央液泡：取成熟苹果，用刀片在果皮上划出“井”字形切口，用尖头镊子小心撕取表皮，置于载玻片中央，滴加 2～3 滴水，用解剖针轻轻地盖上盖玻片(尽可能避免气泡进入). 先在低倍镜下观察表皮细胞，找到观察对象后转入高倍镜，根据需要调节细准焦旋钮使视野清晰. 留意观察细胞中央的大液泡. 通常，成熟苹果表皮细胞中均有一液泡膜包围的中央大液泡，液泡内含花青素，是成熟苹果外观显红色的原因. 观察时，根据放大倍数估算细胞的大小. 从盖玻片一侧滴加 2～3 滴 10%的 NaCl 溶液，另一侧用吸水纸吸出部分液体，将载玻片再次置于显微镜下仔细观察加入 NaCl 溶液后细胞的变化.

取苹果，以徒手切片法制作果肉部分的切片，显微观察并比较果肉薄壁细胞中液泡与上述表皮细胞中液泡的差异.

(3) 非中央液泡：并非所有成熟细胞中的液泡都为中央液泡. 紫鸭跖草的雄蕊可用来观察成熟细胞中多个分布的液泡. 用镊子从紫鸭跖草雄蕊上取下毛状的花丝，或用解剖针剔除雄蕊上的花药取花丝，置于载玻片中央并滴加 1～2 滴水，小心盖上盖玻片，花丝上的很多毛可能仍保留有空气. 显微观察时集中观察完全浸润于水中的毛细胞. 在高倍镜下，可以发现细胞液中含水溶性的色素，这样可识别细胞溶胶与细胞液之间的边界. 假如细胞液中无溶解的色素,该边界可认定为颗粒状细胞溶胶和细胞液之间的转换处,这些边界就是液泡膜所处的位置. 注意识别横跨液泡的细胞质丝以及显著的细胞核,并细致分辨是否出现细胞质流动现象. 在这些毛细胞中,细胞核常悬于由多个液泡包围的细胞溶胶"岛"中.

[实验报告]

绘制绿豆幼苗初生根的根尖组织液泡系形态图.

实验十八　植物细胞的有丝分裂

新细胞的形成是由细胞分裂产生的. 单细胞植物藉由新细胞的形成以维持种的延续. 高等植物的种子,藉由新细胞的形成而发芽,之后发育成具有千万细胞的植物体. 植物体的生长在很大程度上依赖于细胞的有丝分裂. 植物体中进行有丝分裂的主要部位在分生组织,包括茎与根的顶端分生组织、维管形成层、木栓形成层与居间分生组织.

有丝分裂包括两个步骤:细胞核的分裂和细胞质的分裂. 一般细胞核分裂后进行质分裂. 核分裂后若无质分裂,细胞内将形成一枚以上的核或多倍体染色体. 细胞分裂所需时间随生物种类或组织的种类而异. 温度及其他因子的差异会产生重大影响. 细胞有丝分裂为一连续过程,为方便叙述,将过程分为前期、中期、后期、末期及分裂与不分裂之间的间期(图 2-4).

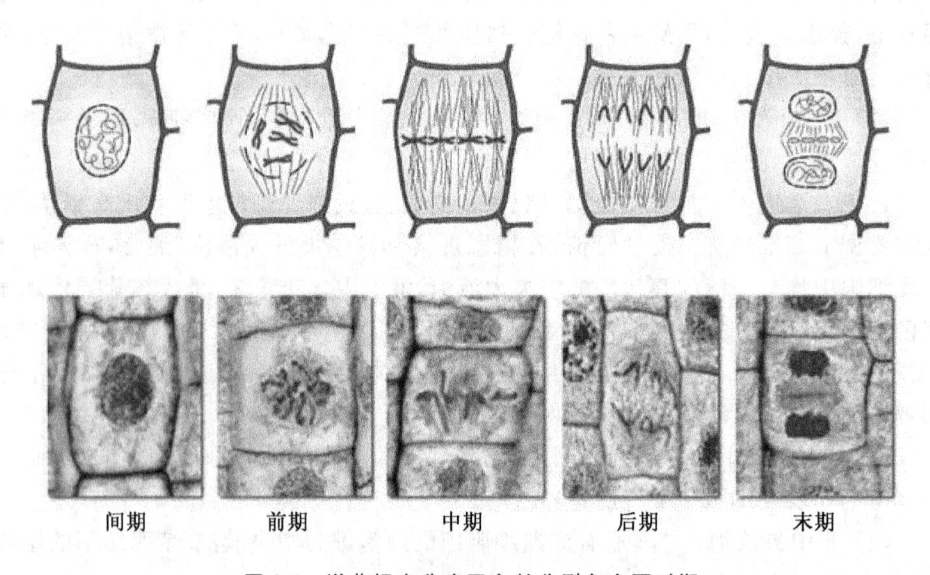

图 2-4　洋葱根尖分生区有丝分裂各主要时期

(引自 http://www.intrinsick.com/classroom/seven/links.html)

前期:营养期的细胞核完整,染色质丝较细长而富有弹性,核仁完整. 细胞分裂开始时,染色质细丝缩短变粗,形成易于观察的染色体;核仁变小最终消失;前期结束前，染色体显出双股母染色单体，扭曲而成；前期终末，核膜消失，但核液尚未与细胞质完全混合，染色体浴于核液中.

中期：染色体移动到细胞中央部分，染色体的着丝点位于赤道板上，与纺锤丝相连. 此时细胞中的染色体、纺缍丝及核液合称为纺锤体.

后期：染色体经短暂停留于赤道板上，迅即开始由着丝点分裂. 每一染色体分开成为子染色体，朝相反方向移向两极. 染色体分开的时期，称为后期.

末期：染色体移至细胞两极时进入末期，染色体开始伸长，在极区内形成网状，核膜及核仁再度出现. 在两个子染色体中间的赤道板区，自中央向两侧形成细胞板，将两细胞分开（质裂）. 最初形成的细胞板则成为两个新细胞间的中间层及新形成的原生质膜. 新原生质膜上也具有纤维素合成酶，将合成新的纤维素累积在原生质膜外形成新的细胞壁，细胞分裂则告完成.

间期：此期为细胞周期中历时最长的一个时期，此期细胞核中染色体的缩聚和迂曲程度最小，无从识别出染色体的个体. 核仁以最大的极限存在；同时细胞体积增加，为细胞分裂作准备；脱氧核糖核酸也在此期复制，否则分裂无以开始.

［实验目的］

学习植物根尖压片方法；通过切片和涂片的显微观察，掌握植物细胞有丝分裂各时期的特点.

［实验材料与器具］

1. 植物材料与处理

（1）洋葱鳞茎及洋葱根尖的准备：通常在实验前 4～5 d 由指导教师预先准备. 将水灌入广口瓶或烧杯中，取一定大小的洋葱鳞茎（如有老根，须去除）架于瓶口（或杯口），使鳞茎的基部（近鳞茎盘端）接触到水. 3～4 d 内将长出数厘米长的不定根. 通常待根长达 2～3 cm 时即可取下进行固定. 清晨是材料固定的最佳时间，此时的有丝分裂较其他时间活跃. 从上述瓶口取下洋葱鳞茎，用剪刀从成簇的根上剪下根的先端（约 0.5 cm 长）. 将剪下的根尖投入体积比为 1∶3 的醋酸乙醇溶液中，30 s 后换入 70%的乙醇溶液（可长期保存）. 通常这样固定 24 h 后即可用于制片.

（2）洋葱根尖纵切面永久切片.

2. 器具

复式显微镜、解剖针、刀片、剪刀、吸水纸、毛刷、载玻片、盖玻片、烧杯.

3. 溶液或试剂

固定液：醋酸乙醇溶液（体积比为 1∶3）；解析液（离析液）；染液：醋酸地衣红、醋酸洋红染液.

［实验步骤］

1. 用镊子从固定液中取出一枚根尖，置于洁净的载玻片中央.

2. 在根尖上滴加 1～2 滴浓盐酸（以软化材料），并立即滴加数滴水以稀释盐酸，倾去稀释液再多次洗涤.

3. 滴加1～2滴醋酸地衣红或醋酸洋红染液进行染色，静置5～8 min，使根尖材料吸收染料，呈深红或黑色.

4. 盖上盖玻片，用解剖针柄轻轻敲击盖玻片，使材料均匀地展开. 注意切勿用力过猛，否则盖玻片易碎或细胞太散而使观察时难以把握分裂相.

5. 将制成的涂片置于低倍镜下观察，找到细胞分散均匀、适度的区域.

6. 转入高倍镜，根据需要旋转细调节齿轮使视野清晰.

7. 用调节杆缓慢地移动载玻片，细致观察有丝分裂不同时期的细胞.

[注意事项]

1. 根尖分生区的细胞呈矩形，视野中可能出现的圆形或卵形细胞不是分生区细胞.

2. 醋酸地衣红、醋酸洋红只能使染色体着色，因而不能观察到纺锤丝.

3. 若不能观察到典型的有丝分裂各时期的细胞，请采用永久切片观察，也可请指导教师或其他同学帮助.

4. 将洋葱根尖永久切片置于显微镜载物台上，先用低倍镜观察材料中所显示的分生组织部分，再以高倍镜观察上述细胞的分裂过程.

[实验报告]

1. 根据显微观察，绘制细胞有丝分裂过程中各时期简图，指出其主要特征.

2. 为什么通常采用洋葱根尖观察植物细胞的有丝分裂过程？还有哪些材料容易观察到细胞的有丝分裂过程？

实验十九　分生组织、生长与分化

分生组织是植物体内具分裂能力的细胞群. 通常，分生组织的细胞体积小，细胞核相对较大，细胞壁薄，原生质浓密，细胞排列紧密. 分生组织按来源不同可分为原分生组织、初生分生组织和次生分生组织，按位置不同则可分为顶端分生组织、居间分生组织和侧生分生组织. 原分生组织通常是指根尖和茎尖的顶端分生组织中的原始细胞. 初生分生组织是原分生组织进一步分裂衍生而形成的具有分裂能力的细胞. 它可区分为原表皮、基本分生组织和原形成层，由它们分别分裂分化为表皮、基本组织和维管组织，构成植物的初生结构. 次生分生组织是由成熟细胞恢复分裂能力而产生的分生组织. 木栓形成层是典型的次生分生组织. 从各类分生组织在器官内部的分布位置看，顶端分生组织位于根尖和茎尖，包括原分生组织和初生分生组织两个部分. 侧生分生组织主要分布于增粗生长的根和茎的侧面，与器官纵轴平行，呈桶形，主要包括木栓形成层和维管形成层两类. 需要指出的是，茎中的维管形成层不是典型的次生分生组织，在其组成中包含来自束中形成层(初生分生组织)的细胞. 居间分生组织通常处于禾本科植物节间下方或韭菜和葱等植物叶基部，本质上属于初生分生组织.

分生组织由一群分裂旺盛的小细胞集合而成，呈立方形或正方形，其细胞核大，液泡小而分散或无液泡.分生组织的主要功能是进行细胞的分裂增殖，使植物体器官组织增大、生长发育.分布于根尖或茎顶端的分生组织称为顶端分生组织，其分裂增殖促使根及茎叶的伸长；多年生的根及茎（次生植物体部分）的形成层与木栓形成层称为侧生分生组织，其分裂增殖促使次生植物体的形成，如多年生木本植物的根与茎的增粗.

［实验目的］

1. 主要观察根尖、茎尖顶端分生组织的分布和结构特点，掌握根尖和茎尖在结构上的异同点.

2. 理解分生组织的功能及其与初生生长和组织分化的关系.

［实验材料与器具］

1. 植物材料

伊乐藻（*Elodea*）的茎尖，水葫芦（凤眼莲 *Eichhornia crassipes*）的根尖，木贼（*Equisetum*）茎尖永久切片，彩叶草（*Coleus*）茎尖永久切片，阴地蕨（*Botrychium*）根尖永久切片，玉米（*Zea mays*）根尖，荠菜（*Capsella*）胚的永久切片.

2. 器具

体视（解剖）显微镜、复式显微镜、镊子、解剖针、刀片.

［实验方法］

1. 茎尖的切面

取伊乐藻茎尖，在体视显微镜下观察.观察时从茎尖剥除叶片，直至露出被细小叶原基包围的顶端分生组织，注意围绕顶端分生组织的叶原基的顺序排列方式.茎的顶端分生组织由顶部向基部形成细胞，增加茎的长度，侧向形成细胞，产生叶.观察伊乐藻茎尖纵切面永久切片，并与三维的茎尖进行比较.观察永久切片时，注意理解茎尖的三维结构，而且一直处于变化中.顶端分生组织一直保留了其相似的组织，但组成它的细胞群是变化的.

2. 茎顶端分生组织的结构

不同植物的茎顶端分生组织在大小、形状和结构上有所不同，因而存在多种不同类型的顶端分生组织.本实验可观察到两种不同类型的茎顶端分生组织.蕨类植物的顶端分生组织有一个共同的原始细胞，该原始细胞是其他所有分生组织细胞的前体.取蕨类植物木贼茎尖的永久切片，置显微镜下观察，鉴别出其分生组织的原始细胞.

被子植物的茎顶端分生组织在结构和功能上比蕨类植物复杂，取被子植物彩叶草茎尖的永久切片，置显微镜下观察，注意其顶端分生组织的分层结构.最外层（L1 和 L2）的细胞进行垂周分裂（垂直于表面），L3 层的细胞可进行各个方向上的分裂.每层细胞各有其自身的原始细胞（见图 2-5）.注意区分出彩叶草茎顶端分生组织内的中央区、周缘区和肋区等各个区，哪个区含有作为原始细胞的细胞？

叶原基起始方式决定了成熟植株上叶的排列方式(叶序). 比较彩叶草(对生叶)和银杏(互生叶)的茎尖.

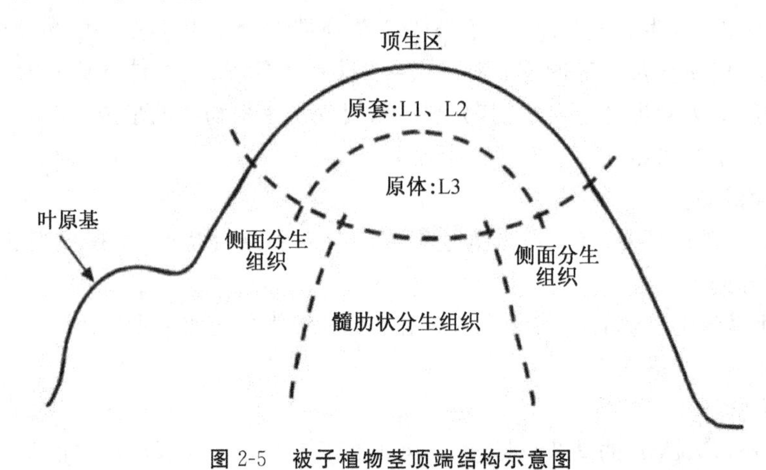

图 2-5　被子植物茎顶端结构示意图

(引自 Rudall PJ. Anatomy of flowering plants: an introduction to structure and development, 3rd ed. London: Cambridye University Press, 2007)

3. 根尖

观察水葫芦的根尖,注意其显著的根冠. 与茎顶端分生组织不同,根的顶端分生组织可以向顶部和向基部双向形成细胞,这种结构组织类型对补充根冠细胞是必需的. 根顶端分生组织的另一个不同于茎顶端分生组织的特点是,它不产生侧生器官,侧根起始于根成熟区内部,在紧邻根冠的区域没有侧根.

4. 根顶端分生组织的结构

与茎顶端分生组织类似,不同植物类群间根顶端分生组织也存在差异.

蕨类植物的根顶端分生组织也存在其单一的原始细胞. 除了有多个向基分裂面以外,根原始细胞还有一个为根冠补充细胞的分裂面. 观察阴地蕨根尖的永久切片.

与茎顶端分生组织类似,开花植物的根顶端分生组织也具有比蕨类植物复杂的结构. 观察玉米根尖永久切片,注意根冠和其他部分之间的界限(图 2-6). 根尖本身的最外层将发育为根的表皮. 识别出根中央正在发育的维管组织. 注意分辨根尖内的静止中心的细胞团. 围绕静止中心的细胞是原始细胞,这些原始细胞分别产生根冠、表皮、维管组织和皮层.

5. 组织分化

顶端分生组织产生的细胞生长并成熟后,可特化形成特定功能的细胞,这一过程称为分化. 分化导致组织的形成. 根部的分生组织细胞和茎顶端分生组织细胞外形相似. 当顶端分生组织产生的细胞开始分化,它们在外形上就出现了明显的差异. 例如,维管组织分化过程中,细胞明显伸长,成为原形成层. 而另一些处于表面的细胞,覆盖着其他的未成熟部分,这些细胞是原表皮的细胞,将来产生表皮组织.

观察玉米(*Zea*)根尖、彩叶草(*Coleus*)茎尖和荠菜(*Capsella*)胚的永久切片,识别原形成层和原表皮.

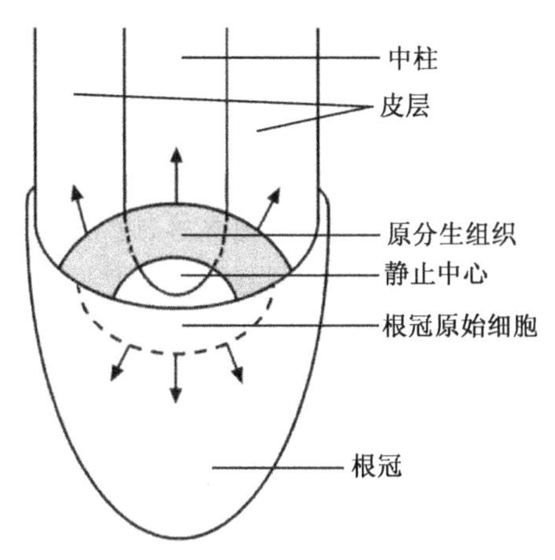

箭头所指为分裂产生的新细胞替代原有细胞的方向

图 2-6 玉米根顶端结构示意图

(引自 Rudall PJ. Anatomy of flowering plants:an introduction to structure and development, 3rd ed,London:Cambridge University Press, 2007)

[实验报告]

1. 绘制伊乐藻茎尖结构图,标示出顶端分生组织和叶原基.
2. 绘制木贼茎顶端分生组织图,标示出其原始细胞.
3. 绘制彩叶草的两个茎顶端分生组织图,分别图示 L1、L2、L3 细胞分层和中央区、周缘区和肋区分区,指出各细胞分层和分区的功能.
4. 绘制图比较对生叶植物(彩叶草)和互生叶植物(银杏)的茎尖.
5. 绘制一水葫芦根先端结构图,标示出根冠和侧根.
6. 绘制阴地蕨根尖结构图,标示出原始细胞和根冠.
7. 绘制玉米根先端结构图,标示出根冠、维管组织、表皮、皮层、静止中心和原始细胞.

实验二十 表皮组织、基本组织和维管组织

初生植物体一般可区分出三大类组织,即表皮组织、基本组织和维管组织.表皮组织是处于植物各器官表面起保护作用的初生组织.通常,表皮由一层表皮细胞所组成.但有些植物的某些器官的表皮由二至数层不等的细胞组成.由一层细胞所组成的表皮组织称为单层表皮,而由两层以上细胞组成的表皮称为复表皮.表皮组织上尚可特化出各式各样的附属结构,如气孔、表皮毛、硅质细胞及木栓细胞等.气孔是由两个保卫细胞及其间的孔口所组成的,可作为光合作用及呼吸作用时气体

交换的进出口.气孔的两枚肾形保卫细胞近孔口处壁厚而远离孔口处壁薄,保卫细胞两侧的膨压不同,保卫细胞吸水则气孔开启,放水则气孔关闭,以此来控制气孔的开启与关闭.表皮细胞特化形成的表皮毛在构造和形态上多种多样,分为单细胞毛、多毛、鳞毛、腺毛及根毛等.表皮组织的特化现象与植物适应其生长环境有关.

基本组织位于保护组织的内侧,如叶片的叶肉组织、根与茎的髓及皮层、花及果实的肉质部分均属基本组织.基本组织一般由薄壁细胞组成,因而往往又被称为薄壁组织.组成基本组织的薄壁细胞,其细胞壁薄,通常液泡化,是具有原生质体的生活细胞,相邻的薄壁细胞之间有明显的胞间隙.薄壁细胞组成的基本组织由于所处的器官类型等的不同,在结构、功能上存在差异,可分为一般薄壁组织、贮藏薄壁组织、同化薄壁组织、通气薄壁组织等.

维管组织是维管植物体内主要负责营养物质及水分运输的组织.维管组织有木质部和韧皮部两种类型.根吸收的水分和矿质营养经木质部向上运输,而叶片中的光合产物则由韧皮部运输至植物的其他器官.维管组织可以是初生的,也可以是次生的.初生维管组织从顶端分生组织生长产生,次生维管组织则由形成层生长形成.蕨类植物和几乎所有的单子叶植物以及草本双子叶植物通常只有初生维管组织.维管组织是主要起输导作用的复合组织,由多种类型的细胞组成.木质部可由导管分子、管胞、木纤维和木薄壁组织细胞及木射线组成;韧皮部可由筛管、伴胞、韧皮纤维、韧皮薄壁细胞等细胞组成.植物体内所有的维管组织共同形成植物的维管组织系统.在叶片中,维管组织以维管束的形式分布于海绵组织中,木质部则处于叶的近轴面(通常为上表皮侧),韧皮部则处于叶的远轴面(通常为下表皮侧).

[实验目的]

1. 观察初生植物体各种类型组织的构造、特征,了解其功能.

2. 熟练掌握组织染色和装片技术.

[实验材料与器具]

1. 植物材料

垂盆草(*Sedum sarmentosum*)肉质叶,玉米(*Zea mays*)叶片,萌发的玉米种子,菜豆(*Phaseolus vulgaris*)子叶,鳄梨(*Persea americana*)果实,旱芹(*Apium graveolens*)叶柄,白栎(*Quercus fabri*)木质部软浸液,女贞(*Ligustrum*)叶片横切面永久切片,柿(*Diospyros kaki*)胚乳永久切片,接骨木(*Sambucus*)茎永久切片,玉米茎横切面和纵切面永久切片,南瓜(*Cucurbita*)茎横切面和纵切面的永久切片.

2. 器具

复式显微镜、体视显微镜、镊子、解剖针、刀片、载玻片、盖玻片、擦镜纸、吸管、吸水纸、电炉、烧杯.

3. 溶液或试剂

蒸馏水、木材浸渍液,IKI、氨基黑10B、苏丹Ⅳ、甲苯胺兰、苯胺蓝/IKI等染液.

［实验方法］

1. 表皮组织的观察(参见图 2-7)

用镊子从垂盆草肉质叶上撕取表皮，制成水封片，置显微镜下观察，识别表皮组织上各种类型的细胞. 注意表皮细胞的排列是否紧密，是否有胞间隙，能否观察到保卫细胞和气孔. 注意观察各种类型细胞在大小、形状和排列上的区别，是否含有叶绿体，是否有表皮细胞特化产生的毛.

禾本科植物的保卫细胞呈哑铃形，紧邻保卫细胞的表皮细胞在外形上明显不同于一般的表皮细胞，称为副卫细胞. 因而，它们的气孔复合体包括保卫细胞、气孔和副卫细胞等. 从玉米叶片上撕取表皮，制成水封片，置于显微镜下观察. 注意识别各种类型的细胞.

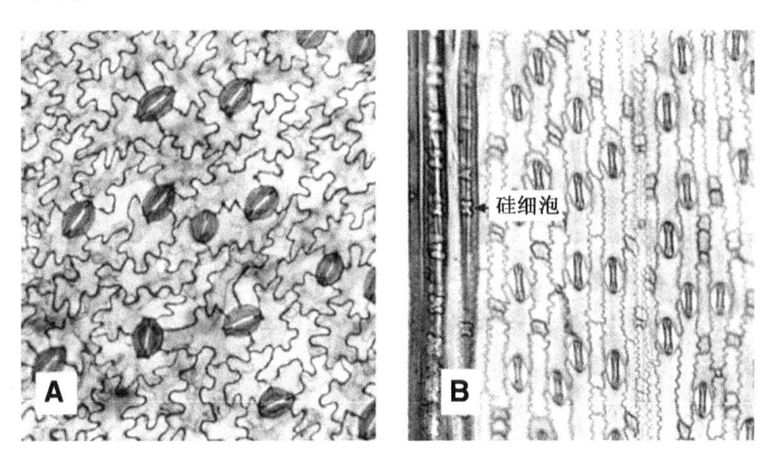

A：双子叶植物(芍药属)；B：单子叶植物(芦竹属)

图 2-7　植物叶下表皮(远轴面)细胞的组成

(引自 Rudall PJ. Anatomy of flowering plants：an introduction to structure and development. 3rd ed. London：Cambridge University Press，2007)

表皮细胞外切向壁向外突出生长，形成特化的表皮细胞，称为毛状体. 毛状体随植物种类、器官类型等的不同而在大小和复杂程度上差异很大. 根毛是根表皮上特化的表皮细胞，在土壤水分和矿质营养的吸收中发挥重要功能. 从预先作萌发处理的玉米种子上取根尖，制成水封片，在显微镜或体视镜下观察，在根尖成熟区检查根毛细胞，注意形状和数量.

2. 基本组织的观察

(1) 同化组织：指特化为富含叶绿体进行光合作用的薄壁组织. 叶片、绿色的茎以及未成熟的果实中可发现同化组织. 观察女贞叶片横切面永久切片. 根据含叶绿体细胞与上、下表皮的位置关系，识别海绵组织、栅栏组织的细胞，注意它们之间的区别.

(2) 通气组织：指特化后主要负责气体交换的薄壁组织. 薄壁细胞间具有发达的胞间隙. 水生植物体内的通气组织特别发达，它在水生植物的气体交换及其器官的上浮中发挥重要作用。睡莲和灯心草的叶、水葫芦的叶柄以及狐尾藻的茎中均具有发达的通气组织.再次观察女贞叶片横切面永久切片时,特别注意发现处于栅栏组织和下表皮之间的海绵组织的胞间隙.

(3) 贮藏薄壁组织:指起贮藏功能的薄壁组织.贮藏薄壁组织可以在不同的细胞器或结构中贮藏性质不同的物质,如淀粉(造粉体)、油滴(油体或质体)、蛋白质(蛋白体或细胞质颗粒)、半纤维素(细胞壁)、水(液泡).根据下表中的描述制备标本进行观察,然后根据观察结果在表中填写贮藏物质(如淀粉、蛋白质)、贮藏部位(如液泡、细胞壁)和外观(如颜色和外形).

组织或器官	处理方式	贮藏物质	贮藏部位	外观
菜豆子叶	IKI 染色			
菜豆子叶	氨基黑 10B 染色			
鳄梨果实	苏丹Ⅳ染色			
垂盆草叶	徒手切片			
柿胚乳	永久切片			

3. 维管组织的观察

(1) 木质部的细胞类型:显微镜下观察接骨木茎永久切片,识别木质部及其细胞组成的类型,并区分出这些细胞类型.

(2) 初生木质部的发育:次生壁木质化是管状分子的重要特征.木质化后的细胞壁坚硬,是导管发挥正常的输导和支持功能的基础.通常,原生木质部中成熟的管状分子尽管沉积了次生壁,但仍有一定的伸展潜力,而在后生木质部中的管状分子成熟后不易伸展.

从煮熟的芹菜叶柄中分离出维管束,用甲苯胺蓝染色后,置于载玻片上,盖上盖玻片,挤压使平展.显微镜下观察,识别出管状分子的类型,观察次生壁加厚方式,识别出环纹、螺纹、网纹、孔纹等类型,并区分原生木质部和后生木质部.

(3) 木质部细胞类型的功能特化:管状分子可分为导管分子和管胞两类.导管分子通过端壁的穿孔板相互连接,而管胞通过具缘纹孔相连.导管分子上的穿孔可使水自由移动,而管胞的具缘纹孔则可限制纹孔塞的活动而影响水分的输导效率.大部分植物的木质部既有导管分子也有管胞.木质部的纤维与厚壁组织的纤维一样,是长而细的死细胞,其强烈增厚的次生壁木质化.此外,注意观察会发现,木质部中还存在被称为纤维-管胞的既不同于纤维也不同于管胞的一种类型的死细胞,可以通过纹孔结构的特点将它们与管胞和纤维区别开来.

用吸管吸取一滴软浸液,置于载玻片中央,盖上盖玻片,显微镜下观察,区分出管胞、导管分子、纤维、纤维管胞等细胞类型.

木质部软浸液制备步骤:将白栎或其他栎属(*Quercus*)植物的木材部分劈切

成薄片，投入水中蒸煮或抽气以除去组织内的空气.将去除空气的薄片转移至含浸渍液的玻璃瓶中，将玻璃瓶置于30～40℃恒温培养箱处理1～2 d(注意草质材料的处理在室温下进行即可).冷却至室温后，用玻璃棒搅碎组织块.假如组织块未被充分解离开，替换新鲜的浸渍液(通风柜中配制，10%的硝酸和10%的铬酸等体积混合)后再在30～40℃下处理1～2 d.用清水洗涤浸软的材料(采用换水离心的方法可加快洗涤过程)后保存于70%的乙醇溶液中.显微观察前，可用1%的番红水溶液进行染色.

(4) 韧皮部的细胞类型：筛管分子是被子植物韧皮部输导光合产物的细胞，液流经筛管分子之间的通过筛孔(修饰的胞间连丝)移动.筛管分子的末端为筛板，细胞内无细胞核，在结构上与伴胞紧密相邻，伴胞在韧皮部装载中发挥重要功能.在韧皮部还普遍存在着纤维和薄壁细胞.韧皮部携带的物质对植物的代谢过程非常重要，植物演化出了精细的机制，可防止组织伤害带来渗漏.在进行组织切片时，会形成胼胝质和p-蛋白，堵塞筛孔.玉米茎内的筛管分子和伴胞相对容易识别.在横切面上找到维管束后，寻找薄壁的非木质化细胞.筛管分子形状较大，看似空的；而伴胞形状较小，有明显的细胞核.周围木质化的细胞为纤维.

南瓜茎的韧皮部含大的筛管分子，维管束木质部的内侧和外侧都有韧皮部的分布，这种类型的维管束称为双韧维管束.显微观察南瓜茎横切面，识别出筛板和被染成红色的p-蛋白.注意：植物组织受到伤害后，可产生p-蛋白阻断筛板.显微观察南瓜茎韧皮部的纵切片时，通过筛板和p-蛋白塞可以识别筛管分子，同时识别出伴胞.与产生p-蛋白一样，植物受到昆虫伤害后还可产生胼胝质，以防止韧皮部内容物的渗漏.胼胝质可以在苯胺蓝染色后利用荧光显微镜观察加以检测，也可在苯胺蓝/IKI染色后利用亮视场显微镜加以检测.

[实验报告]

1. 绘图标示垂盆草或玉米表皮各类型细胞.

2. 绘制接骨木茎的木质部，标示各种细胞的类型.

3. 根据芹菜叶柄组织甲苯胺蓝染色观察，绘图标示次生壁不同加厚方式的管状分子.

4. 根据横切片和纵切片上的观察，绘图说明玉米韧皮部的细胞类型，标示各细胞类型及其识别特征.

5. 根据横切面和纵切面的观察，绘图表示南瓜茎中的筛管分子，标示筛板、筛孔及p-蛋白的位置.

实验二十一　种子的类型与结构

种子是裸子植物和被子植物受精后由成熟胚珠发育而来的繁殖器官.与相对原始的苔藓植物和蕨类植物不同，裸子植物和被子植物通常以种子进行繁殖，属于种子植物.种子在种子植物的繁殖和传播中起重要作用,因而无论是炎热气候还是寒冷气候条件下,从森林到草地,种子植物都能在陆地生态系统中占据优势.在结构上,典型的种子可由胚、胚乳和种皮三个部分组成.

胚是种子最主要的组成部分,是新生植物体的雏体,在结构上可区分出胚根、胚芽、胚轴和子叶四个部分.在适宜条件下,胚形成新生的植物体.胚乳是种子萌发形成幼苗过程中营养物质的提供者.被子植物的胚乳是由双受精过程中形成的初生胚乳核进一步发育而来的;而裸子植物(如松柏纲)的胚乳是雌配子体的一部分,属于单倍染色体的组织.有些植物的种子发育过程中,胚吸收了胚乳的营养,成熟种子中无胚乳,而胚体内的子叶贮藏了丰富的营养物质,幼苗形成时所需的营养则通常由发达的子叶提供.在生物学上,根据成熟种子中是否含胚乳将种子分为有胚乳种子和无胚乳种子两种类型.所有裸子植物的种子为有胚乳种子;被子植物的种子有些有胚乳,而有些则无胚乳.许多双子叶植物(如蓖麻、莲、荞麦、胡萝卜、苋菜、柿)和大部分单子叶植物(如禾本科和棕榈科的植物)的种子有胚乳,蚕豆、菜豆、荠菜、花生等双子叶植物和慈姑、泽泻、眼子菜等单子叶植物的种子中无胚乳.

种皮是由包围胚珠的珠被发育而来的种子外层结构,有保护胚的作用.不同种类的植物,其种子的种皮在厚薄、质地等方面存在较大差异,落花生成熟种子的种皮薄如纸,而皂荚和椰子种子的种皮厚且坚硬.有些植物的种皮外还具有假种皮(紫杉、肉豆蔻)、油质体(紫堇)、表皮毛(棉花)、种脐等附属结构.

[实验目的]

了解各植物类群主要种子类型的形态和结构特征,理解出土萌发种子和留土萌发种子在发育过程中的特点.

[实验材料与器具]

1. 植物材料与处理

菜豆(*Phaseolus vulgaris*)、豌豆(*Pisum sativum*)、蓖麻(*Ricinus communis*)的种子,玉米(*Zea mays*)的颖果,马尾松(*Pinus massoniana*)的球果,银杏(*Ginkgo biloba*)的种子.

实验前1~2 d用清水浸泡处理菜豆和豌豆的种子、玉米的颖果.实验前1周,在含蛭石、沙子、营养土的花盆(或培养杯)中播种菜豆、豌豆和玉米,置光照培养箱中20~26 ℃萌发至幼苗出土,期间适度添加营养液.

2. 器具

光照培养箱、体视显微镜、镊子、刀片、烧杯、培养皿、擦镜纸、吸管、吸水纸、花盆(或培养杯)、蛭石、石英砂、营养土、营养液.

3. 溶液或试剂

甲苯胺蓝染液.

[实验方法]

1. 菜豆种子(双子叶无胚乳种子)

检查浸泡过的菜豆种子,观察种子萌发的部位.种子的外层覆盖物即是种皮;在浸泡的种子上可观察到一个小孔,这就是种孔(micropyle).靠近种孔处大的鳞片结构为种脐(hilum),种脐是种柄(funiculus)与种子联结的部位.

去除浸泡种子的种皮,注意识别胚部两枚大的子叶、下胚轴-胚根轴、胚芽(上胚轴和第一真叶).菜豆种子成熟时无胚乳,属于无胚乳种子,营养物质贮藏在肥大的子叶中,供胚和幼苗使用.下胚轴是子叶着生点与胚根之间的部分,而上胚轴是子叶着生点与胚芽之间的部分.注意观察菜豆幼苗上的各个器官,了解各部分的发育来源.(思考:从种子萌发出的幼苗的第一个部分是什么?)

找到子叶部分.菜豆萌发时子叶伸展到土面以上,这种类型的萌发称为出土萌发.从植株基部去除泥土,鉴别出下胚轴、上胚轴、初生根和侧根.注意观察最早形成的真叶(非子叶)和后来形成的叶之间的不同点.

2. 豌豆种子(双子叶无胚乳种子)

检查浸泡过的豌豆种子,鉴别出种皮、种脐和种孔.

小心剥去种皮,鉴别出两枚大的子叶、下胚轴-胚根轴、胚芽.注意观察豌豆幼苗上的各个器官,了解各部分的发育来源,并比较它们与菜豆的相似发育阶段.(思考:种子萌发后从土壤中伸出的第一个结构是什么?)

豌豆种子萌发后子叶保留在土面以下,这种类型的萌发称为留土萌发.从植株基部去除泥土,鉴别出下胚轴、上胚轴、子叶和初生根.

无论是出土萌发还是留土萌发,幼苗上第一个伸出土面的结构均为弯形的"钩".(思考以下问题:在这两种情况下,幼苗上什么部位伸长形成了这种"钩"? 这种"钩"在种子萌发形成幼苗过程中发挥了什么样的保护作用?)

3. 蓖麻种子(双子叶有胚乳种子)

取一粒蓖麻种子,观察种子外部形态,可见种子呈略带扁平的椭圆形,种皮非常光滑、斑纹淡褐色或灰白色。注意鉴别种皮上种脊、种阜等附属结构,有无明显的种孔.

用镊子等小心地剥去种皮,剥除操作时注意观察种皮的层次、质地.典型的蓖麻种子有两层种皮,外层具斑纹的是骨质的外种皮,内层为较薄的纸质的内种皮.去除种皮后,用解剖针将内部的片状结构纵向自然分开,置体视显微镜下观察,识别出肉质肥厚的胚乳、具脉纹的子叶和基部突起状的胚根.

另取一粒蓖麻种子,剥去种皮后以垂直于子叶面方向纵向切开,区分出胚乳、子叶、胚轴和胚根等结构.

4. 玉米颖果(单子叶,有胚乳)

检查浸泡过的玉米"种子".(注意:这里观察的是玉米的果实(颖果),而非仅仅是种子.)玉米的种皮(珠被)与周围的果皮(子房壁)融合在一起,随着果实的发育，种皮和果皮连在一起.(思考：能观察到玉米的颖果上有种脐或种孔吗？为什么？)用体视显微镜或复式显微镜观察玉米"种子"的纵切片，注意识别胚和胚乳等结构.纵切片上可见，胚乳处在果皮以内，占据绝大部分的面积，其中有单一的子叶，称为盾片.它在发育过程中吸收了胚乳中的营养，体积较大.注意观察胚部，玉米胚芽的上部和胚根的下部分别由胚芽鞘和胚根鞘覆盖.鉴别出胚芽鞘和胚根鞘.(思考：它们的功能是什么？胚中的胚芽和胚根在形成幼苗后分别发育成什么结构？)玉米种子成熟时具有胚乳，属于有胚乳种子，水稻、小麦、大麦等禾谷类作物的种子都含有丰富的胚乳.

取一粒浸泡过的玉米种子，用锋利的刀片通过胚和胚乳部分将其切开，滴上一滴甲苯胺蓝.用解剖针在体视显微镜下观察，识别出胚、盾片、胚乳、胚芽鞘、胚芽、胚根鞘和胚根.

观察栽培于培养杯中的玉米幼苗，注意幼苗最先出土的部分.(思考：玉米幼苗出土时出现"钩"状结构吗？为什么？)鉴别胚芽鞘、第一真叶、不定根.(思考：这里的根为什么说是不定根？)

5. 裸子植物马尾松和银杏(有胚乳种子)

用镊子小心地从马尾松的球果中取出种子，其长卵圆形部分为种子本体部分，注意从种子上延伸出的翅的形状及其质地.种子最外层的部分是极度木质化的厚壁细胞组成的外种皮后去除外种皮，观察内种皮的质地和颜色.剥除内种皮后露出的白色部分是胚乳，再用镊子剥开胚乳，取出胚的部分.识别胚上的子叶、胚芽、胚柄、胚轴、胚根等，特别注意观察子叶的数目.

银杏种子有不同质地的三层种皮.用刀片由外而内解剖种子，观察识别肉质的外种皮、骨质的中种皮和膜质的内种皮，注意它们各自的颜色和发达程度，识别胚乳和胚，注意观察子叶的数目.

[实验报告]

1. 绘制蓖麻种子(去种皮)纵向切面图，注明各部分名称.
2. 绘制玉米"种子"(颖果)纵向切面图，注明各部分名称.

实验二十二　根的解剖

初生根是种子植物最早产生的根，由种子中胚部的胚根发育而来.植株上所有的根组成根系.裸子植物和大部分双子叶植物的根组成直根系，其初生根发育为发达的主根，主根上产生大量的侧根(次生根).而在大部分单子叶植物中，初生根寿命较短或不发达，根系主要由从茎上产生的不定根及其侧根组成.由于初生根不形成直根，因而单子叶植物的根系通常没有明显发达的主根，各条根的大小较为一致，组成须根系.

1. 将根尖作纵切面，可观察到下列四个部分：

（1）根冠：主要起保护作用.

（2）顶端分生组织：细胞形小而壁薄，无细胞间隙，具有分裂产生新细胞的能力.

（3）伸长区：细胞吸收水分，使液泡增大而延长.

（4）根毛区（成熟区）：其表皮细胞外壁突出而成管状的是根毛细胞，这样就扩大了表面积，有利于吸收水分及矿质营养.

2. 将伸长区的初生分生组织作一横切面，可见仍有细胞分裂现象. 根据细胞的形态及部位的分化，可分为下列三个部分：

（1）原表皮：为最外围一层的扁平细胞，将发育成表皮.

（2）基本分生组织：位于原表皮以内，细胞较圆而大，将发育成皮层.

（3）原形成层：分布于基本分生组织之内，各细胞直径较小，内容充实，将发育成初生维管束.

3. 观察初生组织的横切面（图 2-8），可见到下列部位：

（1）表皮：由单层细胞组成，细胞壁薄而外壁突出成为根毛.

（2）皮层：介于表皮与中柱之间，占根的大部分；多由薄壁细胞组成，有明显的细胞间隙，最内一层是内皮层，其细胞壁上具有凯氏带.

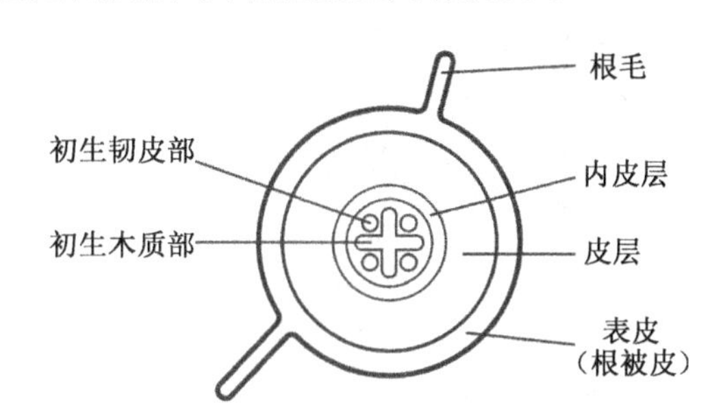

图 2-8 根初生结构轮廓图（成熟区横切面）

（引自 Lack AJ，et al. Instant notes in plant biology. Oxford：BIOS Scientific Publisher Limited，2001）

（3）中柱：又称维管柱，根据其构造、功能及部位的不同可以分为以下三个部分：① 中柱鞘：是中柱的最外层，与内皮层紧密相连，为单层或数层薄壁细胞，极易恢复分生机能而成为分生组织. ② 初生木质部：位于根的中心，呈辐射芒状分布. ③ 初生韧皮部：位于初生木质部各芒之间，此时的维管束形成层尚不显著.

［实验目的］

通过观察单子叶植物与双子叶植物根的解剖构造，了解根部各细胞与组织的形状、排列及其分化差异.

［实验材料与器具］

1. 植物材料与处理

洋葱根尖纵切面的永久切片标本，玉米（*Zea mays*）根横切面的永久切片标本，扬子毛茛(*Ranunculus sieboldii*)根横切面和纵切面的永久切片标本(双子叶植物代表),柳属(*Salix*)侧根形成的永久切片,溶液培养的豌豆新鲜幼苗.

2. 器具

复式显微镜.

［**实验方法**］

1. 根系类型

比较观察植物的直根系和须根系;识别直根系植株上的初生根和侧根,以及须根系上的不定根.

2. 根尖的分区

(1) 取洋葱根尖纵切面切片标本,于生物复式光学显微镜的低倍镜下(4×)观察根冠、顶端分生组织(生长点)、初生分生组织(伸长区)及初生组织(成熟区)的构造;然后转换为高倍镜(10×、40×)详细观察细胞组织的构造.

(2) 显微观察扬子毛茛根尖的纵切永久切片,识别出顶端分生组织(根尖分生区)、原表皮(发育为表皮)、基本分生组织(发育为皮层和内皮层)、原形成层(发育为维管组织和中柱鞘)和根冠,识别细胞分裂区、伸长区、成熟区(根毛区).制作萌发中的禾本科"种子"(颖果)的水封片,观察根部,识别根冠和根毛.每个根毛为一个特化的表皮细胞.根冠是根顶端分生组织产生的处于根尖外围的一群细胞.了解根毛和根冠的功能.在体视镜下观察萝卜幼苗,重点观察根毛区,注意离根尖端越远,根毛越长.(为什么?)识别子叶、下胚轴、具根毛的初生根.观察大豆或豌豆根尖横切面永久切片.(是否能观察到根毛?)

(3) 观察豌豆幼苗(其上已用记号笔按一定间隔加点作了标记).根据所作的标记可以观察根长随时间增加的部位.基于对植物根尖分区中细胞分裂、生长和分化特点的理解,请设想:假如根毛处于伸长区,根毛将出现什么现象?

3. 不同类型根的内部结构

(1) 双子叶草本植物根的结构:观察扬子毛茛幼根横切面的永久切片,识别表皮、皮层和维管柱(中央的木质部和韧皮部).观察扬子毛茛成熟根横切面的永久切片(图 2-9).从切片的最外层细胞开始,识别出表皮、外皮层(特化的皮层细胞)、皮层(注意贮藏在皮层细胞中被染成紫色的淀粉粒)、内皮层(皮层内部边缘的单层细胞)、中柱鞘(维管柱的最外一层细胞)、木质部(中央星状的细胞群)和韧皮部(木质部"臂"之间).注意:这些组织属于什么组织系统?

部分内皮层细胞的细胞壁含凯氏带.(思考:木栓质存在于哪些类型的细胞中?它与透水性的关系是什么?)

(2) 单子叶植物根的结构:观察玉米根的横切面永久切片,注意其中央的髓部.(扬子毛茛的根有髓吗?)从切片的最外层细胞开始,识别出表皮、皮层、内皮层、中柱鞘、韧皮部、木质部和髓.注意观察:双子叶植物根中维管组织处于中央部分,由皮层细胞包围;而在单子叶植物的根中,中央为髓部,维管组织轮状分布于髓周围.

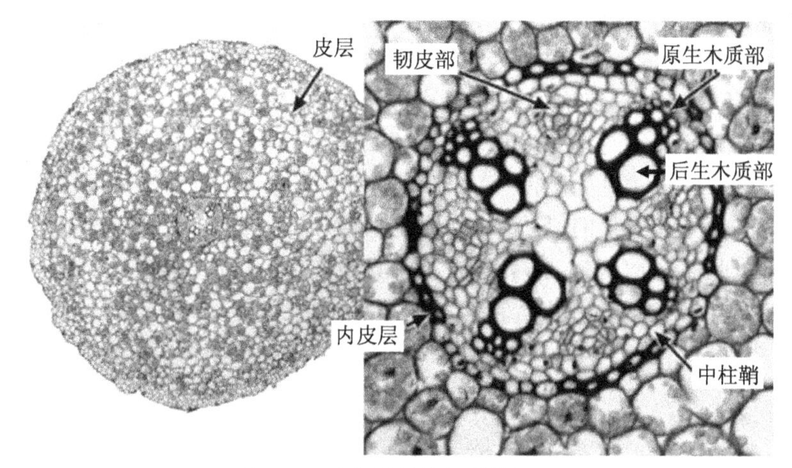

图 2-9 毛茛属植物根的横切面

(引自 Rudall PJ. Anatomy of flowering plants: an introduction to structure and development. 3rd ed. London: Cambridge University Press, 2007)

4. 根的分枝和侧根起源

侧根通常起源于根组织内部的中柱鞘,因而其发生方式被称为内起源.而前面观察到的根毛属于外起源,它来源于根外部的表皮.观察柳属(*Salix*)侧根形成的永久切片,重点观察侧根从母根上发生的部位.

注意:侧根(次生根)的皮层和表皮与母根上的类似组织是没有联系的.

[**思考题**]

1. 玉米与扬子毛茛二者的根部中央构造有何不同?
2. 玉米与扬子毛茛的根中,何者有维管形成层?位于何处?

实验二十三 茎的解剖

狭义的茎分为节和节间.节是叶着生的部位,节间是相邻两节之间的部分.茎中的维管组织在节部经叶迹与叶中的维管组织相连.许多种子植物的茎上叶腋处还产生侧生的芽(分枝),在这种情况下,分枝中的维管组织经枝迹与产生分枝的茎中的维管组织相连.茎的主要功能是支持作用和输导作用,茎可支持所有叶片,使其得以展开于适当位置,便于接受光照和进行气体交换,以利光合作用.根从土壤中所吸收的水分和矿质营养,须经过茎转运至叶,在叶内光合作用制造的养分也须经过茎转运至植物体的其他各部.

植物的茎主要有初生生长和次生生长两类生长方式.基于初生分生组织的分裂活动,植物进行初生生长,产生初生结构.双子叶草本植物和绝大部分单子叶植物的茎以及尚未增粗生长的双子叶木本植物幼茎中只有初生结构,但它们的解剖结构存在显著差异.次生生长是基于次生分生组织的分裂活动,产生次生结构并导致器官增粗的生长,主要出现在双子叶木本植物和裸子植物中.本实验主要通过观察成熟的双子叶草本植物和单子叶植物的结构,掌握初生生长的特点.为便于显微观察时准确识别茎解剖结构的细胞组成,现将双子叶植物和单子叶植物茎的初生结构简要介绍如下.

1. 双子叶植物茎的横切面(图 2-10)

(1) 表皮:位于幼茎的表面,由单层细胞组成,各细胞的外侧壁较厚,内壁均匀,各细胞排列整齐而密接,外覆角质层或具表皮毛,其间或有气孔存在.

(2) 皮层:位于表皮及维管组织之间,常由两种细胞组成,靠近表皮之下,有数层厚角组织,有支持作用;再内为薄壁组织,细胞内含叶绿体、淀粉粒等,构成皮层的大部分.

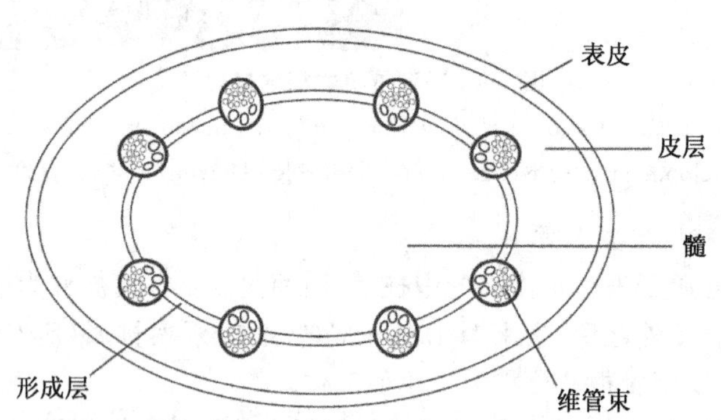

图 2-10 双子叶植物茎的主要结构轮廓图(节间横切面)

(引自 Lack AJ, et al. Instant notes in plant biology. Oxford: BIOS Scientific Publisher Limited, 2001)

(3) 维管束:初生维管束靠近髓部的为初生木质部;靠近皮层的为初生韧皮部;中间一层细胞长久保持其分裂能力,为束中形成层.当束中形成层与束间形成层连合后,则为维管形成层.① 韧皮部:由筛管、伴胞、韧皮薄壁细胞及韧皮纤维组成.② 维管形成层:位于韧皮部与木质部之间,细胞密接,横切面呈长方形,分裂能力强,经平周分裂向外增加韧皮部、向内增加木质部.③ 木质部:由导管分子、管胞、木纤维、木薄壁细胞所组成.前三者成熟后都为死细胞,有次生壁,含木质素;后者为生活的细胞.④ 射线:位于维管束、髓与皮层之间,由薄壁细胞组成,成放射状,可以横向输导水分及养分.⑤ 髓:位于茎的中央,由排列疏松的薄壁细胞组成,有贮藏功能.

2. 单子叶植物茎的横切面

(1) 表皮:位于茎的最外层,由一层细胞组成,外壁覆盖有角质层.

(2) 基本组织:由各维管束之间的薄壁细胞组成.

(3) 维管束:均匀分布于基本组织,每束外围由厚壁组织围绕,是维管束鞘,各维管束包括以下两个部分:① 韧皮部:靠近茎的外侧,包括筛管、伴胞及薄壁细胞等.② 木质部：靠近茎的内侧，包括导管、管胞、纤维细胞等.其原生木质部最早成熟，随即破毁而失去功能，由外侧的后生木质部替代.

[实验目的]

1. 了解典型的植物茎初生结构.
2. 观察比较单子叶植物、双子叶植物茎的内部解剖构造.
3. 进一步熟练掌握植物材料的徒手切片及染色方法.

[实验材料与器具]

1. 植物材料与处理

彩叶草（*Coleus blumei*）植株，向日葵（*Helianthus annuus*）或朱槿（*Hibiscus rosa-sinensis*）茎横切面的永久切片，玉米（*Zea mays*）茎横切面的永久切片，南瓜（*Cucurbita moschata*）幼茎.

2. 器具

刀片、载玻片、盖玻片、毛刷、复式显微镜.

3. 溶液或试剂

甘油、沙红染液、蒸馏水.

[实验方法]

1. 双子叶草本植物（彩叶草）的外部形态

观察彩叶草植株，注意其叶成对着生于节上，同时注意相邻两对叶的相对位置.识别节、节间和侧芽（或分枝）.有些分枝部分可能是花（特化的繁殖枝）.确认植株上顶端分生组织所在区域.（注意：靠近茎顶端的侧枝不如靠近基部的侧枝发达，可能因为它们较幼嫩，也可能是顶端优势引起的.）了解顶端优势的概念.

2. 双子叶草本植物茎的解剖结构

观察向日葵茎横切面永久切片，注意其维管束围绕髓部排列为一轮.识别表皮、皮层、维管束、髓和髓射线.观察在皮层部分能否区分出薄壁组织和厚角组织的细胞.该切片上的所有维管组织是初生生长产生的，可以区分出维管束内侧的初生木质部和外侧的初生韧皮部.注意其维管束的韧皮纤维细胞群.

取南瓜幼茎的切段，采用徒手切片法连续横切，选择一薄片，在沙红染液中染色后，用蒸馏水洗涤切片以去除多余的染液.取一载玻片，在中央滴加一滴甘油，将已染色的切片置于甘油滴上，盖上盖玻片，在显微镜下观察.显微观察需要切片厚薄均匀，并在干燥前进行观察才可获得较好效果.观察时可发现，被染成红色的圆形厚壁细胞，即木质部的细胞.（注意：在横切片上观察到的导管分子的直径是否一样?）同时可观察到处于木质部上侧的一些未被染色的细胞壁较薄的细胞，即为韧皮部的细胞.（注意观察木质部和韧皮部在组织内的定位.）在高倍镜下，观察识别木质部和韧皮部的细胞组成，如导管、管胞、木纤维、木薄壁细胞以及筛管、伴胞、韧皮薄壁细胞和韧皮纤维等.

3. 单子叶植物茎的解剖结构

观察玉米茎横切面永久切片(图 2-11),辨别出维管束鞘、初生韧皮部、伴胞、筛管分子、木质部、导管分子、木薄壁细胞、基本组织和气腔. 识别要点:维管束内靠近茎的外侧方向是初生韧皮部,由筛管分子和伴胞组成;维管束内靠近茎的中央一侧是初生木质部,由导管分子和薄壁细胞组成;在细胞伸长过程中,木质部导管可解体形成气腔. 注意:玉米的维管束外有厚壁组织细胞组成的维管束鞘;玉米的维管束散生在基本组织中,维管束的木质部和韧皮部之间无原形成层细胞,因而,它不同于那些可进行次生生长的双子叶植物,维管束内不能形成维管形成层. 这种缺乏原形成层的维管束可称为封闭维管束;而内部残留有原形成层并可形成维管形成层的维管束称为开放维管束(如向日葵属和苜蓿属植物).

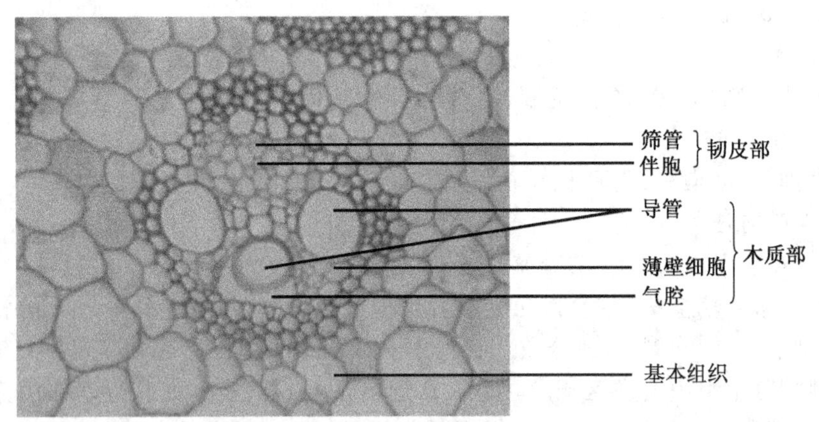

图 2-11　玉米茎横切面部分放大图(示维管束细胞组成及其周围细胞结构)

(引自 http://pirun.ku.ac.th/~fscippp/)

4. 茎尖的解剖结构

观察彩叶草茎尖纵切面永久切片,能观察到多对相对着生的叶. 茎顶端是被叶包围的圆顶形的顶端分生组织,由它产生茎的初生组织,包括原表皮、原形成层和基本分生组织. 初生生长时,由其原表皮发育为表皮,原形成层发育为初生维管组织,而基本分生组织发育产生皮层和髓. 顶端分生组织的旁侧是叶原基和腋芽原基,将产生新叶和芽. 注意:在茎中维管束呈轮状排列,在纵切片上可以发现,髓的两侧各有一个维管束结构,每个维管束含木质部和韧皮部. 在节部,维管束作为叶迹向叶中延伸. 显微镜下观察识别这些组织和区域.

[实验报告]

1. 绘制南瓜幼茎横切面图,标示出主要结构和维管束内细胞的类型.
2. 绘制向日葵和玉米茎横切面简图,标示出维管束在茎内的分布.

实验二十四 叶的解剖

叶是绝大部分植物的光合作用器官.植物的叶通常由叶柄和叶片组成.有些植物的叶基部还有一对类似叶片状的附属结构,称为托叶;也有些植物的叶无叶柄,叶片直接着生于茎上.不同植物的叶形态和解剖差异很大,并与植物生长环境密切相关.尽管如此,不同种类的植物,其叶的内部构造在整体上是相似的,由外而内分别可区分为表皮、叶肉及维管束三类主要结构(图 2-12),并决定了植物叶片功能的多样化,如表皮组织的蒸腾作用与气体交换、叶肉组织的光合作用及维管束组织的营养和水分输导功能.

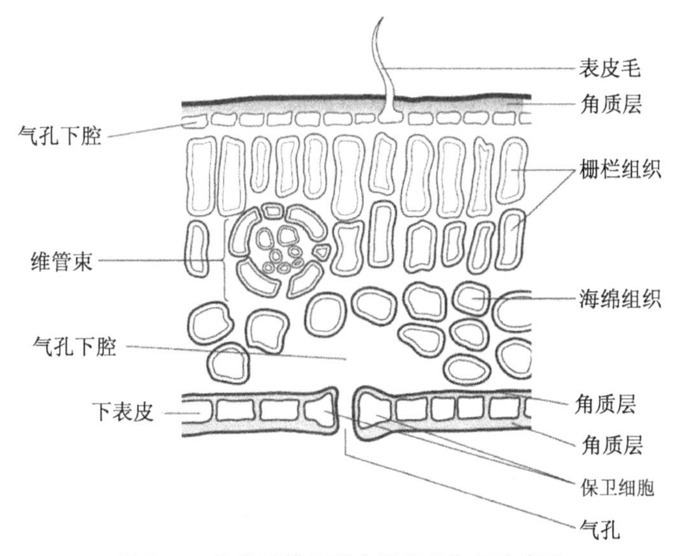

图 2-12 植物叶横切面主要组织和细胞类型

(引自 Lack AJ, et al. Instant notes in plant biology. Oxford: BIOS Scientific Publisher Limited, 2001)

1. 表皮

表皮主要保护内部组织,可分为上表皮与下表皮,依植物种类的不同,约一层至数层.植物叶为适应环境,其表皮常特化出多样化的附属器官,如气孔及表皮毛.表皮细胞可分泌角质及蜡质,以防止水分过度蒸腾.气孔的保卫细胞是由表皮细胞特化而来的,主要控制气体的进出,协助叶肉组织的呼吸作用与光合作用.

2. 叶肉

叶肉主要是指上下表皮之间的所有薄壁组织.叶肉组织由栅栏组织与海绵组织组成,富含叶绿体,其分布位置与排列常因植物种类不同而异.如双子叶的扁平叶,其栅栏组织靠上表皮,而海绵组织靠下表皮.栅栏组织主要进行光合作用,而海绵组织兼具光合作用和气体交换的功能.

3. 维管束

叶的维管束组织一般介于栅栏组织和海绵组织之间，主要分为主脉、侧脉和细脉等.维管束粗细大小不同，其内部构造即有所不同.维管束与叶柄及茎内的维管束相连，因此，在茎中排列为木质部在内而韧皮部在外，而扁平叶中的维管束排列则是木质部在上而韧皮部在下.维管束主要由导管、管胞、筛管、伴胞等组成，维管束鞘包覆在其外围.

[实验目的]

1. 比较观察不同类型叶的外部形态，准确理解叶形态学相关概念.
2. 观察比较裸子植物、双子叶植物与单子叶植物叶内部构造、特征及功能.
3. 加深理解叶的内部结构与其生长环境之间的关系.

[实验材料与器具]

1. 植物材料

马尾松(*Pinus massoniana*)、玉米(*Zea mays*)、蚕豆(*Vicia faba*)、睡莲(*Nymphaea tetragona*)、夹竹桃(*Nerium indicum*)、丁香属(*Syringa*)等植物叶(叶片)的横切面永久切片.

2. 器具

镊子、载玻片、盖玻片、复式显微镜.

3. 溶液或试剂

蒸馏水.

[实验方法]

1. 叶的组织解剖学

取裸子植物马尾松叶横切片、双子叶植物蚕豆叶横切片及单子叶植物玉米叶横切片，分别于显微镜下观察比较三种植物的表皮、叶肉组织及维管束组织的细胞形态特征及它们之间的差别.

双子叶植物叶的解剖结构：显微镜下观察蚕豆叶的横切片.

单子叶植物(禾本科)叶的解剖结构：显微镜下观察玉米叶的横切片(图 2-13).识别薄壁组织、气孔、保卫细胞、木质部、韧皮部、维管束鞘、表皮和泡状细胞(bulliform cell).

裸子植物(松柏纲)叶的解剖结构：显微镜下观察马尾松或其他松属植物针叶的横切片(图 2-13).识别出气孔、转输组织(transfusion tissue)、表皮、树脂道(resin duct)、内皮层、韧皮部、木质部、下皮(hypodermis)、叶肉细胞，并注意分辨出旱生结构.

叶的表皮：选取两种植物，用镊子从叶脉处撕取表皮(适宜观察的撕皮为单层细胞厚的表皮)，制作成水封片，在显微镜下观察.注意观察表皮细胞的形状以及分布于表皮细胞之间的气孔(气孔边缘为一对保卫细胞，容易识别)；注意能否观察到气孔周围特化的副卫细胞.副卫细胞是围绕保卫细胞的表皮细胞，外形不同于其他表皮细胞.

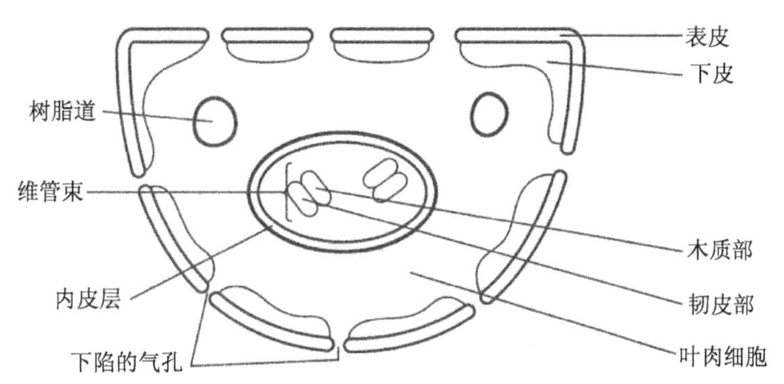

图 2-13　松属植物针叶横切面(示主要——————————织和细胞类型)
(引自 Lack AJ, et al. Instant notes in plant biology. Oxford: BIOS Scientific Publisher Limited, 2001)

2. 叶的解剖结构与生长环境间的关系

叶的解剖结构与其生长环境的类型有关. 湿生植物、旱生植物和水生植物的叶在解剖结构上存在较大差异.

湿生叶：显微镜下观察丁香属叶横切片，识别角质层、气孔器、上表皮、下表皮、栅栏组织、海绵组织、维管束鞘、气孔下室、胞间腔、木质部和韧皮部. 显微镜下观察丁香属叶的平行表皮切片(paradermal section)，许多组织属于横切，但其他的组织(如叶脉)沿叶表面方向，为纵切面的组织，识别出与横切面上观察到的相同组织，寻找不同类型的表皮毛.

旱生叶：显微镜下观察夹竹桃叶横切片，识别气孔窝(stomatal crypt)、气孔、角质层、表皮毛、栅栏组织、上表皮、叶脉、海绵组织.(思考:这种叶有哪些结构适于在干旱环境中生存?)

水生叶：显微镜下观察睡莲叶的横切片，识别气孔、石细胞、栅栏组织、海绵组织、上表皮、下表皮、表皮毛和叶脉. 注意这种类型的叶有哪些适应水生环境的结构；注意气孔器的分布位置，比较它们与夹竹桃属气孔分布上的差异.

[实验报告]

1. 绘制玉米叶或马尾松叶的横切面图，标示出主要结构.

2. 观察比较丁香、夹竹桃和睡莲在叶解剖结构上的主要差异，并指出这些差异说明了哪些生物学意义和生态学意义.

实验二十五　植物营养器官的变态

根、茎、叶是被子植物三大营养器官. 营养器官在植物的营养生长过程中发挥着各自特定的正常功能. 植物的根除了在水分、矿质和氮素营养的吸收中发挥其主要功能外，还对植株具有固着和支持作用. 茎及其分枝则在植物生长和发育中起着物质运输和支持直立生长等关键作用. 而植物的叶执行独特的光合作用、气体交换和呼吸等功能.但是,在长期的演化过程中,有些植物为适应不同的环境而生存下来,其营养器官在形态结构上发生了可遗传的变异,其生理功能也发生了相应的修饰,这种现象通常被称为营养器官的变态.

变态的营养器官的外部形态特征、内部解剖结构及其执行的生理功能均出现显著不同于相应正常器官的变化,这些变化是自然选择的结果.尽管有些变态器官出现了结构上的简化或退化,但是,就植物的系统发育而言,这些变态更加有利于植物适应恶劣的环境条件.植物界营养器官的变态类型极为丰富,执行的功能也多种多样.为更准确地理解植物的变态器官及其生物学意义,通常将植物变态的器官分为同功器官和同源器官两类.

[实验目的]

通过观察常见的营养器官变态类型,了解一些发生变态的营养器官的来源及其功能.加深了解植物器官形态结构与功能的关系.

[实验材料与器具]

1. 植物材料

萝卜(*Raphanus sativus*)和胡萝卜(*Duncus carota* var. *sativa*)的肉质直根,甘薯(*Ipomoea batatas*)块根,甘薯横切片(示副形成层);榕(*Ficus microcarpa*)或其他植物的气生根,络石(*Trachelospermum jasminoides*)、薜荔(*Ficus pumila*)或其他植物的攀缘根,玉米(*Zea mays*)、甘蔗(*Saccharum sinensis*)或其他植物的支持根.

蟹爪仙人掌、石刁柏(芦笋,*Asparagus officinalis*)、木麻黄(*Casuarina equisetifolia*)、文竹(*Asparagus setaceus*)、昙花(*Epiphyllum oxypetalum*)或竹节蓼(*Homalocladium platycladum*)的叶状茎,葡萄(*Vitis vinifera*)、南瓜(*Cucurbita moschata*)的茎卷须,草莓(*Fragaria*)、积雪草(*Centella asiatica*)的匍匐茎,禾本科白茅(*Imperata cylindrica*)和竹亚科(Bambusoideae)、莲(*Nelumbo nucifera*)、姜(*Zingiber officinale*)、木贼(*Equisetum hyemale*)、贯众(*Cyrtomium fortunei*)的根状茎,马铃薯(*Solanum tuberosum*)的块茎,芋(*Colocasia esculenta*)、荸荠(*Eleocharis tuberosa*)、球茎甘蓝(*Brassica caulorapa*)、唐菖蒲属(*Gladiolus*)、番红花(*Crocus sativus*)的球茎,洋葱(*Allium cepa*)、水仙(*Narcissus tazetta* var. *chinensis*)、百合(*Lilium brownii* var. *viridulum*)、郁金香(*Tulipa gesneriana*)的鳞茎,仙人掌(*Opuntia dillenii*)的肉质茎,石榴(*Punica granatum*)、山楂(*Crataegus pinnatifida*)、皂荚(*Gleditsia sinensis*)茎刺,枳(*Poncirus trifoliata*)和柑橘属(*Citrus*)植物的枝刺,狸藻(*Utricularia*)的假根和叶器.

落地生根(*Bryophyllum pinnatum*)的生芽叶,洋葱(*Allium cepa*)的鳞叶,茅膏菜(*Drosera peltata*)、猪笼草(*Nepenthes mirabilis*)的捕虫叶,叶子花(*Bougainvillea spectabilis*)、一品红(*Euphorbia pulcherrima*)和山茱萸属(*Cornus*)等的彩色苞片,豌豆(*Pisum sativum*)的小叶卷须,菝葜(*Smilax china*)的托叶卷须,仙人

掌的叶刺,刺苋(*Alternanthera spinosus*)的托叶刺,台湾相思(*Acacia confusa*)或耳叶相思(*Acacia auriculiformis*)的叶状叶柄.

2. 器具

复式显微镜、体视显微镜、手持放大镜,刀片、镊子、解剖针.

[实验方法]

(一) 变态根

为适应特殊的生长环境,有些植物的根发生变态而执行特殊的功能.例如,红树林沼泽中大红树(*Rhizophora mangle*)上的气生部分的根可起主要的支持作用;热带雨林中的有些植物根入土浅,树干主要靠板根等变态根支撑;而有些植物如海榄雌属(*Avicennia*)、落羽松属(*Taxodium*)的气生根主要起呼吸作用;常春藤属(*Hedere*)的根变态后可起攀缘作用.本实验的主要目的是了解几类主要的变态根.

1. 肉质直根

很多植物有由明显发达的初生根发育而来的主根,其根系属于直根系.萝卜和胡萝卜的主根也膨大,肉质化明显,主要起贮藏作用.但是,萝卜和胡萝卜的肉质直根在发生上有显著差异.

(1) 萝卜和胡萝卜肉质直根的外部形态观察:它们直根的上部均由下胚轴发育而来,无侧根;而下部则由主根发育而来,有纵列侧根.

(2) 萝卜和胡萝卜的肉质直根横切及比较观察:横向切开肉质直根,由外而内分别辨别出周皮、皮层、次生韧皮部、维管形成层、次生木质部和初生木质部等结构.比较两种植物直根横切面上这些结构所占比例上的差异.

2. 块根

块根也为肉质化的根,是具有贮藏功能的变态根.但是,与上述直根的发育来源不同,块根由不定根及其侧根组成.植物种类不同,其块根中贮藏物质的类型也可不同,如甘薯、木薯块根中的贮藏物质为淀粉,而大丽花块根主要贮藏菊糖.

(1) 甘薯块根的结构:甘薯是一种栽培植物,栽培过程中通常采用带叶茎段扦插进行营养繁殖.繁殖时,在横走茎的节部形成不定根,由不定根进行基于维管形成层和副形成层分裂活动的次生生长,形成膨大的肉质块根.维管形成层的活动产生大量的木薄壁细胞及其少量的导管.其中的木薄壁细胞具有潜在的恢复分裂的能力,可产生副形成层(也为次生分生组织).副形成层的分裂活动可分别产生三生韧皮部和乳汁管(外侧)和三生木质部(内侧),从而使块根迅速增粗生长.

(2) 甘薯块根的解剖观察:取甘薯块根,用锋利的剃刀切成薄片,肉眼观察,由外而内识别木栓层、木栓形成层、栓内层、次生韧皮部、次生木质部、三生木质部、三生韧皮部和初生木质部等结构.注意:容易剥离的最外层是木栓层;木栓形成层处于剥离部位;接着是栓内层和次生韧皮部,厚 1～2 cm;次生木质部是甘薯食用的主要部分,与少量的三生木质部和三生韧皮部相邻;而中央很小的部分为初生木质部的细胞.

(3) 甘薯块根副形成层的观察：取甘薯块根横切永久切片，显微镜下观察副形成层. 副形成层是薄壁细胞恢复分裂能力产生的，分布于次生木质部的导管周围；副形成层细胞分裂频率高，产生的细胞分化程度弱，呈扁平的多层排列的细胞，形成“副形成层区”.

3. 气生根

有些植物的变态根生长于空气中，被称为气生根. 但是，不同种类的气生根在功能上有很大的差异.

(1) 玉米支柱根的观察：注意其支柱根着生的部位.

(2) 常春藤攀缘根的观察：注意观察攀缘根发生的部位和排列方式.(为什么不能称为攀缘茎?)观察它与络石、薜荔的攀缘根的相似特点.

(3) 菟丝子寄生根的观察：观察菟丝子寄生根的产生部位，同时注意其茎在宿主上的缠绕方式.(寄生根与上述攀缘根的本质差异是什么?)了解菟丝子与无根藤的寄生特点的差异.

(二) 变态茎

与茎的支持功能相一致，绝大多数高等植物具有直立生长的茎轴系统. 但是，许多植物的变态茎缺失支持功能. 有些变态茎成为地下器官，它们在外部形态和功能上明显有别于典型的起支持和输导功能的茎. 不同植物的变态茎在功能上出现多样性的特点. 但是，在识别过程中仍可发现变态茎上具有节和节间等茎的固有结构. 本实验重点观察和识别习见的变态茎，了解它们的功能.

1. 地下茎的变态

(1) 狗牙根、白茅、莲、姜根状茎的观察：取狗牙根、白茅、莲和姜等植物的根状茎，观察根状茎上的节和节间，注意判断它们茎的属性，及能否在根状茎上观察到叶、腋芽和顶芽等结构.

(2) 马铃薯块茎的观察：取马铃薯块茎，先留意观察其外形，注意块茎上的凹陷处(凹陷被称为芽眼)，仔细判断芽眼在块茎上的排列方式、芽眼内芽的数目，是否能看到顶芽，有无叶或叶痕(芽眉)，如何鉴别节间. 用剃刀横向切开块茎，肉眼观察或放大镜观察其横切面，由外而内区分出周皮(最外面的一层“皮”)、皮层、外韧皮部(皮层与外韧皮部间界限不甚明显)、木质部、内韧皮部和髓，能否发现髓射线. 注意各层次在块茎中所占比例的差异.

(3) 洋葱鳞茎的观察：取带鳞叶的洋葱鳞茎，先除去外层膜质的鳞叶，再剥除肉质鳞叶，基部留下的圆盘状的结构为节间极短的茎(鳞茎盘)，在鳞茎盘上寻找顶芽、腋芽和不定根.

(4) 芋、荸荠和球茎甘蓝球茎的观察：取芋、荸荠和球茎甘蓝等的球茎，外部肉眼观察可发现，球茎上具明显的节与节间，注意分辨出节着生的干膜质的鳞片叶、腋芽.

2. 地上茎的变态

(1) 积雪草、草莓匍匐茎的观察：观察积雪草、草莓的匍匐茎，找到茎上的节，注意着生于节上的腋芽和不定根.

(2) 仙人掌肉质茎的观察：观察盆栽的仙人掌，区分出茎和叶. 注意其茎的质地、颜色，了解这种变态茎可执行哪些功能.

(3) 木麻黄、文竹、昙花、天门冬叶状茎的观察：这些植物的地上变态茎呈绿色，可进行光合作用，统称为叶状茎. 但是，这些变态茎的形状有差异. 木麻黄的叶状茎为针状，其节与节间明显，节上轮状着生退化的褐色鳞叶. 文竹的叶状茎呈钢毛状，每 10～13 枚成簇，节部着生退化鳞叶. 昙花叶状茎为扁平状，叶已完全退化. 天门冬的叶状枝常 3 枚成簇，其上的叶为鳞片状.

(4) 南瓜、葡萄的茎卷须观察：观察南瓜或葡萄的茎卷须. 茎卷须常具分枝，其上不生叶，用以缠绕其他物体，使植物体得以攀缘生长. 南瓜的茎卷须常呈明显的螺旋状卷曲，葡萄的茎卷须二叉分支，常与叶对生.

(5) 枳、皂荚茎刺的观察：观察枳和皂荚的茎刺，茎刺常位于叶腋，由腋芽发育而来. 皂荚茎刺常分枝，枳(芸香科)常不分枝. 注意：茎刺不同于蔷薇科金樱子(*Rosa laevigata*)、玫瑰(*R. rugosa*)、月季(*R. chinensis*)和苏木科云实(*Caesalpinia decapetala*)等植物茎表皮突出形成的皮刺.

(三) 变态叶

在大部分植物的各种器官中，叶的可塑性最大，在演化过程中产生的变态类型也最为丰富，变态叶的功能也出现各种各样的分化. 例如：仙人掌变态叶呈尖刺状，起保护作用，而肉质、扁平的绿色茎成为光合器官；有些植物(如刺槐)甚至由托叶变态后起保护作用；而茅膏菜和猪笼草的变态叶在功能上主要与氮素营养有关.

(1) 叶子花、玉米苞叶的观察：很多植物(如猩猩木、山茱萸、一品红、菊科植物等)的花或花序下方着生苞片，主要对花或果实起保护作用. 观察叶子花的苞片，注意其着生位置和颜色及其与花冠颜色的差异. 观察玉米雌花序下部的苞片，注意其颜色、质地、数目等.

(2) 豌豆、菝葜卷须的观察：卷须可由茎和叶变态而来，都起攀缘作用. 豌豆的叶为羽状复叶，菝葜为单叶. 比较观察豌豆和菝葜的卷须的差异，分别指出它们的变态来源.

(3) 仙人掌、刺槐、刺苋叶刺的观察：比较观察仙人掌、刺槐、刺苋植株上刺的发生位置，注意仙人掌的刺与刺槐、刺苋的刺之间有什么不同.

(4) 洋葱、荸荠鳞叶的观察：仔细观察识别出洋葱的膜质鳞叶和肉质鳞叶，注意它们着生在什么结构上. 观察市售的荸荠球茎，识别出鳞叶，注意其质地和发达程度.

[实验报告]

1. 根据提供的实验材料和观察结果填写下表.

序号	植物名称	变态类型	变态器官形态	变态器官的功能
1				
2				
3				
4				
5				
6				
7				
8				
9				
10				
11				
12				

2. 从所列实验材料中进行同功器官归类.

3. 举例说明你是如何判断各类营养器官的变态的.

4. 列举出营养器官发生变态的其他习见植物.

第六章

动物学形态实验

实验二十六 动物细胞和组织

动物细胞具有典型的细胞特征，有细胞膜、细胞核和细胞质（内含各种细胞器）. 但与植物细胞有所不同，没有细胞壁、质体和大液泡. 在多细胞动物中，细胞又形成各种组织. 动物组织主要有四种：上皮组织、结缔组织、肌肉组织和神经组织，各种组织都有各自特点. 上皮组织主要由细胞组成，构成机体表面或脏器表面的保护结构，也有构成腺体的腺上皮和起感觉作用的感觉上皮；结缔组织主要由细胞、基质和纤维等成分组成，不同结缔组织的细胞类型、纤维类型都有不同，结缔组织主要起支持、保护、修复、营养和物质运输功能；肌肉组织主要有横纹肌、平滑肌和心肌三种类型，它们都由梭形的肌细胞组成，主要完成各种运动，但不同肌肉组织的作用特点不同；神经组织主要由神经细胞和神经胶质细胞组成，神经细胞有发达的细胞突起，主要执行感受刺激和传导兴奋的能力，神经胶质细胞则有支持、保护、营养和修复的功能.

细胞分裂是细胞增殖的唯一方式，主要有无丝分裂、有丝分裂和减数分裂三种分裂方式. 有丝分裂是主要形式，根据分裂特点人为将它分为前期、中期、后期和末期四个时期.

前期：染色体浓缩凝集，核膜、核仁逐渐消失，染色体向中间移动，聚集到中央赤道面上.

中期：从染色体排列到赤道面上，到它们的染色单体开始分向两极之前，这段时间称为中期.

后期：每条染色体的两个姊妹染色单体分开并移向两极的时期.

末期：从子染色体到达两极开始至形成两个子细胞为止，称为末期.

[实验目的]

1. 了解动物细胞的基本结构.
2. 了解动物的基本组织结构和功能.
3. 学习动物细胞有丝分裂各期的特点.

[实验材料与器具]

1. 显微镜、载玻片、盖玻片、牙签、吸水纸、1%及0.1%的亚甲基蓝、红墨水、0.9%及0.7%的生理盐水、70%的乙醇或0.1%的高锰酸钾、吸管、纯水、烧杯、纱布、擦镜纸.

2. 组织装片、动物细胞有丝分裂各期装片.

3. 蛙或蟾蜍、蝗虫等.

[实验方法]

1. 人口腔上皮细胞的观察

(1) 取一口腔上皮装片或按照实验五制作临时装片观察.

(2) 低倍镜下,口腔上皮细胞常数个连在一起(观察时光线需暗一些).

(3) 高倍镜下,口腔上皮细胞呈扁平多边形,由细胞膜、细胞质、细胞核组成.

2. 单层扁平上皮的观察

(1) 取一单层扁平上皮装片或按实验五方法制作单层扁平上皮临时装片.

(2) 低倍镜下,观察肠系膜的间皮细胞,为单层扁平上皮.

(3) 高倍镜下,可以看到细胞为多边形,细胞边缘呈锯齿状,相邻细胞彼此相连.细胞核呈扁圆形,无色或淡黄,位于细胞中央.

3. 疏松结缔组织的观察

(1) 取皮下蜂窝组织装片或按照实验五方法制作临时装片,显微镜下观察.

(2) 胶原纤维、弹性纤维均不着色,胶原纤维成束排列,弯曲成波浪状,弹性纤维细,具分枝,不成束,无波浪状弯曲.组织细胞形状不甚规则,细胞核着色深、清楚,细胞质色浅,能辨认出细胞界限.

4. 血液涂片的观察

(1) 取人血涂片装片或按实验五方法制作蛙血涂片.

(2) 人血涂片:在低倍镜下选择分布均匀的血细胞,换高倍镜观察.人红细胞呈圆形,中央颜色稍淡,无核.仔细观察,可找到细胞核分叶的白细胞.

蛙血涂片:在低倍镜下选择分布均匀的血细胞,换高倍镜观察.蛙红细胞呈椭圆形,中央有一椭圆形细胞核,呈蓝色,细胞质呈红色.此外还可见到白细胞和凝血细胞.

5. 骨骼肌组织的观察

(1) 取横纹肌装片或按照实验五方法制作蝗虫横纹肌临时装片.

(2) 低倍镜下可见骨骼肌为长条形肌纤维,肌纤维间有染色较淡的结缔组织.

(3) 高倍镜下,单个骨骼肌纤维呈长圆柱形,其表面有肌膜,肌膜内侧有许多被染成蓝紫色的椭圆形细胞核.缩小光圈,使视野不致过亮,可见到每条肌纤维内有很多纵行的细丝状肌原纤维.肌原纤维上有明暗相间的横纹,即明带和暗带.

6. 其他动物组织切片观察(图 2-14)

(1) 单层柱状上皮

小肠切片：有许多突起是小肠绒毛，绒毛的表面被覆排列紧密的单层柱状上皮. 单层柱状上皮细胞表面即游离面覆有一层粉红色的膜，即纹状缘. 上皮细胞界限多不清楚，可见两种类型的细胞：数量众多的柱状细胞和散在分布的杯状细胞. 柱状细胞的胞质染色深，胞核蓝紫色，呈椭圆形并偏于细胞的基底部；杯状细胞散在分布于柱状上皮细胞之间，核小且深染，位于细胞基部，胞核上方为圆形或卵圆形的空泡状结构.

(2) 复层扁平上皮

食管横切片：低倍镜下找到上皮，高倍镜下观察，基层为排列整齐的一层柱状细胞，最外层为多层扁平细胞.

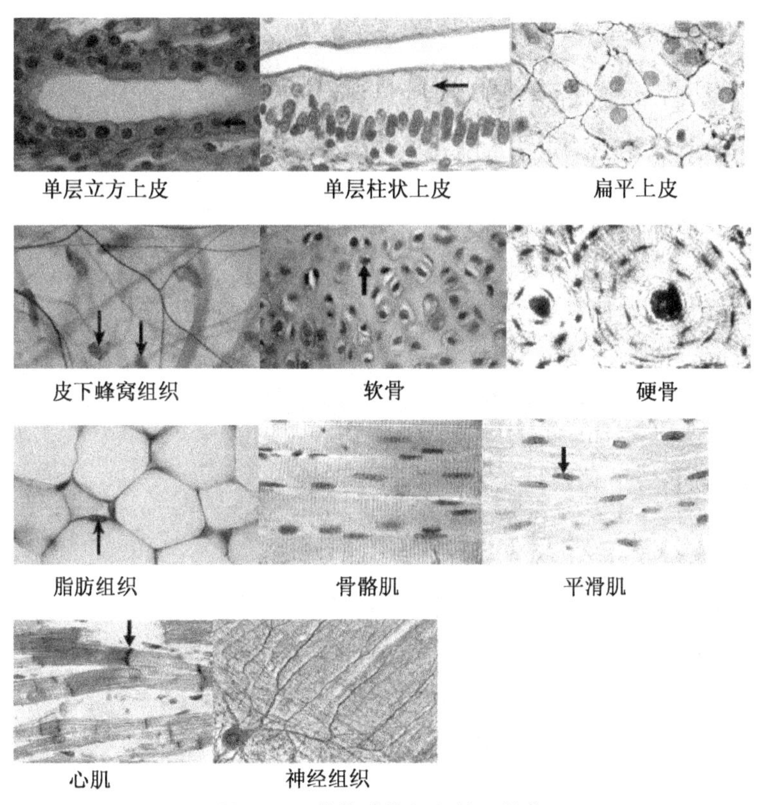

图 2-14 其他动物组织镜下结构

(3) 致密结缔组织

腱纵切片：可见平行排列的胶原纤维和腱细胞. 腱细胞在纤维束间单行排列，呈长梭形，胞核呈扁椭圆形，深染居中，胞质少.

(4) 脂肪组织

皮肤切片：低倍镜下，苏丹Ⅲ染色的脂肪细胞呈球形或多角形，胞质中充满被染成橘红色的脂肪滴. 胞核被脂滴挤到胞膜的下方，呈扁椭圆形.

(5) 平滑肌

平滑肌纵横切片：肌纤维细胞呈梭形，单个细胞核呈椭圆形，着色深，无横纹.

(6) 心肌

心肌纵切片：肌纤维呈多分枝状合胞体，核多，集中在肌纤维中间. 肌纤维之间有润盘，是纤维之间的界限；有横纹，但不如横纹肌明显.

(7) 脊髓

脊髓横切片：低倍镜下，脊髓横断面呈扁椭圆形，中央呈蝴蝶状的为灰质，着色深. 周围为白质，着色浅. 灰质中细而窄的突起为背角，比较宽大的突起为腹角. 腹角内有许多较大的被染成紫红色的多角形细胞，即运动神经元. 高倍镜下，神经细胞较大，呈三角形或不规则形，内含许多大小不一的深紫色块状物质，即尼氏小体. 胞核大而圆，居细胞中央，着紫红色.

7. 动物细胞的有丝分裂

取动物细胞（马蛔虫卵）有丝分裂装片，挑选不同时期的细胞进行观察.

前期：染色体出现，着色深；中心粒已分裂为二，向两极移动，形成纺锤体；在前期结束时，核仁及核膜消失.

中期：染色体排列在细胞赤道面上，中心粒已达两极，此时纺锤体最大，染色体数目很清楚.

后期：各染色体已纵裂为二，分别向两极移动；细胞已开始分裂，细胞的中部出现凹陷.

末期：细胞分裂为二，染色体消失，重新组成的核出现.

[实验报告]

1. 绘制高倍镜下骨骼肌纤维纵切面的结构.
2. 绘制高倍镜下的多极神经元.
3. 绘制高倍镜下疏松结缔组织结构图.

[思考题]

1. 比较结缔组织和上皮组织特点的不同之处.
2. 举例说明上皮组织的形态与机能之间的密切关系.
3. 比较骨骼肌、心肌和平滑肌在光镜下结构的异同点.
4. 简述神经元的结构特点.

实验二十七　腔肠动物门、扁形动物门动物的观察

腔肠动物、扁形动物是比较低等的无脊椎动物. 腔肠动物是首先出现的多细胞动物，虽然是多细胞动物，但结构简单，体壁也仅由两个胚层组成. 扁形动物的系统组成则比腔肠动物有了较大的进步，有了中胚层，并出现了排泄、生殖等系统. 观察这些动物门代表性动物的体壁结构有助于我们了解无脊椎动物的进化.

［实验目的］

1. 通过对水螅及其他腔肠动物的观察，了解腔肠动物门的主要特征.

2. 通过研究涡虫的形态和结构，说明扁形动物是身体扁平、两侧对称、具有三胚层的动物.观察涡虫纲分类上的主要代表，了解它们之间的区别和关系.

［实验材料与器具］

1. 材料

活体涡虫.放入玻璃皿内，置于实验室阴凉处培养，可用猪肝喂饲，并注意玻璃皿内水质的洁净.

水螅纵切片、横切片和浸制标本，华枝睾吸虫整体装片，其他吸虫装片.

2. 器具

显微镜、培养皿、吸管、擦镜纸和滤水纸等.

［实验方法与步骤］

1. 水螅的观察

(1) 纵切片观察：将水螅的纵切片置于显微镜下，用低倍镜观察，分辨出水螅体的口、基盘、触手等结构(图 2-15).水螅体壁分为外胚层、中胚层和内胚层，虫体中央有消化循环腔.观察虫体触手，注意其中央也有腔与中央消化循环腔相通.观察切片是否有芽体(它是水螅无性繁殖的结构)，了解水螅芽体的脏层与母体的关系.

(2) 横切片观察：进一步观察体壁外胚层、中胚层和内胚层以及消化循环腔.在高倍镜下，外胚层中可见大而清晰的外皮肌细胞、较小的间细胞，细胞中央有一个呈圆形或椭圆形的刺丝囊的刺细胞，在基盘处能见到少量的腺细胞.内胚层中内皮肌细胞占大多数，细胞大，核清晰可见，并含有许多染色较深的食物泡.内胚层中还含有许多较小的腺细胞，其游离缘含有细小的深色颗粒(图 2-16).

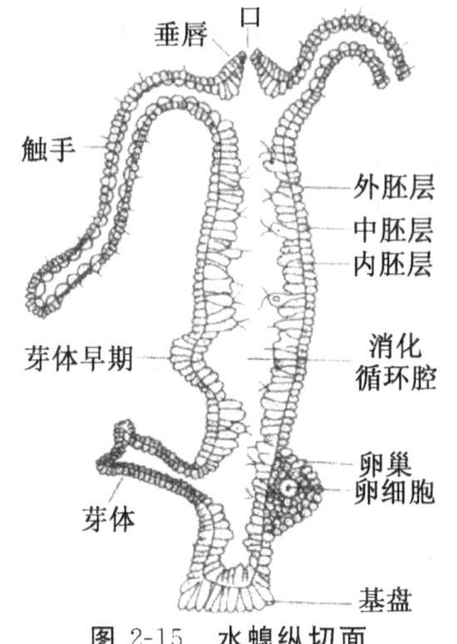

图 2-15 水螅纵切面
(引自江静波等.无脊椎动物学.北京：高等教育出版社，1981)

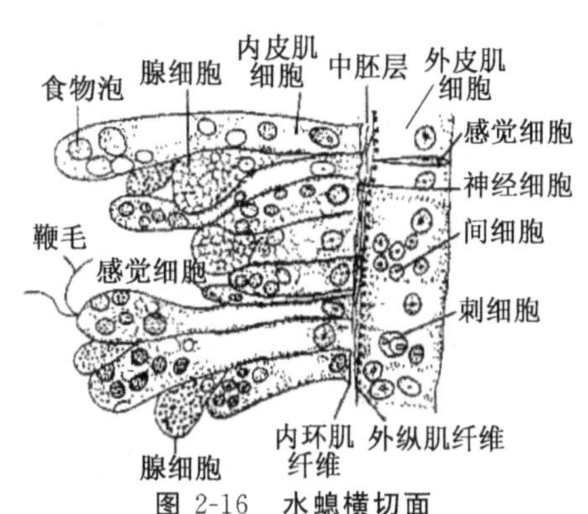

图 2-16 水螅横切面
(引自江静波等.无脊椎动物学.北京：高等教育出版社，1981)

2. 涡虫的观察

(1) 外部形态

涡虫身体扁平，体表密生纤毛，长 10～15 mm. 背部褐色，稍有突起，前端有 2 个眼点和 2 个耳突；腹部扁平，颜色较浅；口在腹面的中部，口中有肌肉质的咽，可自由缩入咽鞘内(图 2-17).

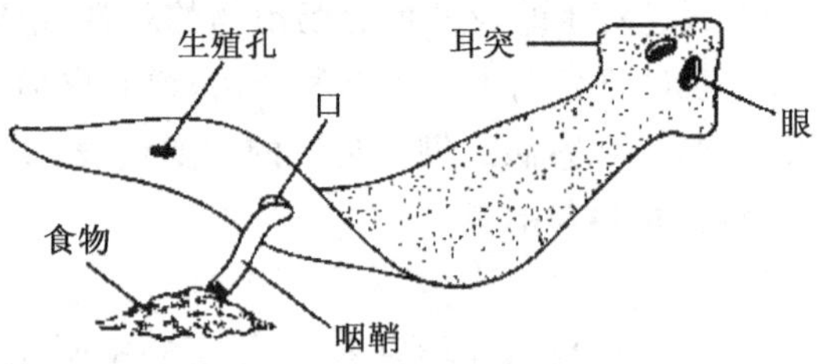

图 2-17　涡虫的外部形态

(2) 内部结构

消化系统：消化系统由口、咽及肠三部分组成，属不完全消化系统. 食物的进入、消化残渣的排出都通过口. 肠分三支，一支向前，两支向后. 肠向两侧形成末端，为盲端的分支.

排泄系统：涡虫有原肾管的排泄系统. 体侧有两条弯曲的纵排泄管，并有分支，分支末端为焰细胞，排泄孔位于两侧背部.

神经系统：涡虫有梯形神经系统，由脑及 2 条纵神经索和索间的横神经联络组成.

生殖系统：涡虫为雌雄同体. 雄性生殖器官：体侧有许多精巢，有输精小管通入输精管，在体中部膨大为贮精囊，有肌肉质的阴茎，通入生殖腔. 雌性生殖器官：体前端有卵巢 1 对，各有 2 条输卵管向后端会合而成阴道，通入生殖腔；输卵管也收集卵黄腺产生的卵黄. 受精囊和圆形肌肉囊也通入生殖腔.

(3) 体壁构造

体壁由三胚层组成(图 2-18). 外胚层具有纤毛的表皮细胞，间杂有杆状体和腺细胞，表皮细胞内为基膜. 中胚层主要形成中胚层实质组织，有许多黄色小泡状的构造，有环肌、纵肌和背腹肌. 内胚层形成肠上皮组织.

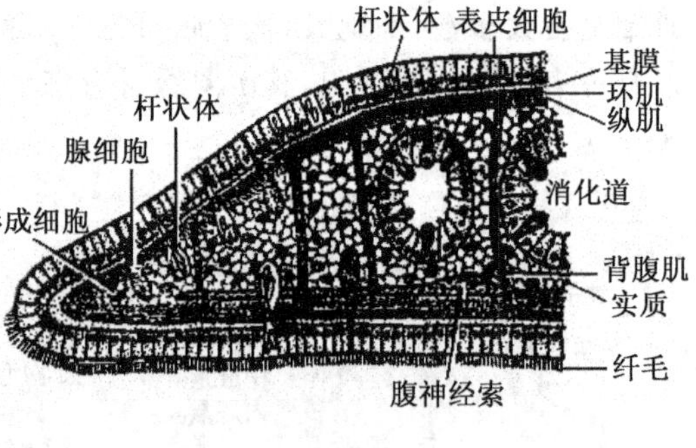

图 2-18　涡虫横切面

(引自江静波等. 无脊椎动物学. 北京：高等教育出版社，1981)

3. 华枝睾吸虫整体装片的观察

(1) 外形

华枝睾吸虫身体扁平，前端较后端窄，体表具一半透明的皮层，体内器官可见，虫体后端 1/3 处有一对前后着生的树枝状的睾丸，所以叫枝睾吸虫.

(2) 吸盘

具口吸盘和腹吸盘，口吸盘较大，位于最前端，腹吸盘位于虫体腹面大约1/5处，吸盘与它的寄生生活相适应.

(3) 消化

由位于口吸盘中央的口、咽、食道和肠支组成.肠分两支分别由身体两侧通向身体后端，肠支末端为盲端，这是不完全消化系统的典型特征.

(4) 排泄

为原肾管系统，焰细胞分布于身体两侧，经排泄管汇集于位于身体后端的排泄囊，最后开口于身体末端.

(5) 生殖

雌雄同体.构造较为复杂(图2-19).

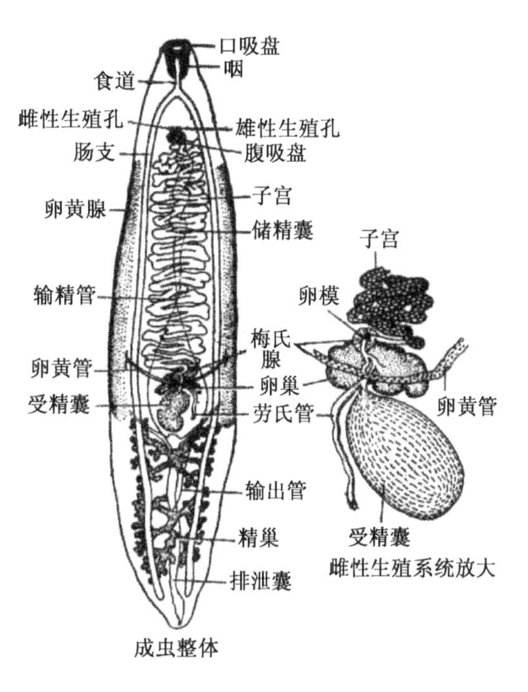

图2-19　华枝睾吸虫生殖系统的构造
(引自方展强.动物学实验指导.长沙：湖南科技出版社，2005)

雄性生殖系统：身体后1/3处有一对前后着生的树枝状睾丸，每个精巢发出一输精小管，汇集于输精管，经储精囊，最后开口于腹吸盘前的雄性生殖孔.

雌性生殖系统：卵巢一对位于精巢前端，卵巢发出输卵管；身体两侧分布有卵黄腺，卵黄腺发出卵黄管在身体中部汇集成总卵黄管.在精巢和卵巢之间有一受精囊附有一劳氏管，输卵管、卵黄管、受精囊一起构成成卵腔，成卵腔周围有梅氏腺，分泌物参与卵壳形成.成卵腔与子宫相连，最后开口于腹吸盘前的雌性生殖孔.

[实验报告]

1. 绘制水螅体壁构造图，显示胚层组成和主要细胞类型.
2. 绘制涡虫横切图，显示体壁胚层组成.

[思考题]

1. 腔肠动物如何完成物质输送？
2. 涡虫中胚层分化形成哪些结构？有何意义？
3. 适应寄生的扁形动物在结构上出现了哪些特化？

实验二十八　蛔虫与环毛蚓的比较解剖

蛔虫属原腔动物线形动物门.原腔动物是无脊椎动物比较庞大繁杂的一类，包含了既有共同点又各有不同特征的七个门.线形动物门是其中之一，该门动物出现了完全消化系统、假体腔等比较高等的特征，但身体不分节、原肾管排泄等特征表明了它的原始性.

环毛蚓属环节动物门寡毛纲.环节动物门是无脊椎动物重要的一个门，在进化上占有重要地位.这类动物首次出现了次生体腔（真体腔）、身体分节等结构，出现了循环系统、后肾管排泄系统、由链状神经组成的神经系统等复杂系统.

［实验目的］

1. 以蛔虫为代表，观察外部形态和内部结构，从而了解原腔动物的主要特征.

2. 以环毛蚓为代表，观察其外部形态和内部结构，从而了解环节动物的特征及其与生活环境的适应性.

3. 比较两种动物的进步性和真假体腔的主要不同.

［实验材料］

蛔虫标本和横切装片，环毛蚓浸制标本和横切玻片标本以及肾管装片，沙蚕、金钱蛭、毛翼虫及沙蚕疣足玻片标本等.

［实验方法］

（一）蛔虫

1. 蛔虫外形

蛔虫体呈圆筒形，体壁半透明，体表角质膜上有很多细横纹.前端圆，后端尖.雌、雄异体且异形.雌体粗大，尾直；雄体细小，尾向腹面弯曲.头部有三个突起的唇，背面的一个较大，称背唇；腹面的两个较小，称腹唇.在背唇的两侧各有一个感觉乳突，腹唇只有一个乳突，位于腹唇外缘中央处（图 2-20）.用放大镜仔细观察，在背、腹唇的内缘及侧缘，都有极细的角质小齿；在三个口唇的中间，有一略呈三角形的口.

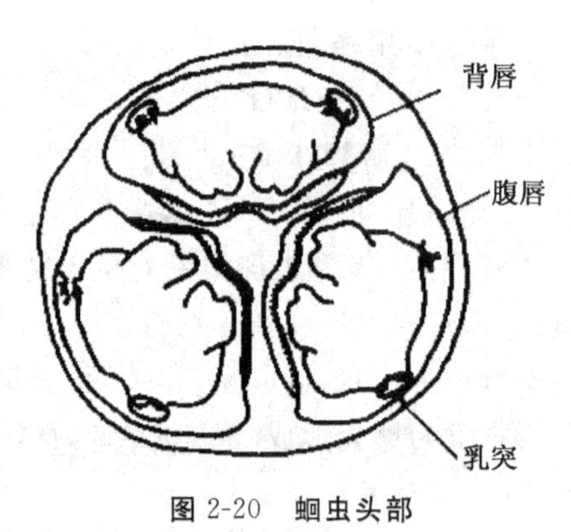

图 2-20　蛔虫头部

体线：在身体的背、腹及两侧的正中各有一条细线.背部的背线较细，隐约可见；腹面的腹线呈白色，较明显；两侧的侧线较粗，呈褐色，很明显.离前端 2 mm 处的腹面正中线上的一个小孔，为排泄孔（图 2-21）.

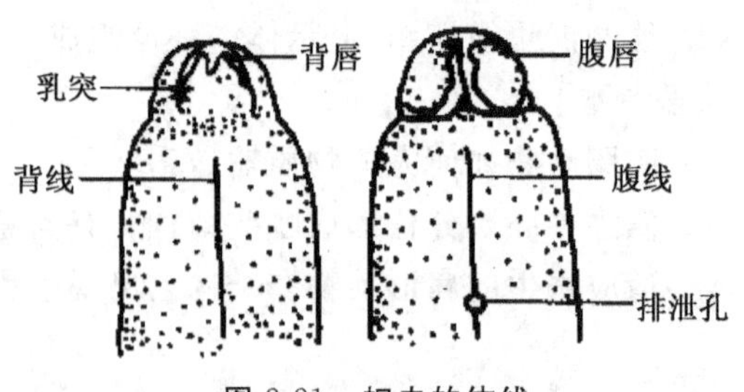

图 2-21　蛔虫的体线

肛门：位于身体末端稍前的腹面.

生殖孔：雌性生殖孔位于身体的前 1/3 稍后的腹线上；雄性生殖孔通泄殖腔，由泄殖腔孔通体外，位于身体末端稍前的腹面，有时能看到从孔内伸出的两根交接刺.

2. 内部解剖

解剖方法：将蛔虫平放于蜡盘中，腹面向下，前、后端各用一只大头针钉于蜡盘上，从身体背部中线略偏一侧由后向前剪开皮肌囊.解剖时剪刀头尽量向上挑，避免损伤内部器官.用镊子拉开两侧的体壁，并用大头针钉于蜡盘上.插针时，针稍倾斜，以便于观察.剪开皮肌囊后，稍加水，避免干燥，以便于观察.

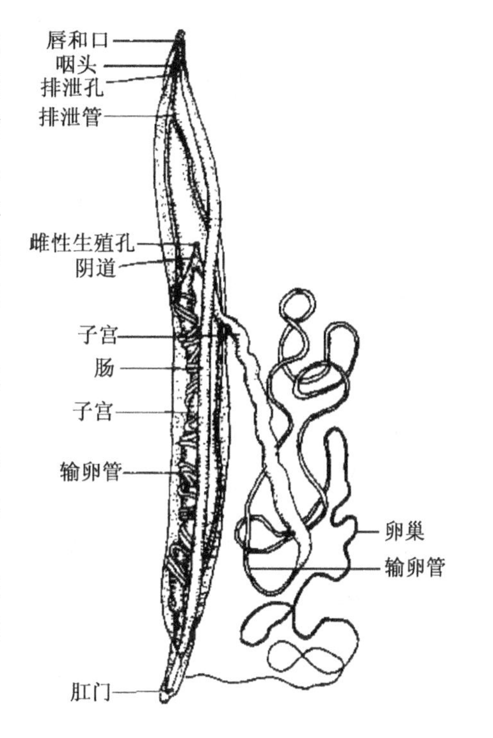

图 2-22 蛔虫的内部解剖

(1) 体线：四条.若为活体，用红墨水染色后明显可见.

(2) 消化系统：是由口、咽、肠、直肠及肛门组成的长扁形消化管，由单层肠上皮构成.

(3) 排泄系统：原肾管，H 型.构成细胞内套管结构，2 条排泄管分别位于侧线中，排泄孔近咽处.

(4) 生殖系统：雌雄异体.

雄性：单线形，由前向后.体中部近前端有一细长、弯曲的管状精巢，由较短的输精管与较粗大的管状储精囊相通.储精囊连接细直的射精管，其末端雄孔开口于泄殖腔.

雌性：倒“Y”字形.由后向前，体中部近后端有 2 条细长、弯曲的管状卵巢(长度为体长的 4～5 倍)，各通入输卵管，再通入较粗大的子宫.2 条子宫汇合成管状的阴道，末端的生殖孔开口于腹面前端约 1/3 处.

(二) 环毛蚓

1. 环毛蚓的外形

环毛蚓体为圆柱形，由许多环节组成，环节之间有节间沟(图 2-23).区别前后端及背腹面口与肛门的位置，刚毛着生的情况以及识别背孔、环带、雌雄生殖孔、受精囊孔等.

口：位于身体的第一节(围口节)前端腹面，其背面有一块肉质的突出部分，称口前叶.由于体腔液的作用，口前叶能肿胀而适于掘土.

环带：又叫生殖带，较其他各节稍膨大，由第 14—16 节三环节组成，浅棕

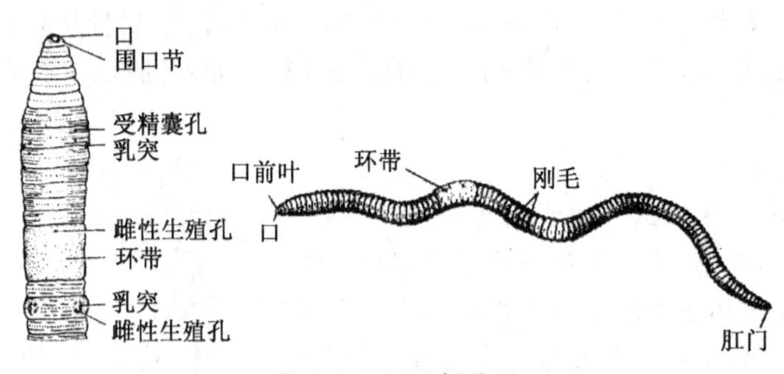

图 2-23 环毛蚓外形

红色.

刚毛：除第一节、环带以及最后几节外，每环节的中央均有一圈短的刚毛，较难分辨，观察横切装片易见到.

背孔：在体背面的中央从 11/12 或 12/13 节起，每两环节间有一小孔，从横切装片能观察到这一结构.

受精囊孔：3 对，分别位于腹面第 6/7、7/8、8/9 的节间沟内，其附近常有生殖乳突.

雌性生殖孔：1 个，位于生殖环带的第一节(第 XIV 节)腹面中央.

雄性生殖孔：1 对，位于第 XVIII 节腹面两侧的乳头突上，旁边常有生殖乳突数个.

肛门：位于虫体末端，为一纵裂孔.

2. 环毛蚓的内部解剖

将环毛蚓背朝上，用手术剪从身体中线偏一侧由后向前直剪至口，用解剖针沿体壁内缘将隔膜分离，用大头针将体壁向两旁张开，插入蜡盘内. 插时大头针须稍倾斜，且交错排列，加少量水，观察以下结构：

(1) 消化系统：为一直管，可分口腔、食道、嗉囊、砂囊、胃、肠等.

口腔：位于第 I ～ III 节.

咽：位于第 IV ～ V 节，肌肉发达，伸缩力强.

食道：位于第 VI ～ VIII 节，是一条细长的管子.

嗉囊：位于第 IX 节之前，不明显.

砂囊：位于第 IX ～ X 节，略呈球状，为一厚壁的囊.

胃：位于第 XI ～ XIV 节，为细长的管状.

肠：自第 XV 节以后皆为肠，直通末肠肛门.

盲肠：1 对，在第 XXVII 节由肠的两侧向前伸出的盲管，能分泌消化液，以帮助消化.

(2) 循环系统：为闭管式. 主要由血管、血液组成，没有真正意义的心脏，血液靠 4 对环血管搏动来推动. 血管有以下 4 种：① 背血管：位于肠的背面中央，是一条纵行的血管,管内血液流动的方向为由后向前. ② 环血管: 4 对,能搏动,分别位于第Ⅶ节、第Ⅸ节、第Ⅻ节和第ⅩⅢ节内,连接背、腹血管. ③ 腹血管: 位于肠的腹面,(观察时须将肠轻轻翻起),为消化管壁下的一条纵行的血管,从第XV节以后,分布于有分支的隔膜、体壁等处. ④ 神经下血管: 位于腹神经链下方,很微小,不易见,观察横切装片易见到.

(3) 生殖系统: 雌雄同体. 每个个体都有雌、雄生殖器官,但需要异体受精. 雄性生殖器官有精巢囊、贮精囊、输精管、前列腺等.

精巢囊: 两对,分别位于第Ⅹ节和第Ⅺ节的后方,各精巢囊内有一精巢和一精漏斗. 在观察时,用解剖针或大头针刺破精巢囊,在精巢囊上方的壁上可见一小白点,即是精巢,下方皱纹状的结构即是精漏斗,后接一输精管.

贮精囊: 两对,各位于第Ⅺ节、第Ⅻ节内,在精巢囊后. 第Ⅹ节的精巢囊与第Ⅺ节的贮精囊相通,第Ⅺ节的精巢囊又与第Ⅻ节的贮精囊相通.

输精管: 很细的管子,两侧的前后输精管合并成一条,向后至第ⅩⅧ节与前列腺管合并,由雄性生殖孔通出.

前列腺: 1 对,黄白色,呈多指状,位于第ⅤⅩⅢ节及其前后的几节内.

雌性生殖器官有卵巢、卵漏斗和受精囊等.

卵巢: 1 对,呈葡萄状,位于第ⅩⅢ节的前缘、腹神经索的两旁.

卵漏斗: 1 对,在第ⅩⅢ节内,其后接有很短的输卵管.

受精囊: 3 对,分别位于第Ⅶ、Ⅷ、Ⅸ节. 每一受精囊由一坛和一坛管及自坛管长出的盲管组成,盲管末端为纳精囊.

(4) 排泄系统: 为后肾管排泄系统,主要有咽头小肾管、体壁小肾管及隔膜小肾管等. 通过横切装片可以看到体壁小肾管的部分;也可以取体壁上的绒毛状物,做成临时涂片,在显微镜下观察可见到体壁小肾管,找出肾口、肾细管、排泄管及肾孔.

(5) 神经系统: 为链状神经,脑神经节、围咽神经、腹神经链构成"9"字形的中枢神经.

脑: 位于第Ⅲ节咽的背面,呈双叶状,并有神经分支到口前叶、口腔壁.

围咽神经: 位于脑的两侧,各与咽下神经节相连.

咽下神经节: 1 对,已愈合,位于咽的下面,除去消化道前端即可见.

腹神经索: 位于咽下神经节之后,由两条神经索合并而成,各节有一膨大的神经节,并有分支至体壁和内脏器官.

(三) 横切片比较观察

1. 环毛蚓横切玻片标本的观察

(1) 体壁

用低倍镜观察蚯蚓经肠部横切玻片标本,可见蚯蚓体壁由以下几部分组成(图2-24):

① 角质膜：为体表最外面的一层薄膜，由表皮细胞分泌而成.

② 表皮层：位于角质膜之下，由单层柱状细胞组成.

③ 环肌：位于表皮层之下，为环列的薄层肌肉组织.

④ 纵肌：位于环肌之下，为纵列的厚层肌肉组织.

⑤ 体腔膜：位于体壁的最里层，紧贴纵肌之内，由一层薄而扁的细胞组成，但不易分清.

(2) 肠

内壁由一层单层上皮细胞组成，外具环肌、纵肌、体腔膜及黄色细胞. 在肠的背面有凹陷的纵沟，即盲道，以增加消化和吸收的面积.

(3) 体腔

体腔为体壁和肠之间的空腔. 体腔可见到以下结构：

① 背血管：位于消化道的背面，背血管壁四周亦有黄色细胞.

② 腹血管：位于消化道的腹面.

③ 腹神经索：位于消化道的腹面中央.

④ 神经下血管：附着在腹神经索的下面.

⑤ 肾管：位于肠的两侧，为弯曲的管子. 因切片关系仅在少数标本中能见到.

2. 蛔虫横切玻片标本的观察(图 2-24)

(1) 体壁

① 角质膜：由表皮细胞分泌的一层非细胞构造的厚膜，位于身体表面.

② 表皮层：位于角质膜内侧，细胞界限不分明，形成合胞体结构，仅可见颗粒状的细胞核及纵行纤维.

③ 体线：4 条，纵行，由表皮层向内增厚形成. 背线及腹线：细，在身体背面及腹面的正中，由外皮层细胞向内延伸形成，二者形状完全相同. 背、腹线的内侧膨大呈圆形，内含背神经及腹神经. 腹神经比背神经粗，可以此区分背、腹线. 侧线：位于体两侧，由表皮细胞向内延伸形成. 其内侧有一圆孔，即排泄管.

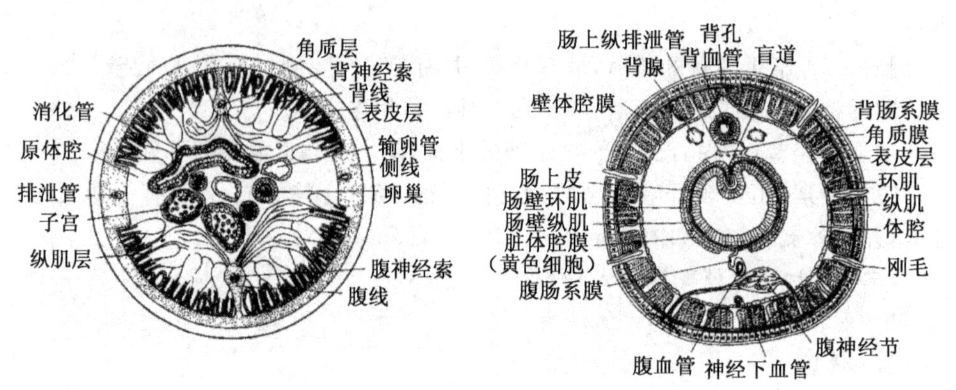

图 2-24 蛔虫横切(左)和环毛蚓横切(右)

(引自黄诗笺等. 动物生物学实验指导. 北京：高等教育出版社，2006)

④ 肌肉层：较厚，被4条体线分隔成4个部分，每个部分由许多纵肌细胞组成. 每个纵肌细胞分成以下两部分：收缩部位于基部，含横行细纤维，富有弹性，能收缩；原生质部位于端部，含原生质和细胞核. 有细胞质的突起连于背神经或腹神经.

(2) 肠：为体腔中央一扁圆形的管道，由内胚层形成的单层柱状上皮细胞组成. 肠中间的空隙为肠腔，肠腔内有一层角质薄膜.

(3) 初生体腔(原体腔、假体腔)：为肠与体壁之间的空腔，由胚胎时期的囊胚腔发展形成. 只有体壁中胚层，无肠壁中胚层，不具体腔膜. 横切装片，假体腔内只见到生殖器官.

雌性生殖器官有卵巢、输卵管、子宫等.

① 卵巢：圆形，数量较多，内有放射状形似车轮的结构，中央称轴.

② 输卵管：较粗，空.

③ 子宫：更粗，圆形，有明显的空腔，内含卵.

雄性生殖器官有精巢、输精管、储精囊等.

① 精巢：结构似卵巢.

② 输精管：较粗，圆形，含颗粒状精细胞.

③ 储精囊：更粗，圆形，有明显的空腔，含条形精子.

[注意事项]

解剖时，手术剪的头部要向上，以免损伤内部结构.

[实验报告]

1. 绘制环毛蚓前端二十节外形腹面图，并注明各部名称.

2. 绘制环毛蚓、蛔虫横切面图，并注明各部名称，比较各部分结构.

[思考题]

1. 假体腔的出现在动物进化上有何意义？

2. 与假体腔相比，真体腔优势主要体现在哪些方面？

实验二十九　软体动物解剖

软体动物门是动物界一个较大的门，不仅种类繁多，而且数量也很多. 各类软体动物外形差别较大，但体制结构基本相同. 身体一般两侧对称，腹足类动物由于发育过程发生扭转而左右不对称. 软体动物身体柔软，不分节，具外套膜和贝壳，身体一般可分为头、足和内脏团三部分. 外套膜是软体动物特有的结构，由身体背侧皮肤向下延伸而成，包围着整个内脏团和鳃. 外套膜上有血管分布，具呼吸功能. 贝壳为多数软体动物都具有的保护性构造，在不同种类形状差别很大. 头部位于身体前端，发达程度因种而异，有的发达，有的退化甚至消失. 足部为身体腹面的肌肉质突起，有运动机能. 内脏团位于足的背方，有心脏、肾脏、胃、肠、消化腺和生殖腺等内脏器官.

河蚌、田螺是软体动物的典型代表.

[实验目的]

1. 通过对河蚌(或田螺)外形及内部解剖的观察,了解软体动物门动物的结构.

2. 掌握软体动物的一般解剖方法.

[实验材料与器具]

1. 活体及浸制河蚌或田螺标本、河蚌鳃横切片、田螺齿舌装片.

2. 显微镜、解剖镜、放大镜、蜡盘、解剖盘、墨水.

[实验方法]

(一) 河蚌

1. 呼吸、运动及心率的观察

(1) 在安静无振动的情况下,观察生活在培养缸中的河蚌运动(肉足伸缩)情形,并在河蚌的后端以吸管轻轻注入数滴稀释的墨水,观察墨水被近腹侧的入水孔吸入并由近背方的出水孔排出的情形. 振动培养缸,可见河蚌肉足收缩、紧闭双壳的情形.

(2) 将活河蚌近壳顶围心腔处的贝壳磨掉或直接打开贝壳,用镊子轻轻撕开此处的外套腹,使围心腔及心脏暴露出来,但要防止刺破心脏. 观察心脏规律性的跳动,计算其跳动频率. 用冰水(4 ℃)和热水(36 ℃)分别刺激河蚌心脏部位,计算其跳动频率,比较二者的差异并说明其原因.

2. 外形观察

壳左右两瓣,等大,近椭圆形,前端钝圆,后端稍尖;两壳铰合的一面是背面,分离的一面为腹面(图 2-25).

壳顶: 为壳背方隆起的部分,略偏向前端.

生长线: 壳表面以壳顶为中心,与壳的腹面边缘相平行的弧线.

韧带: 为左右两壳背方关连的部分,角质,褐色,具韧性.

3. 解剖

用解剖刀柄自两壳腹面中间合缝处平行插入,扭转刀柄,将壳稍撑开,然后插入镊子柄取代刀柄,取出解剖刀,以其柄将一壳内表面紧贴贝壳的外套膜轻轻分离,再以刀锋紧贴贝壳切断前后近背缘处的闭壳肌,打开贝壳(此项操作如有开壳器、则更容易、方便),进行下列观察(图 2-26).

(1) 闭壳肌: 为体前、后端各一大型横向肌肉柱,在贝壳内面留有横断面痕迹.

(2) 伸足肌: 为紧贴前闭壳肌内侧腹方的一小束肌肉,可在贝壳内面见其断面痕迹.

(3) 缩足肌: 为前、后闭壳肌内侧背方的小束肌肉,可在贝壳内见其断面痕迹.

(4) 外套膜和外套腔: 外套膜簿,左右各 1 片,两片包含的空腔为外套腔.

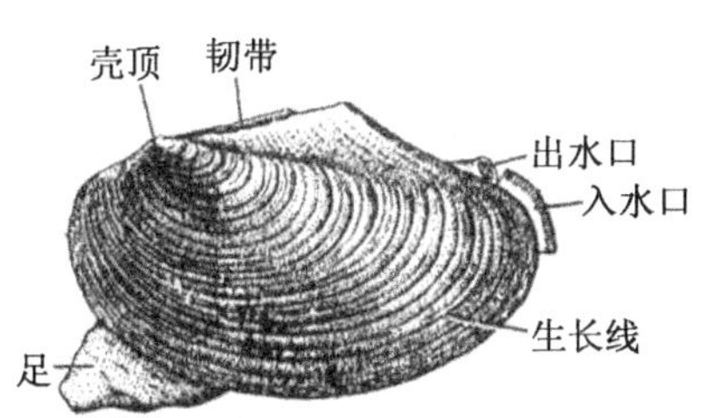

图 2-25 河蚌外形
(引自江静波等.无脊椎动物学.北京:高等教育出版社,1981)

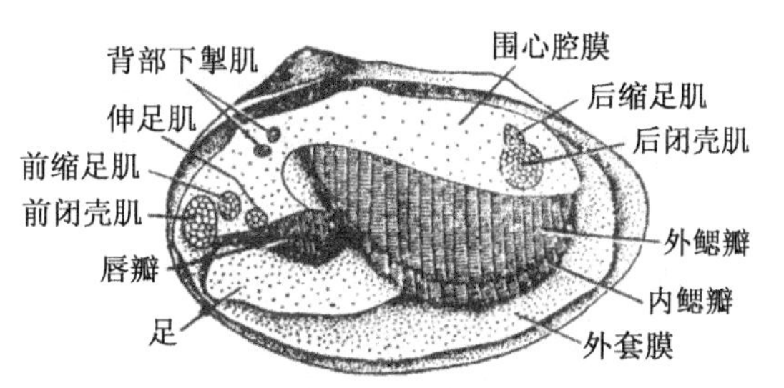

图 2-26 河蚌解剖图(示肌肉)
(引自江静波等.无脊椎动物学.北京:高等教育出版社,1981)

(5) 外套线:为贝壳内面跨于前后闭壳肌痕之间、靠近贝壳腹缘的弧形痕迹,是外套膜边缘附着留下的痕迹.

(6) 入水管与出水管:外套膜的后缘部分合抱形成的两个短管状构造,腹方的是进水管,背方的为出水管.入水管壁具感觉乳突.

(7) 足:位于两外套膜之间,斧状,富有肌肉.

4. 器官系统解剖(图 2-27)

(1) 呼吸系统

鳃瓣:将外套膜向背方揭起,可见足与外套膜之间有两个形状相似的鳃,即鳃瓣.靠近外套膜的一片为外鳃瓣;靠近足部的一片为内鳃瓣.用剪刀从活河蚌上剪取一小片鳃瓣,置于显微镜下观察,看其表面是否有纤毛在摆动,思考这些纤毛对河蚌的生活起什么作用.

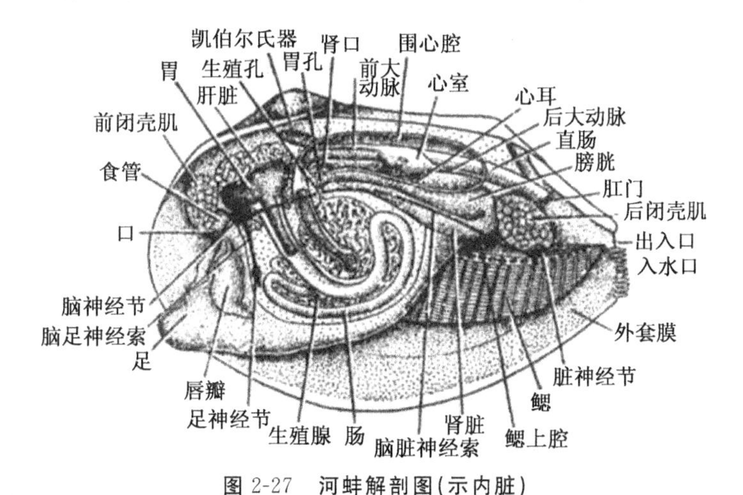

图 2-27 河蚌解剖图(示内脏)
(引自江静波等.无脊椎动物学.北京:高等教育出版社,1981)

鳃小瓣:每一鳃瓣由两片鳃小瓣合成,外方的为外鳃小瓣,内侧的为内鳃小瓣.内、外鳃小瓣在腹缘及前、后缘彼此相连,中间则有瓣间隔把它们分开.

瓣间隔:为连接两鳃小瓣的垂直隔膜,把鳃小瓣之间的空腔分隔成许多鳃水管.

鳃丝：为鳃小瓣上许多背腹纵走的细丝.

丝间隔：为鳃丝间相连的部分.其间分布有许多鳃小孔，水由此进入鳃水管.

鳃上腔：为鳃小瓣之间背方的空腔.水由鳃水管经鳃上腔向后至出水管排出.

(5) 循环系统

围心腔：为位于内脏团背侧、贝壳铰合部附近的一透明围心膜.

心脏：位于围心腔内，由一心室、两心耳组成.

心室：为长圆形、富有肌肉的囊，能收缩，其中有直肠贯穿.

心耳：为心室下方左、右两侧的三角形薄壁囊，也能收缩.

动脉：为由心室发出的血管.沿肠的背方向前直走者为前大动脉；沿直肠向后走者为后大动脉.

(3) 排泄系统

排泄系统由肾脏和围心腔腺组成.

① 肾脏：1 对，位于围心腔腹面左、右两侧，由肾体及膀胱组成.沿鳃的上缘剪掉外套膜及鳃，即可见到.

② 肾体：紧贴于鳃上腔上方，黑褐色，海绵状.前端以肾口开口于围心腔前部腹面，可用解剖针捅探.

③ 膀胱：位于肾体的背方，壁薄，末端有排泄孔开口于内鳃瓣的鳃上腔；与生殖孔靠近，位于其背后方.

④ 围心腔腺(凯伯尔氏器)：位于围心腔前端两侧，分支状，略呈黄褐色.

(4) 生殖系统(雌雄异体)

生殖腺均位于内脏团内，肠的周围.除去内脏团的外表组织，可见白色的腺体(精巢)或黄色腺体(卵巢)位于内脏团内.左、右两侧生殖腺各以生殖孔开口于内鳃瓣的鳃上腔内，排泄孔的前下方.

(5) 消化系统

细心剖开内脏团，依次可观察到下列器官：

① 口：位于前闭壳肌腹侧，横裂缝状，口两侧各有 2 片内外排列的三角形触唇.

② 食管：口后的短管.

③ 胃：食管后膨大的部分.

④ 肝脏：胃周围的淡黄色腺体.

⑤ 肠：盘曲折行于内脏团内(试找出其走向).

⑥ 直肠：位于内脏团背方，从心室中央穿过，最后以肛门开口于后闭壳肌背方、出水管的附近.

(6) 神经系统

神经系统不发达，主要由 3 对分散的神经节组成.

① 脑神经节：位于食管两侧，前闭壳肌与伸足肌之间，用尖头镊子小心撕去该

处少许结缔组织，并轻轻掀起伸足肌，即可见到淡黄色的神经节.

② 足神经节：埋于足部肌肉的前 1/3 处，紧贴内脏团下方中央.用解剖刀在此处做"十"字型切口，逐层耐心地剥除肌肉，在内脏团下方边缘仔细寻找，并用棉花吸去渗出液，即可见到两足神经节并列于其内.

③ 脏神经节：蝴蝶状紧贴于后闭壳肌下方，用尖头镊子将表面的一层组织膜撕开，即可见到.沿着 3 对神经节发出的神经，仔细剥离周围组织，在脑、足神经节间，脑、脏神经节间可见有神经连接.

（二）田螺

1. 外形

(1) 螺壳：单个，右旋，即：将壳顶向上，壳口朝向观察者，壳口位于壳轴的右侧(图 2-28).

体螺层：为底部最大的一个螺层.头部和足部主要藏于其中.

壳口：体螺层的开口.

螺旋部：壳口上缘至壳顶的部分，动物内脏盘存于此处.

壳顶：壳的顶端，贝壳最先形成的部分.

缝合线：螺层与螺层之间的界线.

壳轴：螺层旋转所围绕的中心轴.

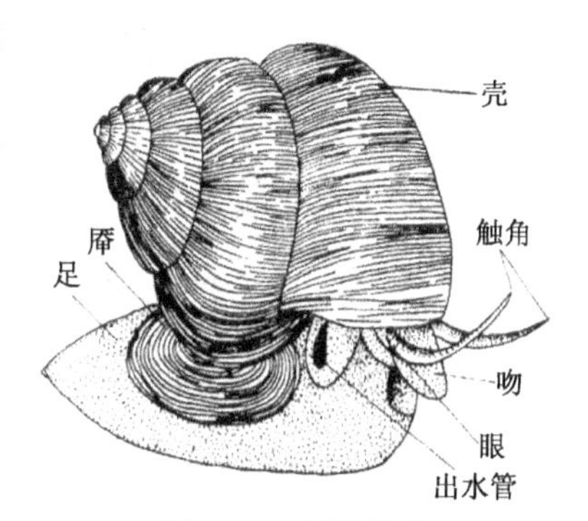

图 2-28 田螺外形

(引自华中师院等.动物学.北京:高等教育出版社,1983)

(2) 软体部

软体部分头、足、内脏团和外套膜等部分.

头部：田螺有明显的头部.

吻：肉质，位于头部前端.

口：位于吻的腹面.

触角：1 对，位于吻基部两侧.雄性的右触角特化为交配器官，生殖孔位于端部.

眼：1 对，位于触角基部外侧隆起上.头后部两侧有裙状的颈叶，左侧的颈叶形成入水管，右侧的形成出水管.

足部：位于头部后方、内脏团下方，宽大，肌肉质.厣位于其后部背面.

内脏团：位于足的背面.

外套膜：薄而透明的膜状物，紧贴着体螺层内壁，覆盖于内脏团上方.前端宽而厚，色深，形成领，围绕着头部和足部；腹面大部分与足部肌肉块及壳轴肌等愈合在一起.

外套腔：为外套膜与头部、足部及内脏团之间的空腔.

肛门：位于外套腔内右侧壁前线.

肾孔：位于肛门附近.

雌性生殖孔：位于肾口下方一管状物顶端.

2. 内部构造

把外套膜剪开,依次观察下列内部器官(图 2-29、2-30)：

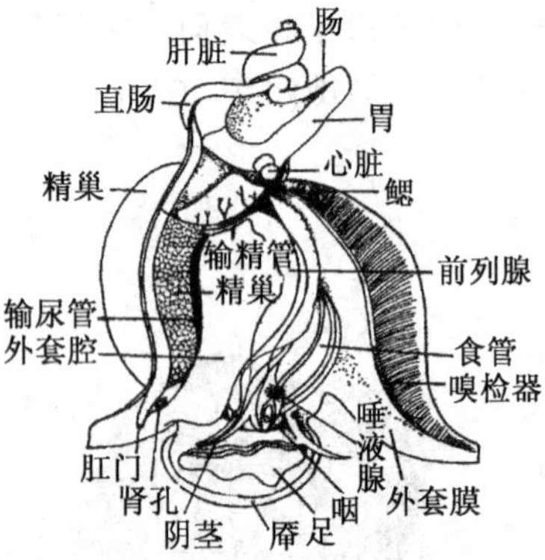

图 2-29 田螺(♂)内脏

(引自华中师范学院等.动物学.北京：高等教育出版社,1983)

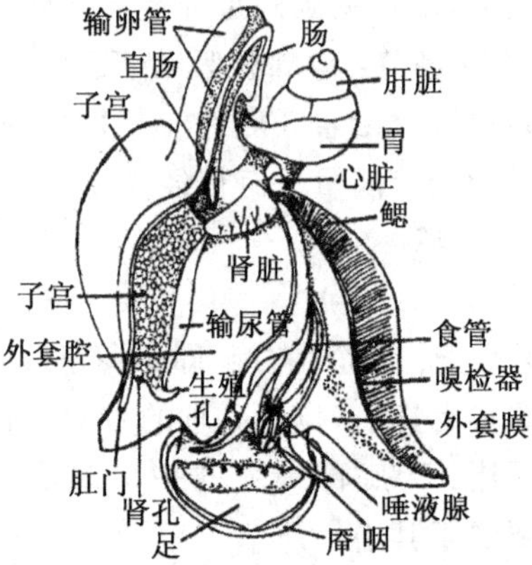

图 2-30 田螺(♀)内脏

(引自华中师范学院等.动物学.北京：高等教育出版社,1983)

(1) 呼吸系统

鳃 1 个,栉齿状,由一排三角形的叶片组成,位于外套膜左侧,紧密地与外套膜壁相连.

(2) 生殖系统(雌雄异体)

雌性生殖器官：

① 卵巢：小,细长管状,位于直肠的上半部及输卵管之间.

② 输卵管：为卵巢之后细长的管道.

③ 子宫：大,位于输卵管之后,生殖季节常内含胚螺.

④ 雌性生殖孔：开口于外套腔内——管状物末端,和肛门并列.

雄性生殖器官：

① 精巢：黄色,较大,弯月形,在体蛹层外套腔右侧.由许多小管组成,内含精子.

② 输精管：为精巢后很短的一段管道.

③ 前列腺：位于输精管与阴茎之间,比输精管粗、长.

④ 阴茎：位于右触角内.

⑤ 雄性生殖孔：开口于右触角顶端.

(3) 排泄系统

肾：淡黄色,三角形棱锥体,位于外套腔底部、围心腔前边、直肠左边.

输尿管：从肾体右侧伸出,与直肠平行,一侧与子宫壁愈合.

肾孔：位于肛门稍后处.

(4) 循环系统

心脏：位于直肠上方的围心腔内，由一心室、一心耳组成.心室大，肌肉质，在心耳的后方，心耳壁薄.

主动脉：为由心室前端发出的一根血管.

出鳃静脉：为进入心耳的血管.

(5) 消化系统

口：位于头部前端，吻的腹面.

咽：为口后方膨大的部分，内含齿舌，齿舌着生在两个卵圆形的薄片状舌软骨上.取出齿舌，压片后，在显微镜下观察小齿的数目和排列方式.

食管：为咽后细长的管道.

胃：食管后膨大的部分.

肠：与胃相连，向前折行.

直肠：位于肠的后方，折向后行.

肛门：为直肠末端的开口，位于外套腔内.

唾液腺：位于食管与胃之间，有管入咽.

肝脏：位于胃的周围，扭曲盘旋于内脏团的顶端.

(6) 神经系统

脑神经节：1对，大而对称，位于咽后方两侧，两神经节间有一粗短的神经相连.

侧神经节：1对，小而不对称，位于脑神经节的后方、食管两侧.

足神经节：1对，对称，长形，位于咽下方、足内近上表面.

脏神经节：1对，小而对称，位于食管的末端处.

侧脏神经连索：侧、脏神经节之间的连索，扭成"8"字形.

[注意事项]

1. 解剖河蚌的足神经节时，必须认准位置.

2. 剥除肌肉时要细心，以防损坏神经节.

3. 解剖用的田螺最好先行麻醉，使其头、足伸出壳外，身体各部分松弛，以利于观察和解剖.

4. 剥离螺壳时应细心.

[实验报告]

1. 绘制河蚌内部构造图.

2. 绘制田螺内部构造图.

[思考题]

1. 比较瓣鳃纲与腹足纲因生活方式不同而在形态构造上产生的差异.

2. 软体动物另一类群头足纲动物与瓣鳃纲、腹足纲动物最主要的不同体现在哪些方面?

实验三十　螯虾与蝗虫的比较解剖

节肢动物是动物界中最大的一门.在已知的150万种动物中,仅节肢动物门就占85%,其种类繁多,且每个种的个体数量都十分惊人.节肢动物具有高度的适应性,是无脊椎动物中最适于陆地生活的类群,分布范围极广.

一般认为,节肢动物起源于环节动物或类似环节动物的祖先,因此环节动物的一些基本结构多见于节肢动物,如两侧对称、三胚层、身体分节等,但节肢动物还有许多比环节动物复杂的结构,如身体异律分节、附肢分节、有外骨骼、横纹肌发达、内脏器官进一步复杂化等.无脊椎动物的许多特征表明,本门动物是原口无脊椎动物最高级的一支.

螯虾、蝗虫是节肢动物的典型代表,分别属于适应水生的甲壳纲和适于陆地生活的昆虫纲,与它们的生活环境相关,有一系列特征相适应.甲壳纲动物身体分头胸部和腹部,附肢发达,用鳃呼吸.昆虫纲动物身体分为头、胸、腹三部分,大多数种类仅胸部有3对足,胸部除着生3对足外还有两对翅,适应陆生,用气管呼吸.

[实验目的]

1. 通过观察螯虾(或日本沼虾)的外形和内部结构,了解甲壳动物在形态结构上的主要特征.

2. 通过对棉蝗的外形观察及内部解剖,了解昆虫的一般特征.

3. 比较节肢动物两大类群的不同特征.

[实验材料与器具]

1. 螯虾(或日本沼虾)新鲜标本、蝗虫新鲜或浸制标本、其他节肢动物标本.

2. 解剖器、解剖盘、放大镜、显微镜.

[实验方法]

(一) 螯虾

1. 外形

螯虾身体分头胸部和腹部(图2-31),体表被以坚硬的几丁质外骨骼,呈深红色或红黄色,随年龄的不同而不同.将标本放在解剖盘内,按下列顺序观察:

(1) 头胸部

头胸部由头部(6节)与胸部(8节)愈合而成,外被头胸甲;头胸甲约占体长的一半.头胸甲前部中央有一背腹扁的三角形突起,称额剑,其边绕有锯齿(日本沼虾的额剑侧扁,上、下缘具

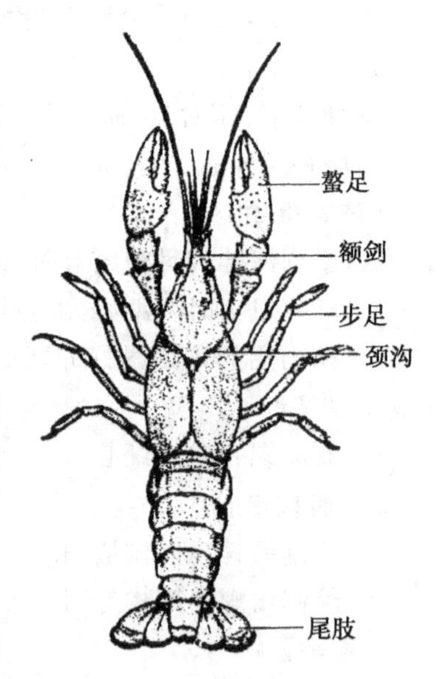

图2-31　螯虾的外形

(引自江静波等.无脊椎动物学.北京:高等教育出版社,1981)

齿).头胸甲的近中部有一弧形横沟,称颈沟,为头部和胸部的分界线.颈沟以后,头胸甲两侧部与体壁侧壁形成围鳃腔.额剑两侧各有1个可自由转动的眼柄,其上着生复眼,用刀片将复眼削下一薄片,在显微镜下观察其形状与构造.

(2) 腹部

螯虾的腹部短,背腹扁(日本沼虾的腹部长而侧扁),体节明显为6节,其后还有尾节.各节的外骨骼可分为背面的背板、腹面的腹板及两侧下垂的侧板.虾腹部各节彼此分离,对运动有利.尾节扁平,腹面正中有一纵裂缝,为肛门.

(3) 附肢

除第一体节和尾节无附肢外,螯虾共19对附肢,即每体节1对(图2-32).除第一对触角是单枝型外,其他都是双枝型,但随着生部位和功能的不同而有不同的形态结构.

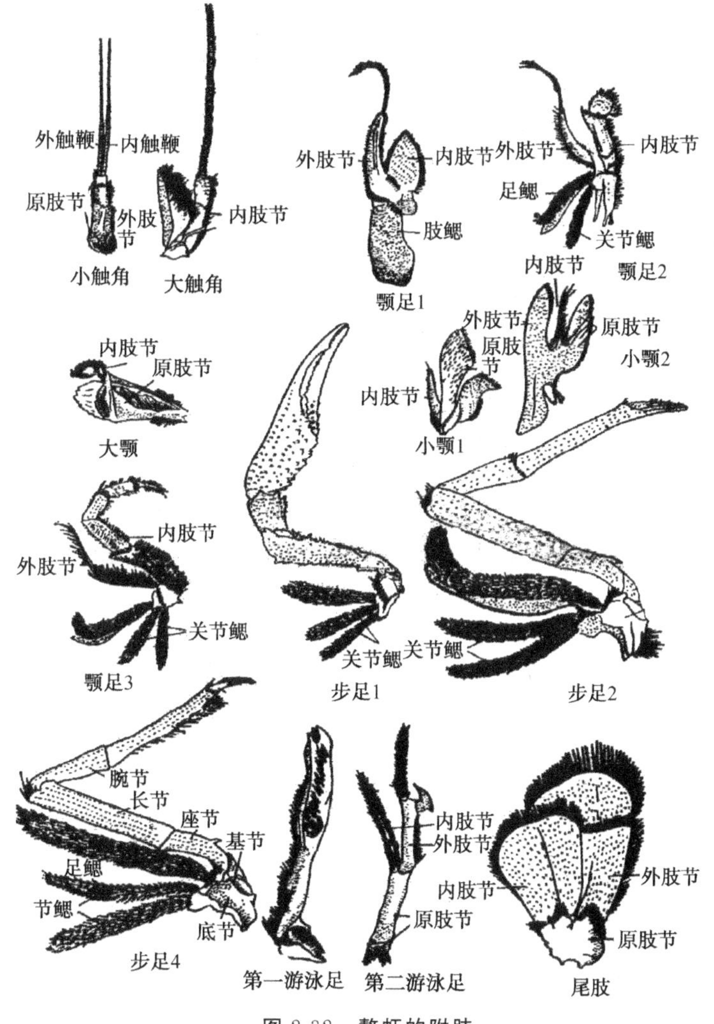

图 2-32 螯虾的附肢

(引自华中师范学院等.动物学.北京:高等教育出版社,1983)

观察时,左手持虾,使其腹面向上.首先注意各附肢着生位置,然后右手持镊子,由身体后部向前依次将虾左侧附肢摘下,按原来的顺序排列在解剖盘内,自前向后依次观察.

1)头部附肢:共5对.

① 小触角:位于额剑下方.原肢3节,末端有2根短须状触鞭(日本沼虾小触角基部外缘有一明显的刺柄,外鞭内侧尚有一短小的附鞭).触角基部背面有一凹陷容纳眼柄,凹陷内侧丛毛中有平衡囊.

② 大触角:位于眼柄下方,原肢2节,基节的基部腹面有排泄孔.外肢呈片状,内肢成一细长的触鞭.

③ 大颚:原肢坚硬,形成咀嚼器,分为扁而边缘有小齿的门齿部和齿面有小突起的臼齿部;内肢形成很小的大颚须,外肢消失.

④ 小颚:2对.原肢2节成薄片状,内缘具毛(日本沼虾原肢内缘具刺).第一小颚内肢呈小片状,外肢退化;第二小颚内肢细小,外肢宽大成叶片状,称颚舟片,能划动,推动水流流经围鳃腔,帮助进行气体交换.

2)胸部附肢:共8对.原肢均2节.

① 颚足:3对.第一颚足外肢基部大,末端细长,内肢细小;第二、三颚足内肢发达,分为5节(日本沼虾第3颚足内肢分3节),屈指状,外肢细长.颚足基部都有羽状的鳃.颚足有辅助取食作用.

② 步足:5对.内肢发达,分为5节,即座节、长节、腕节、掌节和指节;外肢退化.前3对末端为钳状:第一对步足的钳特别强大,称螯足;其余两对步足末端呈爪状(日本沼虾前2对步足末端为钳状,其中第二对特别大,尤其是雄虾).试分析各步足的功用.雄虾的第五对步足基部内侧各有一雄孔,雌虾的第三对步足基部内侧各有一雌孔,在第四、五步足基部有纳精囊孔.各足基部都长有羽状鳃.

3)腹部附肢:共5对,不发达.原肢2节.前2对腹肢,雌雄有别.雄虾第一对腹肢变成管状交接器,雌虾的退化;雌虾第二对腹肢细小,外肢退化(日本沼虾第一对腹肢的外肢大,内肢很短小;第二对腹肢的内肢有一短小棒状内附肢,雄虾在内附肢内侧有一指状突起的雄性附肢).第三、四、五对腹肢形状相同,内、外肢细长而扁平,密生刚毛(日本沼虾的内、外肢呈片状,内肢具内附肢).

4)尾肢:1对.内、外肢特别宽阔,呈片状,外肢比内肢大,有横沟分成2节(日本沼虾的内、外肢呈片状,内肢具内附肢).尾肢与尾节构成尾扇.(思考:尾扇在虾的运动中起何作用?)

2. 内部结构(图2-33)

(1) 呼吸器官

用剪刀剪去螯虾的右侧头胸甲,即可看到呼吸器官——鳃.颚足、步足基部都着生有鳃.

观察完呼吸系统后,用镊子自头胸甲后缘至额剑处,仔细地将头胸甲与其下面的器官剥离开，再用剪刀自头胸甲前部两侧到额剑后剪开并移去头胸甲．然后用剪刀自前向后，沿腹部两侧背板和侧板交界处剪开腹甲，用镊子略掀起背板，观察肌肉附着于外骨骼内的情况，最后小心地剥离背板和肌肉的联系，移去背板．

（2）肌肉

螯虾的肌肉为成束的横纹肌，腹部的肌肉尤为发达．

（3）循环系统

螯虾的循环系统为开管式（主要观察心脏和动脉）．

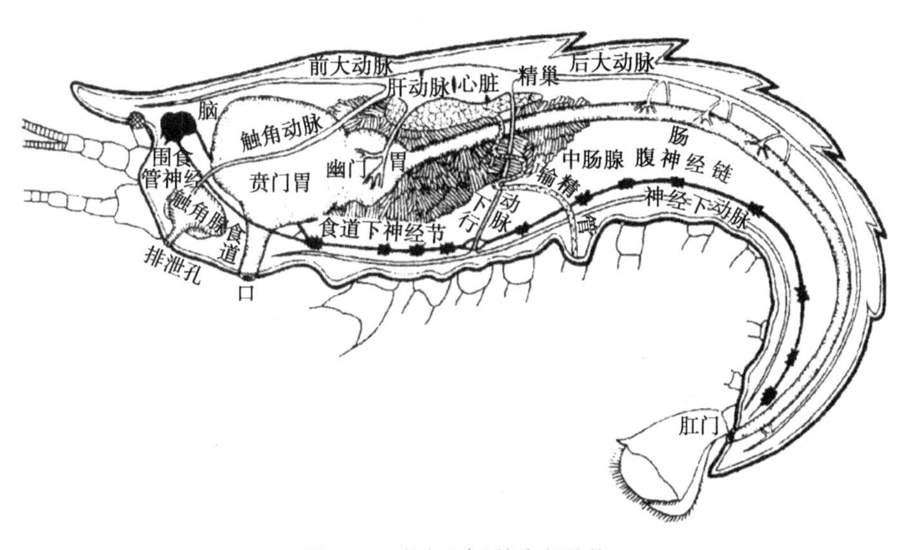

图 2-33　螯虾（♂）的内部结构

（引自黄诗笺等．动物生物学实验指导．北京：高等教育出版社，2006）

① 心脏：位于头胸部后端背侧的围心窦内，为半透明、多角形的肌肉囊，用镊子轻轻撕开围心膜即可见到．在心脏的背面、前侧面和腹面各有一对心孔．

② 动脉：细且透明．用镊子轻轻提起心脏，可见心脏发出 7 条血管．

由心脏前行的动脉有 5 条，即：由心脏前端发出一条眼动脉，在眼动脉基部两侧发出 1 对触角动脉，在触角动脉外侧发出一对肝动脉．

由心脏后端发出一条腹上动脉，位于腹部背面，沿背方后行至腹部末端．

心脏发出一条弯向胸部腹面的胸直动脉，到达神经索腹方后，再向前、后分为两支：向前的一支为胸下动脉，向后的一支为腹下动脉．

（4）生殖系统

虾为雌雄异体．摘除心脏，即可见到虾的生殖腺．

① 雄性生殖器官：精巢 1 对，位于围心窦腹面；白色，呈三叶状，前部分离为 2 叶，后部合并为 1 叶．每侧精巢各发出 1 条细长的输精管，其末端开口于第五对步足基部内侧的雄性生殖扎．

② 雌性生殖器官：卵巢 1 对，位于围心窦腹面，性成熟时为淡红色或淡绿色，

浸制标本呈褐色;颗粒状,也分3叶(前部2叶,后部1叶),其大小随发育时期不同而有很大差别.卵巢向两侧腹面发出1对短小的输卵管,其末端开口于第三对步足基部内侧的雌性生殖孔.在第四、五对步足间的腹甲上,有一椭圆形突起,中有一纵行开口,内为空囊,即受精囊.

(5) 消化系统

用镊子轻轻摘去生殖腺,可见其下方左右两侧各有一团淡黄色腺体,即为肝脏.剪去一侧肝脏,可见肠管前接多角状的胃.胃可分为位于体前端的壁薄的贲门胃(透过胃壁可看到胃内有深色食物)和其后较小、壁略厚的幽门胃.剪开胃壁,贲门胃内有3个钙齿组成的胃磨,幽门胃内着生刚毛,分别起研磨和滤过的作用.

用镊子轻轻提起胃,可见贲门胃前腹方连有一短管,即食管,食管前端连于由口器包围的口腔.幽门胃后接中肠.中肠很短,中肠之后即为贯穿整个腹部的后肠.后肠位于腹上动脉腹方,略粗(透过肠壁可见内有深色食物残渣),以肛门开口于尾节腹面.

(6) 排泄系统

剪去胃和肝脏,在头部腹面大触角基部外骨骼内方,可见到一团扁圆形腺体,即触角腺,为成虾的排泄器官.生活时呈绿色,故又称绿腺.它借宽大而壁薄的膀胱伸出的短管,开口于大触角基部腹面的排泄孔.

(7) 神经系统

除保留食管外,将其他内脏器官和肌肉全部除去,小心地沿中线剪开胸部底壁,便可看到身体腹面正中线处有1条白色索状物,即为虾的腹神经链,有多个神经节.沿腹神经链小心地分离头胸部结构,可找到1对白色的围食管神经.沿围食管神经向头端寻找,可见在食管之上,两眼之间有一较大白色块状物,为食管上神经节或脑神经节.

(二) 蝗虫

采用新鲜或浸制蝗虫标本.取下口器各部分时,应用镊子夹住其基部,顺其生长方向用力拉下,以保持结构的完整.

1. 外部形态

棉蝗活体一般呈青绿色,浸制标本呈黄褐色.体表被有几丁质外骨骼.身体可明显分为头、胸、腹三个部分(图2-34).雌雄异体,雄虫比雌虫小.

(1) 头部

头部位于身体最前端,卵圆形,其外骨骼愈合成一坚硬的头壳.头部可分为额、唇基、头顶、颊、后头等部分(不要求区分).头部具有下列器官:

1) 眼:棉蝗具有1对复眼和3个单眼.① 复眼:椭圆形,棕褐色,较大,位于头顶左右两侧.用刀片自复眼表面切下一薄片,置载玻片上,加甘油制成装片,于显微镜下观察,可见复眼由许多六角形的小眼组成.② 单眼:形小,黄色.1个在额的中央,2个分别在两复眼内侧上方,3个单眼排成倒"品"字形.

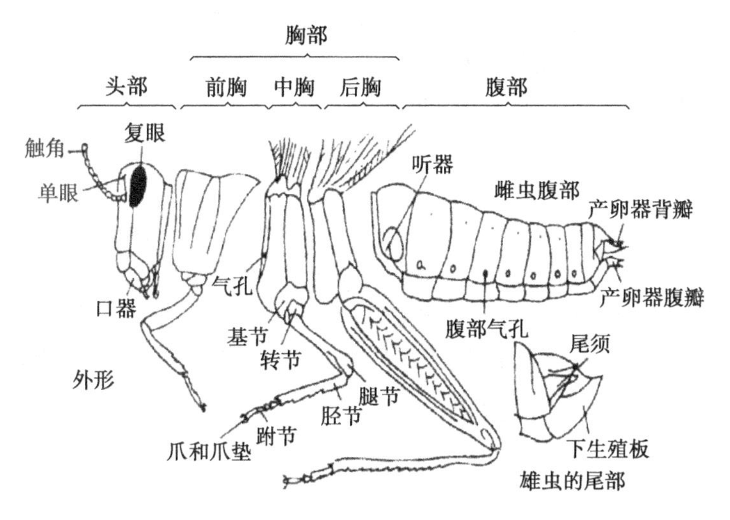

图 2-34　棉蝗的外形

(引自刘凌云等.普通动物学实验指导.北京:高等教育出版社,2000)

2) 触角:1对,位于额上部两复眼内侧,细长呈丝状,由柄节、梗节及鞭节组成.鞭节再分节.

3) 口器:为典型的咀嚼式口器.左手持蝗虫,使其腹面向上,拇、食指将其头部夹稳;右手持镊子自前向后将口器各部分取下(同时注意观察口器各部分着生的位置),依次放在载玻片上,观察其构造(图2-35):

① 上唇:1片,连于唇基下方,覆盖着大颚,可活动.上唇略呈长方形,其弧状下缘中央有一缺刻;外表面硬化,内表面柔软.

② 大颚:为1对坚硬的几丁质块,位于颊的下方,口的左右两侧,被上唇覆盖.两大颚相对的一面有齿,下部的齿长而尖,为切齿部;上部的齿粗糙宽大,为臼齿部.

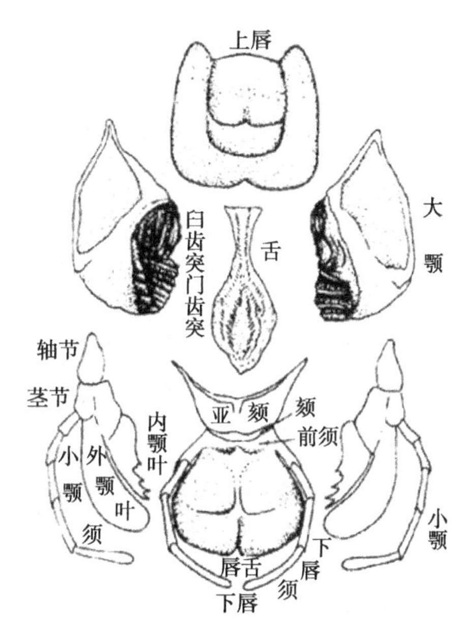

图 2-35　棉蝗的口器

(引自刘凌云等.普通动物学实验指导.北京:高等教育出版社,2000)

③ 小颚:1对,位于大颚后方,下唇前方.小颚基部分为轴节和茎节,轴节连于头壳,其前端与茎节相连.茎节端部着生2个活动的薄片.外侧的呈匙状,为外颚叶;内侧的较硬,端部具齿,为内颚叶.茎节中部外侧还有一根细长具5节的小颚须.

④ 下唇：1片，位于小颚后方，成为口器的底板.下唇的基部称为后颏.后颏又分为前后2个骨片.后部的称亚颏，与头部相连；前部的称颏.颏前端连接能活动的前颏，前颏端部有1对瓣状的唇舌，两侧有1对具3节的下唇须.

⑤ 舌：位于大、小颚之间，为口前腔中央的一个近椭圆形的囊状物，表面有毛和细刺.

(2) 胸部

头部后方为胸部，胸部由3节组成，由前向后依次称为前胸、中胸和后胸.每胸节各有1对足，中、后胸背面各有1对翅.

1) 附肢：胸部各节依次着生前足、中足和后足各1对.前、中足较小，为步行足；后足强大，为跳跃足.各足均由6肢节构成，以后足为例进行观察：

基节：为足基部第一节，短而圆，连在胸部侧板和腹板之间.

转节：基节之后最短小的一节.

腿节：转节之后最长最大的一节.

胫节：位于腿节之后，细而长，红褐色，其后缘有两行细刺，末端还有数枚距(注意刺的排列形状与数目).

跗节：位于胫节之后.用放大镜观察，跗节又分3节，第一节较长，有3个假分节；第二节很短；第三节较长.跗节腹面有4个跗垫.

前跗节：位于第三跗节的端部，为一对爪，两爪间有一中垫.

2) 翅：2对.有暗色斑纹，各翅贯穿翅脉.前翅着生于中胸，革质，形长而狭，休息时覆盖在背上，称为覆翅.后翅着生于后胸，休息时折叠而藏于覆翅之下，将后翅展开，可见它宽大、膜质、薄而透明、翅脉明显.

(3) 腹部

腹部与胸部直接相连，由11个体节组成.

1) 外骨骼：外骨骼较柔软，只由背板和腹板组成，侧板退化为连接背、腹板的侧膜.雌、雄蝗虫第一至第八腹节形态构造相似，在背板两侧下缘前方各有一个气门.在第一腹节气门后方各有一个大而呈椭圆形的膜状结构，称听器.

第九、十两节背板较狭，且相互愈合，第十一节背板形成背面三角形的肛上板，盖着肛门.第十节背板的后缘、肛上板的左右两侧有一对小突起，即尾须.雄虫的尾须比雌虫的大.两尾须下各有一个三角形的肛侧板.腹部末端还有外生殖器.

(4) 外生殖器

雌蝗虫的产卵器：雌虫第九、十节无腹板；第八节腹板特长，其后缘的剑状突起称导卵突起.导卵突起后有一对尖形的产卵腹瓣(下产卵瓣)；在背侧肛侧板后也有一对尖形的产卵瓣，为产卵背瓣(上产卵瓣).产卵背瓣和腹瓣构成产卵器.雄蝗虫的交配器：雄虫第九节腹板发达，向后延长并向上翘起形成匙状的下生殖板.将下生殖板向下压，可见内有一突起，即阳茎.

2. 内部解剖

左手持蝗虫,使其背部向上,右手持剪剪去翅和足.从腹部末端尾须处开始,自后向前沿气门上方将左右两侧体壁剪开,剪至前胸背板前缘.在虫体前后端两侧体壁已剪开的裂缝之间,剪开头部与前胸间的颈膜和腹部末端的背板.然后将蝗虫背面向上置解剖盘中,用解剖针自前向后小心地将背壁与其下方的内部器官分离开.最后用镊子将完整的背壁取下,依次观察下列器官系统(图 2-36):

(1) 循环系统

观察取下的背壁,可见腹部背壁内面中央线上有一条半透明的细长管状构造,即为心脏.心脏按节有若干略膨大的部分,为心室.心脏前端连一细管,即大动脉.心脏两侧有扇形的翼状肌.

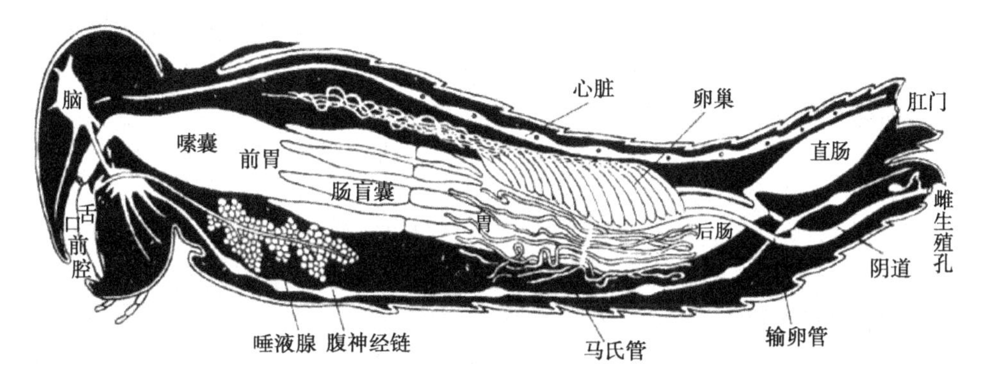

图 2-36 蝗虫内部结构

(引自堵南山等.无脊椎动物学.上海:华东师范大学出版社,1989)

(2) 呼吸系统

自气门向体内,可见许多白色分枝的小管分布于内脏器官和肌肉中,即为气管;在内脏背面两侧还有许多膨大的气囊.用镊子撕取胸部肌肉少许,或剪取一段气管,放在载玻片上,加水制成装片,置显微镜下观察,即可看到许多小管,其管壁内膜有几丁质螺旋纹.

(3) 生殖系统

棉蝗为雌雄异体异形,实验时可互换不同性别的标本进行观察.

1) 雄性生殖器官:① 精巢:位于腹部消化管的背方,1 对,左右相连成一长椭圆形结构.仔细观察,可见由许多小管即精巢管组成.② 输精管和射精管:精巢腹面两侧向后伸出一对输精管,分离周围组织可看到,两管绕到消化管腹方汇合成一条射精管.射精管穿过生殖下板,开口于阳茎末端.③ 副性腺和储精囊:位于射精管前端两侧,为一些迂曲的细管,通入射精管基部.仔细将副性腺的细管拨散开,还可看到一对储精囊,也开口于射精管基部.观察时可将消化管末段向背方略挑起,以便寻找,但勿将消化管撕断.

2) 雌性生殖器官:① 卵巢:位于腹部消化管的背方,1 对,由许多自中线斜向后方排列的卵巢管组成.② 卵萼和输卵管：卵巢两侧有一对略粗的纵行管，各卵巢管与之相连，此即卵萼，是产卵时暂时储存卵粒的地方，卵萼后行为输卵管.沿输卵管走向分离周围组织，并将消化管末段向背方略挑起，可见2条输卵管在身体后端绕到消化管腹方汇合成一条总输卵管，经生殖腔开口于产卵腹瓣之间的生殖孔.③ 受精囊：自生殖腔背方伸出一弯曲小管，其末端形成一椭圆形囊，即受精囊.④ 副性腺：为卵萼前端的一弯曲的管状腺体.

（4）消化系统

由消化管和消化腺组成消化系统.消化管可分为前肠、中肠和后肠.前肠之前有由口器包围而成的口前腔，口前腔之后是口.用镊子移去精巢或卵巢后进行观察.

1）前肠：自咽至胃盲囊，包括下列构造：① 咽：口后的一段肌肉质短管.② 食管：咽后的一段管道.③ 嗉囊：食管后方膨大的囊状管道.④ 前胃：位于嗉囊之后、较嗉囊略细的一段粗管.

2）中肠：又称胃，在与前胃交界处有12个呈指状突起的胃盲囊，其中6个伸向前，另6个伸向后方.

3）后肠：包括下列构造：① 回肠：与胃连接的较粗的一段肠管.② 结肠：回肠之后较细小的一段肠管，常弯曲.③ 直肠：为结肠后部较膨大的肠管.其末端开口于肛门，肛门在肛上板之下.

4）唾液腺：1对，位于胸部嗉囊腹面两侧，色淡，葡萄状，有一对导管前行，汇合后通入口前腔.（思考：消化系统各器官分别具有什么功能？）

（5）排泄器官

棉蝗的排泄器官为马氏管，着生于中、后肠交界处.将虫体浸入培养皿内的水中，用放大镜观察，可见马氏管是许多细长的盲管.

（6）神经系统

用剪刀剪开两复眼间头壳，剪去头顶和后头的头壳，但保留复眼和触角；再用镊子小心地除去头壳内的肌肉，即可见到下列结构：① 脑：位于两复眼之间，为淡黄色块状物.注意观察脑向前发出的主要神经各通向哪些器官.② 围食管神经：为脑向后发出的一对神经，到食管两侧.用镊子将消化管前端轻轻挑起，可见围食管神经绕过食管后，各与食管下神经节相连.除留一小段食管外，将消化管除去，再将腹隔和胸部肌肉除去，然后观察.③ 腹神经链：为胸部和腹部腹板中央线处的白色神经索.它由两股组成，在一定部位合并成神经节，并发出神经通向其他器官.数数有多少个神经节，看看它们各在什么部位.

三、螯虾与蝗虫的比较

1. 外形

（1）身体分部：螯虾分头胸部和腹部，头胸部有头胸甲包裹；蝗虫分为头、胸、腹三部分.

(2) 附肢：螯虾除第一节和最后一节没有附肢着生外，其余各节各有一对附肢；附肢分化为颚足、步足和游泳足等. 蝗虫除胸部着生 3 对足外，其余附肢都退化，但其胸部着生两对翅.

(3) 其他：二者的生殖孔开口位置及单复眼的着生情况也有不同.

2. 内部结构

(1) 呼吸：螯虾用集中着生的腮呼吸，蝗虫用分散的气管进行气体交换.

(2) 循环：二者都属开放式. 螯虾有肌肉质心脏和发达的离心血管，蝗虫仅有一条兼有搏动功能的背血管.

(3) 排泄：螯虾由绿腺(触角腺)进行排泄，蝗虫是靠马氏管排除代谢废物.

[注意事项]

1. 剪开体壁时，剪刀尖应向上翘，以免损坏内脏；揭下体壁前，应先用解剖针仔细地将它与其下面的组织剥离开.

2. 在除去蝗虫头壳内的肌肉时，注意勿损坏脑.

3. 分组解剖，交换观察.

[实验报告]

1. 绘制螯虾外形图(背面观)，并注明各部结构名称.

2. 绘制蝗虫内部结构原位图.

[思考题]

1. 螯虾和蝗虫的循环系统各有什么特点，这与哪些结构有关?

2. 比较螯虾、沼虾、对虾的附肢特点.

3. 昆虫口器有哪些类型? 各有哪些组成特点?

实验三十一 鲤鱼(或鲫鱼)的外形和解剖

鱼类是首先出现的颌口类动物，是最适应水生生活的脊椎动物. 它不仅具有比圆口类动物进步的进化特征，而且还有对水生生活高度适应的一系列特征：具有上、下颌，有成对附肢，身体多呈流线型；体表被覆皮肤的衍生物鳞片，表皮内有大量的黏液腺，在体表形成黏液层起保护作用；用鳃呼吸，鳃的结构复杂；除眼、鼻外，还有特殊的侧线器官，能感受身体两侧水流的压力和震动；多数鱼有鳔，能调节鱼体的比重，对鱼体的沉浮有辅助作用；血液循环为单循环，心脏由一心室、一心房组成.

鱼纲是脊椎动物门中最大的一个纲.

[实验目的]

1. 通过对鲤鱼(或鲫鱼)的结构观察，掌握硬骨鱼类的主要特征以及鱼类适应于水生生活的形态结构特征.

2. 学习硬骨鱼内部解剖的基本操作方法.

［实验材料与器具］

1. 活鲤鱼(或鲫鱼)、鲤鱼(或鲫鱼)整体和分散骨骼标本、鲨鱼全骨标本.

2. 解剖器、解剖盘、解剖镜、鬃毛、棉花、培养皿.

［实验方法］

1. 外形

鲤鱼(或鲫鱼)体呈纺锤形,略侧扁,背部灰黑色,腹部近白色.身体可区分为头、躯干和尾三部分(图 2-37).

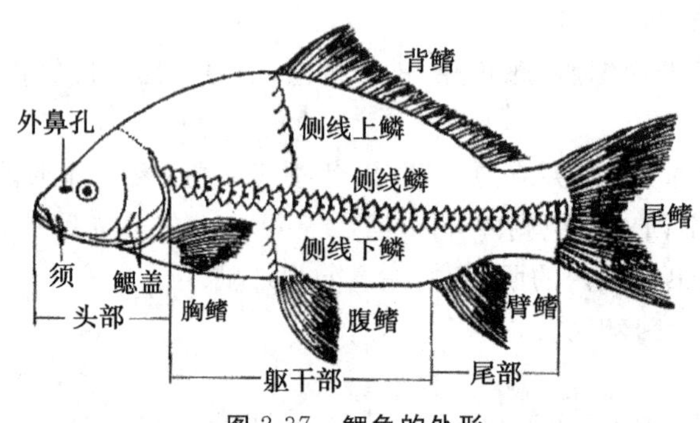

图 2-37　鲤鱼的外形

(引自黄诗笺等.动物生物学实验指导.北京:高等教育出版社,2006)

(1) 头部:自吻端至鳃盖骨后缘为头部.口位于头部前端(口端位),吻背面有鼻孔 1 对,中间有膜结构将鼻孔分成前、后两个孔.鼻腔不通口腔,不参与呼吸,主要起感觉作用.眼 1 对,位于头部两侧,形大而圆.眼后头部两侧为宽扁的鳃盖,鳃盖后缘有膜状的鳃盖膜,藉此覆盖鳃孔.

(2) 躯干部和尾部:自鳃盖后缘至泄殖腔孔为躯干部;自泄殖腔孔至尾鳍基部为尾部.躯干部和尾部体表被以覆瓦状排列的圆鳞,体表覆有一薄层由黏液腺分泌的黏液.躯体两侧各有一条侧线,被侧线孔穿过的鳞片称侧线鳞(思考:侧线有何功能?)鲤鱼(鲫鱼)有背鳍 1 个,较长,约为躯干的 3/4;臀鳍 1 个,较短;尾鳍为正尾型;胸鳍 1 对,位于鳃盖后方左右两侧;腹鳍 1 对,位于胸鳍之后,泄殖腔孔之前,属腹鳍腹位.

2. 内部解剖与观察

将新鲜鲤鱼(或鲫鱼)置解剖盘,使其腹部向上,用剪刀在肛门前与体轴垂直方向剪一小口,将剪刀尖插入切口,沿腹中线向前经腹鳍中间剪至下颌.使鱼侧卧,左侧向上,自泄殖腔孔前的开口向背方剪到脊柱,沿脊柱下方剪至鳃盖后缘,再沿鳃盖后缘剪至下颌,除去左侧体壁肌肉,暴露心脏和内脏(图 2-38).

(1) 原位观察:腹腔前方有一小腔,为围心腔,它借横膈与腹腔分开.心脏位于围心腔内.在腹腔内,背侧有一白色囊状的结构——鳔,覆盖在前、后鳔室之间的暗红色三角形组织,为肾脏的一部分.鳔的腹方是长形的生殖腺,雄性为乳白色的精巢,雌性为黄色颗粒状的卵巢.腹腔腹侧盘曲的管道为肠管,肠管之间的肠系膜上有暗红色、散漫状分布的肝胰脏(鲤科鱼类肝胰脏不可分).位于肠管和肝胰脏之间的一细长红褐色器官,为脾脏.

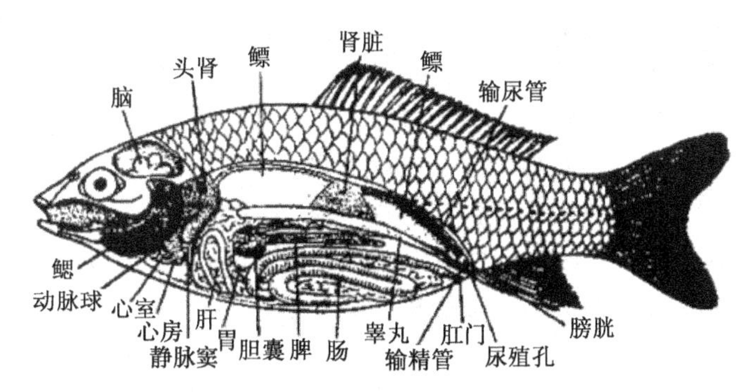

图 2-38 鲤鱼的内部结构

(引自黄诗笺等.动物生物学实验指导.北京:高等教育出版社,2006)

(2) 生殖系统:由生殖腺和生殖导管组成.

① 生殖腺:生殖腺外包有极薄的膜(由腹膜构成).雄性有精巢 1 对,性成熟时纯白色,呈扁长囊状;性未成熟时往往呈淡红色.雌性有卵巢 1 对,性未成熟时为淡橙黄色,长带状;性成熟时呈微黄红色,长囊形,几乎充满整个腹腔,内有许多卵粒.

② 生殖导管:为生殖腺表面的膜向后延伸的细管,即输精管或输卵管.很短,左右两管后端合并,通入泄殖腔,以泄殖孔开口于体外.

观察毕,移去左侧生殖腺,以便于观察其他器官.

(3) 消化系统:包括口腔、咽、食管、肠和肛门组成的消化管及肝胰脏和胆囊.用镊子将盘曲的肠管分离开,以便于区分观察.

① 食管:食管很短,其背面有鳔管通入,并以此为食管和肠的分界点(鲤科鱼类没有胃的分化).

② 肠:为体长的 2～3 倍.(思考:肠的长度与食性有何相关性?)肠的前 2/3 为小肠,后部较细的为大肠,最后一部分为直肠.

③ 胆囊:为一暗绿色的椭圆形囊,位于肠管前部右侧,大部分埋在肝胰脏内,以胆管通入肠前部.

④ 鳔:为位于腹腔消化管背方的银白色胶质囊.它一直伸展到腹腔后端,分前、后两室.后室前端腹面发出细长的鳔管,通入食管背壁.

移去鳔,以便于观察排泄系统.

(3) 排泄系统:包括 1 对肾脏、1 对输尿管和 1 个膀胱.

① 肾脏:紧贴于腹腔背壁正中线两侧,为红褐色狭长形器官,在鳔的前、后室相接处,肾脏扩大或为其最宽处.双肾的前端向前侧面扩展,体积增大,为头肾.

② 输尿管:双肾最宽处各通出一细管,即输尿管.两输尿管沿腹腔背壁后行,在近末端处汇合通入膀胱.

③ 膀胱:两输尿管后端汇合后稍扩大形成的囊即为膀胱,开口于泄殖窦.

(6) 循环系统：主要观察心脏和腹大动脉、入鳃血管. 心脏位于两胸鳍之间的围心腔内，由一心室、一心房和静脉窦等组成.

① 心室：心室位于围心腔中央处，淡红色，其前端有一白色厚壁的圆锥形小球体，为动脉球(是腹大动脉的膨大). 自动脉球向前发出一条较粗大的血管，为腹大动脉. 沿腹大动脉向前分离，可见到分支形成小的血管——入鳃动脉.

② 心房：位于心室的背侧，暗红色，薄囊状.

③ 静脉窦：位于心房后端，暗红色，壁很薄，不易观察.

将剪刀伸入口腔，剪开口角，并沿眼后缘将鳃盖剪去，以暴露口腔和鳃.

(7) 口腔与咽：口腔由上、下颌包围合成，颌无齿，口腔背壁由厚的肌肉组成，表面有黏膜，腔底后半部有一不能活动的三角形舌. 口腔之后为咽部，其左右两侧有 5 对鳃裂，相邻鳃裂间生有鳃弓，共 5 对. 第五对鳃弓特化成咽骨，其内侧着生咽喉齿. 咽喉齿的结构与鱼类食性有关.

(8) 鳃：为呼吸器官，由鳃弓、鳃耙、鳃片组成. 鳃间隔退化. 观察鳃耙(其长短、疏密与食性有关)、鳃片(鳃片由许多鳃丝组成，每一鳃丝两侧又有许多突起状的鳃小片，鳃小片上分布着丰富的毛细血管，是气体交换的场所).

(9) 脑：从两眼眶下剪，沿体长轴方向剪开头部背面骨骼；再在两纵切口的两端间横剪，小心地移去头部背面骨骼，用自来水小水流冲刷，脑便显露出来. 从脑背面观察下列结构：

① 端脑：由嗅脑和大脑组成. 大脑分左右两个半球，各呈小球状位于脑的前端. 其顶端各伸出一条棒状的嗅柄，嗅柄末端为椭圆形的嗅球，嗅柄和嗅球构成嗅脑.

② 中脑：位于端脑之后，覆盖在间脑背面，较大，受小脑瓣挤压而偏向两侧，各成半月形突起，又称视叶.

③ 小脑：位于中脑后方，为一圆球形体，表面光滑，前方伸出小脑瓣，突入中脑.

④ 延脑：为脑的最后部分，由一个面叶和一对迷走叶组成. 面叶居中，其前部被小脑遮蔽，只能见到其后部；迷走叶较大，左右成对，在小脑的后两侧. 延脑后部变窄，与脊髓相连.

3. 骨骼系统

取鲤鱼(或鲫鱼)整体和分散的骨骼标本，观察头骨、脊柱和附肢骨骼.

(1) 头骨：头骨的前端背方有一凹陷的鼻腔，两侧中央有眼眶. 头骨可分脑颅和咽颅两大部分来观察(图 2-39).

① 脑颅：骨片数目很多，由前向后可分成鼻区、蝶区、耳区、枕区.

② 咽颅：位于脑颅下方，环绕消化管的最前端，由左右对称并分节的骨片组成，包括颌弓、舌弓、鳃弓以及鳃盖骨系.

(2) 脊柱和肋骨：脊柱由一系列脊椎骨组成，分躯椎和尾椎两部分.

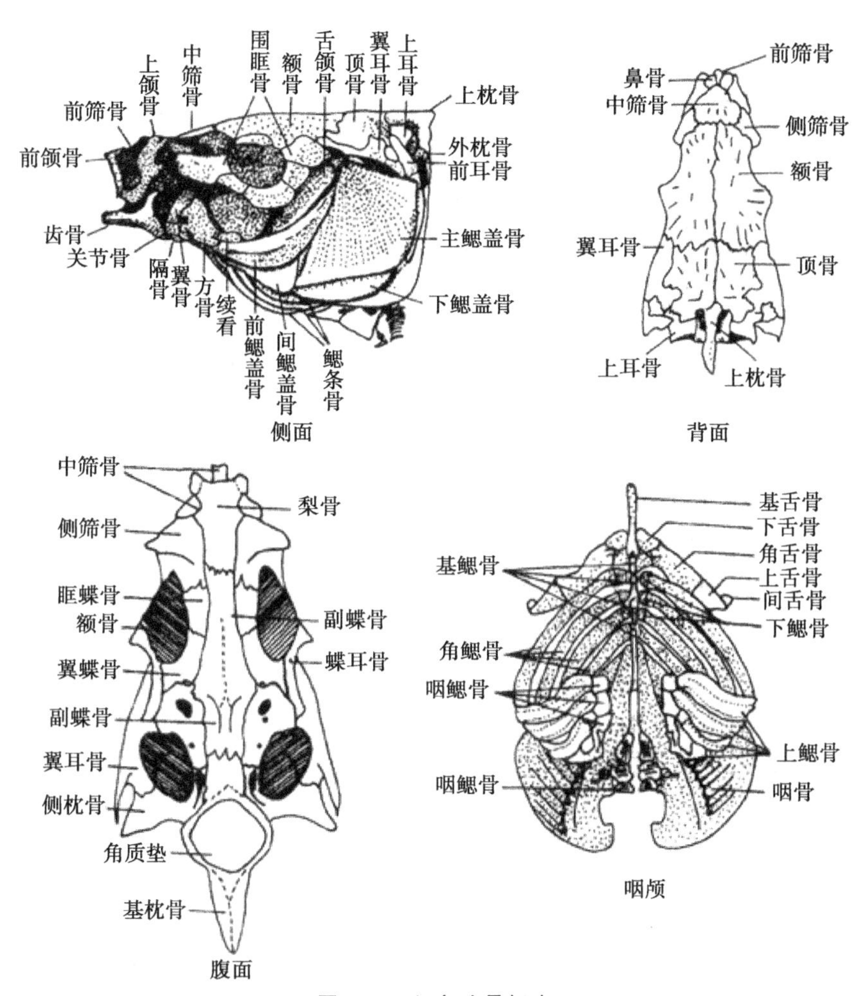

图 2-39 鲤鱼头骨标本

① 躯椎：取第五躯椎以后的一枚椎骨观察其结构.脊椎骨由椎体、椎弓、椎棘、椎体横突、关节突、椎孔等组成.

② 尾椎：尾椎除有椎体、椎弓、髓棘、关节突外,椎体横突向腹面突出,左右合成脉弓,脉弓中间的孔内有尾动脉和尾静脉穿过,脉弓的腹中央有一条延伸向后斜的脉棘.最后一枚尾椎骨向后上方斜仰,为尾杆骨.

(3) 附肢骨骼：包括带骨和鳍担骨(图 2-40).

① 肩带和胸鳍骨：鱼类肩带较为复杂,由锁骨、上锁骨、乌喙骨、肩胛骨、中乌喙骨和后锁骨组成.胸鳍内的支鳍骨为 4 枚短扁的鳍担骨.

② 腰带和腹鳍骨：腰带由一对无名骨构成.无名骨前端分叉,左右两骨在中间相连.腹鳍骨仅有一对细小的基鳍骨接于无名骨内侧.

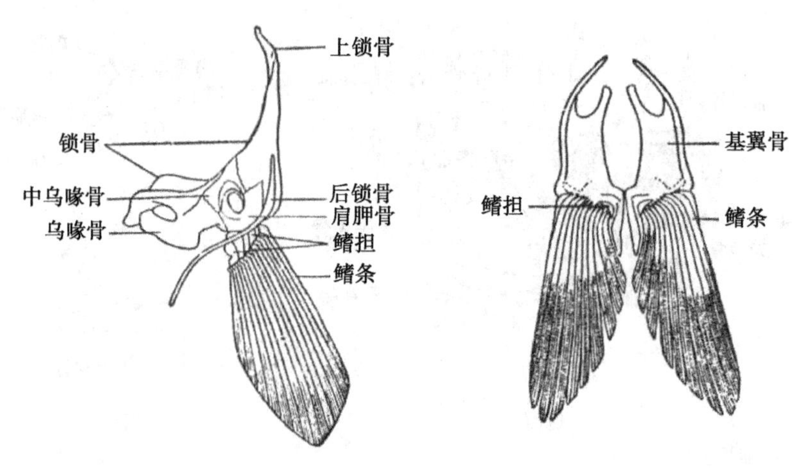

图 2-40　鲤鱼带骨

(3) 奇鳍骨：背鳍和臀鳍的鳍条中，前三个鳍条形成刚硬的鳍棘，前两个棘短小，第一棘尤小，第三棘特别强大，其后缘有锯齿.每一鳍条有一枚鳍担骨支持，鳍担骨基部扩展成侧扁的楔形骨片，插入脊柱的髓棘之间(背鳍)或脉棘之间(臀鳍).

尾鳍内，尾杆骨及其前两个椎骨的髓棘和脉棘变形而成的扁而阔的骨片作为支鳍骨，直接御接鳍条.

[注意事项]

1. 按照解剖顺序进行解剖、观察.

2. 整体骨骼标本主要用于观察整体结构，骨块结构观察时用分散骨骼标本.

[实验报告]

1. 根据原位观察，绘制鲤鱼(或鲫鱼)的内部解剖图，并注明各器官名称.

2. 绘制鲤鱼(或鲫鱼)的躯椎骨和尾椎骨各一枚，并注明各部位的名称.

[思考题]

1. 试归纳硬骨鱼类的主要特征以及鱼类适应于水中生活的形态结构特征.

2. 鲤鱼(或鲫鱼)的呼吸系统包括哪些部分？它们是怎样完成呼吸过程的？

3. 鲤鱼和鲨鱼的头骨有哪些异同点？

实验三十二　青蛙(或蟾蜍)的外形和解剖

两栖动物是从水生向陆生过渡的脊椎动物，具有适应陆地生活的基本特征：具有五趾型附肢，用肺进行呼吸，有适应陆地生活的感觉器官.但两栖动物又不能完全离开水，不能很好地解决陆地保水、防止体内水分蒸发；肺功能不足还不能为机体提供足够的氧气，需要皮肤辅助呼吸；出现了肺循环，但动静脉血液不能完全分开，属不完全的双循环.所以两栖纲动物是从水生向陆生进化的过渡类型.

蛙(或蟾蜍)是两栖动物的典型代表，是比较适应陆地生活的类群.

[实验目的]

1. 通过对蛙(或蟾蜍)外形和解剖结构的观察,掌握两栖动物的主要特征.

2. 了解脊椎动物由水生到陆生的过渡中,两栖类在结构和功能上所表现出的初步适应陆生的特征.

3. 学习蛙(或蟾蜍)的解剖方法.

[实验材料与器具]

1. 活蛙(或蟾蜍)、蛙皮肤切片、蛙(或蟾蜍)整体和散装的骨骼标本.

2. 解剖盘、大头针、解剖器、显微镜.

[实验方法]

1. 外形

将活蛙(或蟾蜍)置于解剖盘内,观察其身体,可分为头、躯干和四肢三部分.

(1) 头部:蛙(或蟾蜍)头部扁平,略呈三角形,吻端稍尖.口宽大,横裂,由上、下颌组成.上颌背侧前端有一对外鼻孔,外鼻孔外缘具鼻瓣.眼大而突出,生于头的左右两侧,具上、下眼睑;下眼睑内侧有一半透明的瞬膜.两眼后各有一圆形鼓膜(蟾蜍的鼓膜较小.在眼和鼓膜的后上方有一对椭圆形隆起,称耳后腺,即毒腺).雄蛙口角内后方各有一声囊,鸣叫时鼓成泡状(蟾蜍无此结构).

(2) 躯干部:鼓膜之后为躯干部.蛙的躯干部短而宽,躯干后端两腿之间偏背侧有一小孔,为泄殖腔孔.

(3) 四肢:前肢短小,有 4 指,指间无蹼;后肢长而发达,有 5 趾,趾间有蹼.(蟾蜍四肢短钝,后肢比青蛙的短,趾间蹼不发达.)

2. 皮肤

蛙背面皮肤粗糙,背中央常有一条窄而色浅的纵纹,两侧各有一条色浅的背侧褶.背面皮肤颜色变异较大,有黄绿、深绿、灰棕色等,并有不规则黑斑.腹面皮肤光滑,白色.

3. 肌肉系统(一般观察)

用双毁髓法处死活蛙(或蟾蜍).

将处死的蛙(或蟾蜍)腹面向上置于解剖盘内,展开四肢.左手持镊,夹起腹面后腿基部之间泄殖腔稍前方的皮肤,右手持剪剪开一切口,由此处沿腹中线向前剪开皮肤,直至下颌前端.然后在肩带处向两侧剪开并剥离前肢皮肤;在股部作一环形切口,剥去后肢皮肤.

观察下颌、腹壁和四肢的主要肌肉.

(1) 下颌表层肌肉

下颌下肌:为位于下颌腹面表层的一薄片状肌肉,构成口腔底壁的主要部分.肌纤维横行于两下颌骨间,其中线处有一腱划,将它分为左右两半.

颏下肌:为一小片略呈菱形的肌肉,位于下颌的前角.其前缘紧贴下颌联合,肌纤维横行.

(2) 腹壁表层主要肌肉

腹直肌：为位于腹部正中、幅度较宽的肌肉. 肌纤维纵行，起于耻骨联合，止于胸骨. 该肌被其中央纵行的结缔组织白线(腹白线)分为左、右两半，每半又被横行的 4～5 条腱划分为几节.

腹斜肌：为位于腹直肌两侧的薄片肌肉，分内、外两层. 腹外斜肌纤维由前背方向腹后方斜行. 轻轻划开腹外斜肌，可见到其内层的腹内斜肌. 腹内斜肌纤维走向与腹外斜肌相反.

胸肌：位于腹直肌前方，呈扇形；起于胸骨和腹直肌外侧的腱膜，止于肱骨.

(3) 前肢肱部肌肉

肱三头肌位于肱部背面，为上臂最大的一块肌肉. 起点有 3 个肌头，分别起于肱骨近端的上内表面、肩胛骨后缘和肱骨的外表面，止于桡尺骨的近端. 它是伸展和旋转前臂的重要肌肉.

(4) 后肢肌肉

股薄肌：位于大腿内侧，几乎占据大腿腹面的一半，可使大腿向后和小腿伸屈.

缝匠肌：为位于大腿腹面中线的狭长带状肌. 肌纤维斜行，起于髂骨和耻骨愈合处的前缘，止于胫腓骨近端内侧. 收缩时可使小腿外展，大腿末端内收.

股三头肌：为位于大腿外侧最大的一块肌肉. 可将标本由腹面翻到背面来观察. 起点有 3 个肌头，分别起自髂骨的中央腹面、后面以及髋臼的前腹面，其末端以共同的肌腱越过膝关节，止于胫腓骨近端下方. 收缩时，可使小腿前伸和外展.

股二头肌：为一狭条肌肉，介于半膜肌和股三头肌之间，且大部分被它们覆盖. 起于髋骨背面正对髋臼的上方，末端肌腱分为两部分，分别附着于股骨的远端和胫骨的近端. 收缩时，能使小腿屈曲和上提大腿.

半膜肌：为位于二头肌后方的宽大肌肉. 起于坐骨联合的背缘，止于胫骨近端. 收缩时，能使大腿前屈或后伸，小腿屈曲或伸展.

腓肠肌：为小腿后面最大的一块肌肉，是生理学中常用的实验材料. 起点有大小两个肌头，大的起于股骨远端的屈曲面，小的起于股三头肌止点附近；其末端以一跟腱越过跗部腹面，止于跖部. 收缩时可使小腿屈曲和伸足.

胫前肌：位于胫腓骨前面. 起于股骨远端，末端以两腱分别附着于跟骨和距骨. 收缩时能伸展小腿.

腓骨肌：位于胫腓骨外侧，介于腓肠肌和胫前肌之间. 起于股骨远端，止于跟骨. 收缩时能伸展小腿.

胫后肌：位于腓肠肌内侧前方. 起于胫腓骨内缘，止于距骨. 收缩时能伸足和弯足.

胫伸肌：位于胫前肌和胫后肌之间. 起于股骨远端，止于胫腓骨，收缩时能使小腿伸直.

4. 消化系统

沿腹中线从泄殖腔口开始一直剪到下颌基部，在腹部横向剪开，用大头针固定剪开的皮肤，在一侧口角剪开，观察下列结构(图 2-41)：

(1) 舌：肌肉质，其基部着生在下颌前端内侧，舌尖向后伸向咽部. 右手用镊子轻轻将舌从口腔内向外翻拉出，展平，可看到蛙的舌尖分叉(蟾蜍的舌尖钝圆，不分叉).

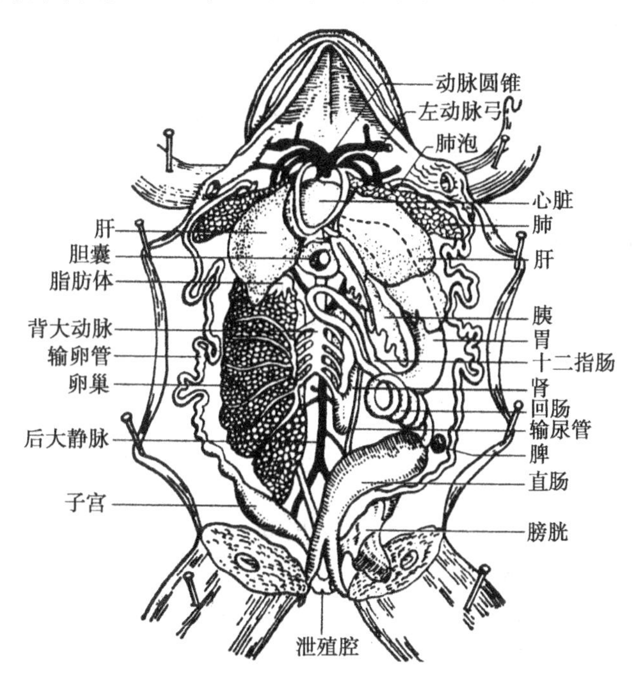

图 2-41 蛙的消化系统

(引自丁汉波. 脊椎动物学. 北京：高等教育出版社，1983)

(2) 内鼻孔：为一对椭圆形孔，位于口腔顶壁前端，通过短的鼻腔与外鼻孔相通，有通气功能.

(3) 齿：沿上颌边缘有一行细而尖的牙齿，齿尖向后，即颌齿(蟾蜍无齿)；在一对内鼻孔之间有两丛细齿，为犁齿(蟾蜍无齿). 齿主要有防止食物滑脱的功能.

(4) 耳咽管孔：为位于口腔顶壁两侧、颌角附近的一对大孔. 用镊子由此孔轻轻插入，可通到鼓膜.

(5) 声囊孔：雄蛙口腔底部两侧口角处，耳咽管孔稍前方，有一对小孔，即声囊孔(雄蟾蜍无此孔).

(6) 喉门：为舌尖后方、腹面、具有纵裂的圆形突起. 内有一对半圆形杓状软骨支持，两软骨间的纵裂为喉门，它是喉气管室在咽部的开口.

(7) 食管口：为位于喉门背侧、咽底的皱襞状开口.

(8) 食管：将心脏和左叶肝脏推向右侧，可见心脏背方有一乳白色短管与胃相连，此管即食管.

(9) 胃：为食管下端所连的一个弯曲的膨大囊状体，部分被肝脏遮盖. 胃与食管相连处，称贲门；胃与小肠交接处明显紧缩，变窄，为幽门. 胃内侧的小弯曲，称胃小弯；外侧的弯曲，称胃大弯；胃中间部，称胃底.

(10) 肠：可分小肠和大肠. 小肠自幽门后开始，向右前方伸出的一段为十二指肠；其后向右后方弯转并继而盘曲在体腔右下部，为回肠. 大肠接于回肠，膨大而陡直，又称直肠；直肠向后通泄殖腔，以泄殖腔孔开口于体外.

(11) 胰脏：为一淡红色或黄白色的腺体，位于胃和十二指肠间的弯曲处. 将肝、胃和十二指肠翻折向前方，即可看到胰脏的背面. 总输胆管穿过胰脏，并接受胰管通入. 但胰管细小，一般不易看到.

(12) 肝脏：红褐色，位于体腔前端、心脏的后方，由较大的左、右两叶和较小的中叶组成. 左右两叶之间有一绿色圆形小体，即胆囊. 胆汁经总输胆管进入十二指肠. 提起十二指肠，用手指挤压胆囊，可见有暗绿色胆汁经总输胆管进入十二指肠.

(13) 脾：在直肠前端的肠系膜上，有一红褐色球状物，即脾. 它是一淋巴器官，与消化无关.

5. 呼吸系统

蛙的呼吸为肺皮呼吸. 其皮肤保持湿润，有进行气体交换的功能；肺呼吸的器官有鼻腔、口腔、喉气管室和肺.

(1) 喉气管室：左手持镊轻轻将心脏后移，右手用钝头镊子自咽部喉门处通入，可见心脏背方一短粗略透明的管子，即喉气管室，其后端通入肺.

(2) 肺：为位于心脏两侧的一对粉红色、近椭圆形的薄壁囊状物. 剪开肺壁可见其内表面呈蜂窝状，密布微血管.（联系外、内鼻孔的位置，以及鼻瓣的开闭和口咽腔底壁的升降动作，想想蛙和蟾蜍是怎样进行咽式肺呼吸的.）

6. 泄殖系统

将消化管移向一侧，仔细观察以下结构（图 2-42，蛙和蟾蜍均为雌雄异体，观察时可互换不同性别的标本）：

(1) 泌尿系统

① 肾脏：为一对红褐色长而扁平的器官，位于体腔后部，紧贴背壁脊柱的两侧. 将其表面的腹腔膜剥离开，即清楚可见. 肾的腹缘有一条橙黄色的肾上腺，为内分泌腺体.

② 输尿管：为由两肾的外缘近后端发出的一对壁很薄的细管.

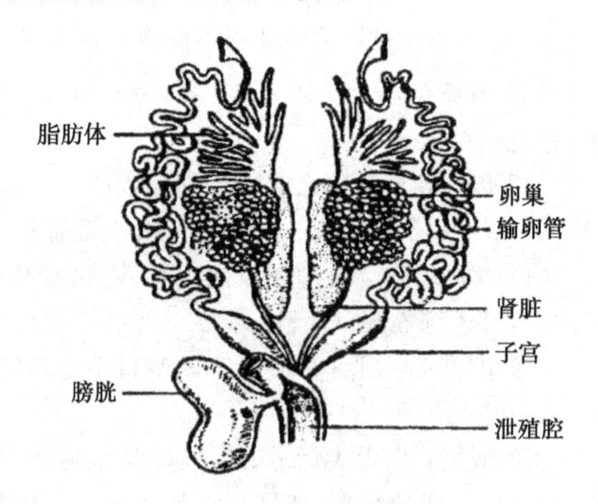

图 2-42　蛙泄殖系统

（引自丁汉波. 脊椎动物学. 北京：高等教育出版社，1983）

输尿管向后延伸，分别通入泄殖腔背壁(蟾蜍的左右输尿管末端合并成一总管后通入泄殖腔背壁).

③ 膀胱：为位于体腔后端腹面中央、连附于泄殖腔腹壁的两叶状薄壁囊.膀胱被尿液充盈时，其形状明显可见；当膀胱空虚时，用镊子将它放平展开，也可看到其形状.

④ 泄殖腔：两栖类动物以单一的泄殖腔孔开口于体外.输尿管与泄殖腔相通，泄殖腔与膀胱直接相通，尿液从输尿管进入泄殖腔，在泄殖腔壁的作用下，尿液进入膀胱，膀胱中的尿液经泄殖腔(孔)排出.

(2) 雄性生殖系统

① 精巢：1对，位于肾脏腹面内侧，近白色，卵圆形(蟾蜍的精巢多为长柱形)，其大小随个体和季节的不同而有差异.

② 输精小管和输精管：用镊子轻轻提起精巢，可见由精巢内侧发出的许多细管，即输精小管.它们通入肾脏前端，所以雄蛙(或蟾蜍)的输尿管兼有输精作用.

③ 脂肪体：为位于精巢前端的黄色指状体.其体积、大小在不同季节里变化很大.雄蟾蜍精巢前方有一对扁圆形的毕氏器，为退化的卵巢.在肾脏外侧各有一条细长管，为退化的输卵管.其前端渐细而封闭，后端左右合一，开口于泄殖腔.

(3) 雌性生殖系统

① 卵巢：1对，位于肾脏前端腹面，形状、大小因季节不同而变化很大.在生殖季节卵巢极度膨大，内有大量黑色卵，未成熟时呈淡黄色.

② 输卵管：为一对长而迂曲的管子，乳白色，位于输尿管外侧，以喇叭状开口于体腔.后端在接近泄殖腔处膨大成囊状，称为“子宫”.“子宫”开口于泄殖腔背壁(蟾蜍的左右“子宫”合并后，通入泄殖腔).

③ 脂肪体：1对，与雄性的相似，黄色，指状，临近冬眠季节时体积很大.雌蟾蜍的卵巢和脂肪体之间有橙色球形的毕氏器，为退化的精巢.

7. 循环系统

(1) 心脏及其周围血管：心脏位于体腔前端胸骨背面，被包在围心腔内，其后是红褐色的肝脏.在心脏腹面用镊子夹起半透明的围心膜并剪开，心脏便暴露出来.

从腹面观察心脏的外形及其周围血管(图2-43)：

① 心房：为心脏前部的两个壁薄、有皱襞的囊状体，左右各一.

② 心室：1个，圆锥形，心室尖向后.在两心房和心室交界处有明显的冠状沟，紧贴冠状沟有黄色脂肪体.

③ 动脉圆锥：为由心室腹面右上方发出的一条较粗的肌质管，色淡.其后端稍膨大，与心室相通；其前端分为两支，即左、右动脉干.

④ 静脉窦：用镊子轻轻提起心尖，将心脏翻向前方，观察心脏背面，可见一暗红色三角形的薄壁囊，即静脉窦.其左、右两个前角分别连接左、右前大静脉，后角

连接后大静脉.静脉窦开口于右心房.在静脉窦的前缘左侧，有很细的肺静脉注入左心房.

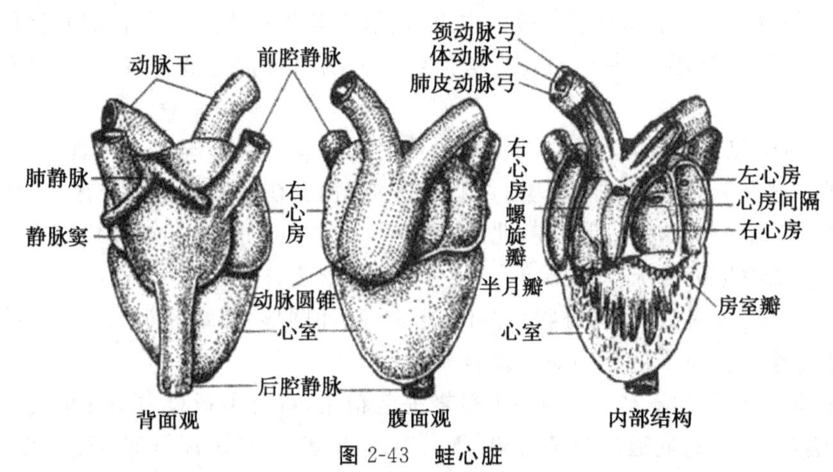

图 2-43 蛙心脏

(引自刘凌云等.普通动物学实验指导.北京：高等教育出版社，2000)

(2) 动脉系统：用镊子仔细剥离心脏前方左右动脉干周围的肌肉和结缔组织，可见左右动脉干，每侧的动脉干又分成三支，即颈动脉弓、体动脉弓和肺皮动脉弓(图 2-44A).

① 颈动脉弓及其分支：颈动脉弓是由动脉干发出的最前面的一支血管.沿血管走向，用镊子清除其周围的结缔组织，即可见此血管前行不远便分为外颈动脉和内颈动脉：外颈动脉由颈动脉内侧发出，较细，直伸向前，分布于下颌和口腔壁；内颈动脉为由颈动脉外侧发出的一支较粗的血管.其基部膨大成椭圆体，称颈动脉腺.

② 肺皮动脉弓：为由动脉干发出的最后面的一支动脉弓.它向背外侧斜行.仔细剥离其周围结缔组织，可见此动脉又分为粗细不等的两支：肺动脉较细，直达肺囊，再沿肺囊外缘分散成许多微血管，分布到肺壁上；皮动脉较粗，先向前伸，然后跨过肩部穿入背面，以微血管分布到体壁皮肤上.

③ 体动脉弓及其分支：体动脉弓是从动脉干发出的三支动脉中的中间一支，最粗.左右体动脉弓前行不远就环绕食管两旁转向背方，沿体壁后行到肾脏的前端，汇合成一条背大动脉.

(3) 静脉系统：静脉多与动脉并行，可分为肺静脉、体静脉和门静脉三部分进行观察(图 2-44B).

① 肺静脉：用镊子提起心尖，将心脏折向前方，可见左右肺的内侧各伸出一根细的静脉，右边的略长.在近左心房处，两支细静脉汇合成一支很短的总肺静脉，通入左心房.

② 体静脉：包括左右对称的一对前大静脉和一条后大静脉.将心脏折向前方，于心脏背面观察，可见位于心脏两侧，分别通入静脉窦左、右角的两支较粗的血管，

即左、右前大静脉;通入静脉窦后角的一支粗血管,即后大静脉.

③ 门静脉:包括肾门静脉和肝门静脉.它们分别接受来自后肢和消化器官的静脉,汇入肾脏和肝脏,并在肾脏和肝脏中分散成毛细血管.肾门静脉是位于左右肾脏外缘的一对静脉.沿一侧肾脏外缘向后追踪,可见此血管由来自后肢的两条静脉,即臀静脉和髂静脉汇合而成.髂静脉为股静脉的一个分支.将肝脏翻折向前,可见肝后面的肠系膜内有一条短而粗的血管入肝,此即肝门静脉.仔细向后分离追踪,可见此血管是由来自胃和胰的胃静脉、来自肠和系膜的肠静脉和来自脾脏的脾静脉汇合而成的.肝门静脉前行至肝脏附近与腹静脉合并入肝.

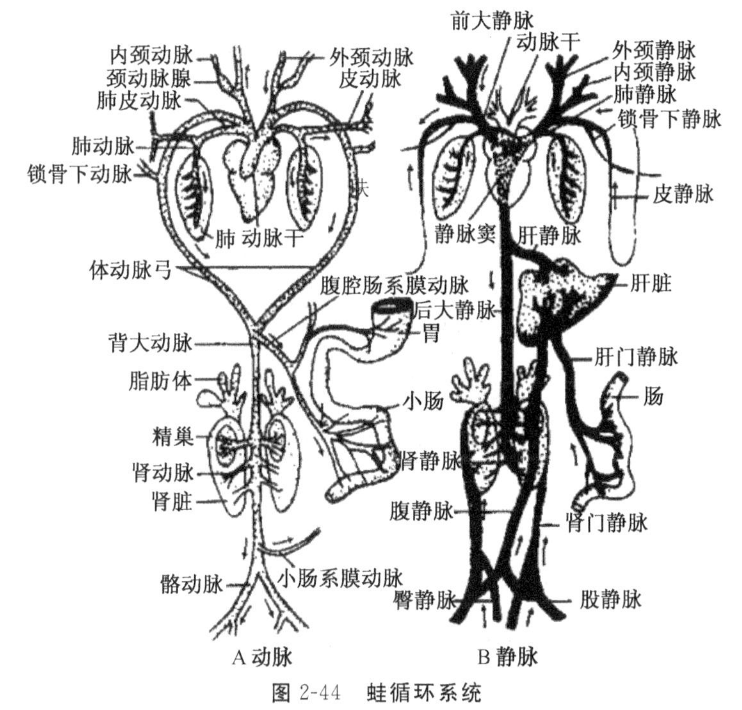

图 2-44 蛙循环系统

(引自武云飞等.水生脊椎动物学.北京:中国海洋大学出版社,2000)

8. 骨骼系统

蛙(或蟾蜍)的骨骼系统由中轴骨骼(包括头骨和脊柱)和附肢骨骼组成.取蛙(或蟾蜍)的整体骨骼标本、分散骨骼标本进行以下观察.

(1) 头骨:蛙(或蟾蜍)的头骨扁而宽,可分为脑颅和咽颅两部分.

1) 脑颅:中央狭长部分即脑颅,为容纳脑的地方.根据图 2-45 区分下列骨块:

外枕骨:1 对,位于最后方,左右环接,中贯枕骨大孔,每块外枕骨有一光滑圆形突起,称枕髁,与颈椎相关节.

前耳骨:1 对,位于两外枕骨的前侧方.

额顶骨:1 对,狭长,位于外枕骨前方,构成脑颅顶壁的主要部分.

鼻骨:1 对,位于额顶骨前方,略呈三角形,构成鼻腔的背壁.

蝶筛骨：位于鼻骨和额顶骨之间，构成颅腔的前壁.

副蝶骨：为脑颅腹面最大的一块扁骨，略呈"十"字形，其后缘与外枕骨相接，其前方是蝶筛骨.

犁骨：1对，位于鼻囊的腹面.蛙的每块犁骨腹面有一簇细齿，称犁骨齿(蟾蜍无犁骨齿).

2）咽颅：包括构成上下颌的骨骼及舌骨.

根据图2-45观察并区分下列骨块：

① 前颌骨：1对，形短小，位于上颌的最前端，其下缘生有齿(蟾蜍无前颌齿).

上颌骨：1对，形长而扁曲，前端与前颌骨相连，后端与方轭骨毗连，构成上颌外缘.每块骨的下表面凹陷成沟，沟的外边生有整齐的细齿，称颌齿(蟾蜍无颌齿).

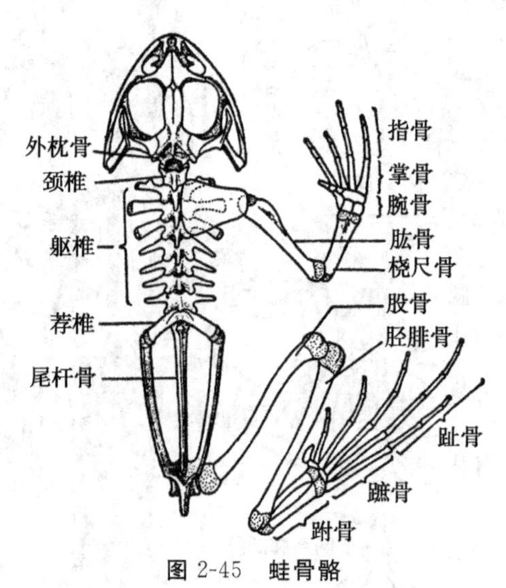

图2-45　蛙骨骼

(引自华中师范学院等.动物学.北京：高等教育出版社，1983)

方轭骨：1对，短小，位于上颌后端外缘的两旁，与上颌骨相连.其后端是一块尚未骨化的方软骨.

鳞骨：1对，位于前耳骨的两侧，呈"T"形.其主支向后侧方伸出，连接方轭骨的后端，其横支的后端连接前耳骨.

翼骨：1对，位于鳞骨下方，呈"人"字形.其前支与上颌骨的中段相邻接，后支和内支分别与方软骨、前耳骨相连.

腭骨：为一对横生细长的骨棒，位于头骨腹面.一端连蝶筛骨，另一端连上颌骨.

② 下颌骨

颐骨：1对，极小，位于颌前端.

麦克氏软骨：为一对棒形软骨，构成下颌之中轴.其后端变宽，形成关节面，与上颌的方轭骨相关节.但经制作的标本，此骨常不存在，只留下一纵形沟槽.

齿骨：1 对，长条形薄硬骨片，附于麦氏软骨前半段的外面.

隅骨：1 对，长大，包围麦氏软骨的内、下表面.前端与齿骨相连，后端变宽，延伸达下颌的关节.

③ 舌骨：位于口腔底部，为支持舌的一组骨片.由扁平近长方形的舌骨体和其前端的一对前角及后端的一对后角组成.

(2) 脊柱：蛙(或蟾蜍)的脊柱由 1 枚颈椎、7 枚躯干椎、1 枚荐椎和 1 个尾杆骨组成(图 2-46).

① 躯干椎包括以下结构：

椎体：脊椎骨腹面增厚的部分.其前端凹入，后端凸出，为前凹型椎体.前后相邻椎体凹凸两面互相关节.蛙最后一枚躯干椎的椎体为双凹型(蟾蜍每一躯椎的椎体都是前凹型).

椎孔：为椎体背面的一椭圆形孔.前后邻接椎骨的椎孔相连形成椎管，脊髓贯穿其中.

椎弓：为椎体背侧的一对弧形骨片，构成椎孔的顶壁和侧壁.

椎棘：椎弓背面正中的一细短突起.

横突：在椎弓基部和椎体交界处由椎体两侧向外突出的一对较长的突起.

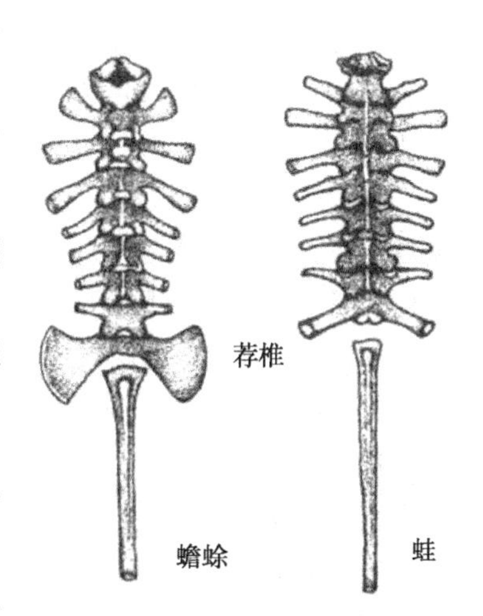

图 2-46　两栖动物的脊柱

关节突：2 对，为分别位于椎弓基部前、后缘的小突起.前面的关节面向前，称前关节突；后面的关节面向后，称后关节突.前一椎骨的后关节突与后一椎骨的前关节突相关节.

② 颈椎：为第 1 枚椎骨，也称寰椎.寰椎无横突和前关节面，其前面有 2 个卵圆形凹面，与头骨枕髁相关节.

③ 荐椎：具长而扁平的横突，向后伸展与髂骨的前端相关节.椎体后端有 2 个圆形小突起，与尾杆骨前端相关节.

④ 尾杆骨：指由若干尾椎骨愈合成的一细长棒状骨.其前端有 2 个凹面，与荐椎后方的两个突起相关节.

(3) 附肢骨骼

① 肩带：由上肩胛骨、肩胛骨、锁骨和乌喙骨等组成.

上肩胛骨：为位于肩背部的扁平骨.其后缘为软骨质.

肩胛骨：一端与上肩胛骨相连，另一端构成肩臼的背壁.

锁骨：位于腹面前方，细棒状.

乌喙骨：位于锁骨稍后方，为较粗大的棒状骨.其外端与肩胛骨共同构成肩臼，内端与上乌喙骨相连.

上乌喙骨：为位于左右乌喙骨和锁骨之间的一对细长形骨片，尚未完全骨化，在腹中线汇合，不能活动，称固胸型肩带(蟾蜍的左右上乌喙骨成弧状并互相重叠，可以活动，称弧胸型).

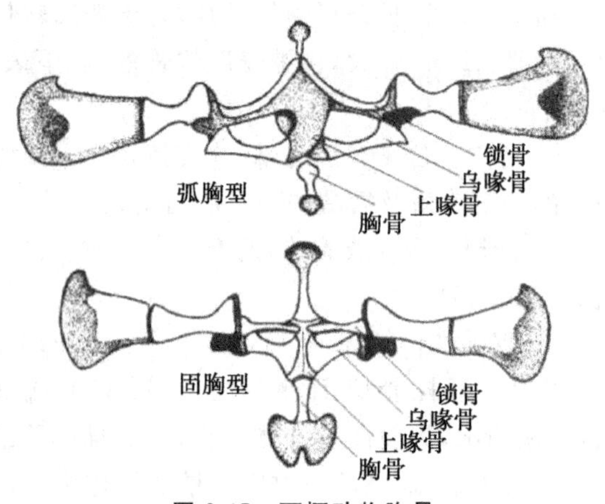

图 2-47　两栖动物胸骨

② 胸骨：位于胸部的腹中线上.蛙的胸骨由一系列骨块组成，并以上乌喙骨为界，分为两部分(图 2-47).蟾蜍仅具 1 块.

③ 前肢骨：构成前肢上臂、前臂、腕、掌、指等五部的骨块.

肱骨：为一根长棒状上臂骨.近端圆大，嵌入肩臼形成肩关节；远端与前臂的桡尺骨形成肘关节.

桡尺骨：为一根由尺骨和桡骨合并而成的长骨.骨干内外两面两骨愈合处各有一纵沟，尤以远端部分较明显.

腕骨：位于腕部的 6 枚不规则形小骨块，排成两列，每列 3 枚.

掌骨：掌部 5 根小骨，第一掌骨极短小，其余掌骨细长形，长度相近.

指骨：前肢四指分别关节于第二、三、四、五掌骨远端.第一、二指各有 2 枚指骨，第三、四指各有 3 枚指骨.

④ 腰带：由髂骨、坐骨和耻骨这三对骨构成(图 2-48).三骨愈合处的两外侧面各形成一凹窝，称髋臼.腰带的后部中间与尾杆骨相连.

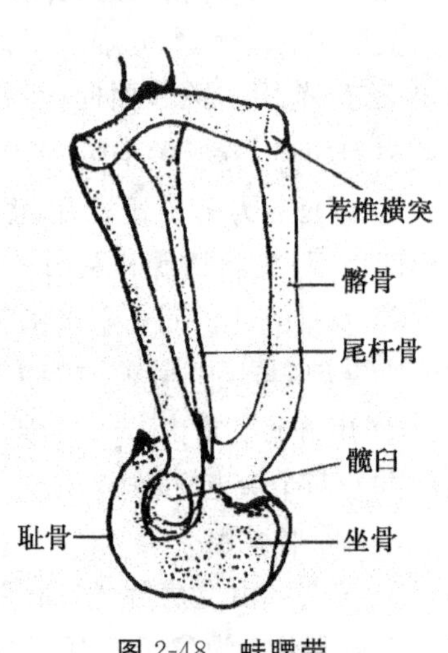

图 2-48　蛙腰带

髂骨：为一对长形骨，前端分别与荐椎的两个横突相连，后端与其他两骨愈合，构成髋臼的前壁和部分背壁.

坐骨：位于髂骨后方.左、右坐骨合并，构成髋臼的后壁和部分背壁.

耻骨：位于腰带后部的腹面，左、右耻骨愈合，构成髋臼的腹壁.

⑤ 后肢骨：构成后肢的股(大腿)、胫(小腿)、跗、跖、趾等五部的骨块.

股骨：为股部的一根长骨，其近端呈圆球状，称股骨头.股骨头嵌入髋臼构成髋关节，远端与胫腓骨相关节.

胫腓骨：为胫部的一根长骨.骨干内外两面中间各有一条浅纵沟，表明此骨系由胫、腓两骨合并而成.其近端与股骨形成膝关节，远端与跗骨相关节.

跗骨：5 枚，排成 2 列.与胫腓骨相关节的是一对短棒状骨，外侧的为腓跗骨

(跟骨),内侧的称胫跗骨(距骨),两骨上端愈合,下端相互靠拢.另3枚呈颗粒状,在跟骨、距骨和跖骨之间排成一横列.

跖骨:为联系跗骨和趾骨的五根长形骨,第四根最长.在第一跖骨内侧有一小钩状的距,又称前拇指.

趾骨:后肢五趾,第一、二趾有2枚趾骨,第三、五趾有3枚趾骨,第四趾有4枚趾骨.

[注意事项]

1. 观察循环系统前要谨慎,避免损坏血管.

2. 按照顺序解剖.

[实验报告]

1. 绘出蛙(或蟾蜍)循环系统的简图,并注明各部位的名称.

2. 根据解剖观察,绘制蛙(或蟾蜍)泄殖系统结构图,注明各器官的名称.

[思考题]

1. 根据实验观察,比较蛙(或蟾蜍)和鲤鱼(或鲫鱼)消化、呼吸、泄殖系统结构的异同点.

2. 为什么说两栖动物的血液循环属于不完全双循环?

3. 小结蛙(或蟾蜍)对陆生生活的初步适应及其不完善性.

4. 试述蛙(或蟾蜍)由小肠吸收的营养物质依次经过哪些血管运送到头部.

实验三十三 家鸽(或家鸡)的外形和解剖

鸟纲动物是一支适合空中飞行生活的特化的高等脊椎动物,具有很多进步特征:具有发达的神经系统和感觉器官;具有完全的双循环,因而具有高而恒定的体温,恒温的出现不仅标志着动物机能结构进入更高一级水平,还标志着代谢水平的提高,从而减少了对外界环境的依赖性,扩展了地理分布范围;具有更完善的繁殖方式——筑巢、孵卵和育雏,保证了后代高成活率;身体呈纺缍形,被羽毛;后腿有角质鳞片,趾端具爪;皮肤缺乏腺体;前肢特化为翼,适于飞行生活;后足四趾,拇趾向后;具开放式骨盘;骨骼有愈合现象,具充气性,薄而轻;现代鸟类无齿,有喙;心脏四腔,即左、右心房和左、右心室;具右侧动脉弓,完全的双循环;有气囊,行双重呼吸.

鸟类具有很大的经济意义.大多数鸟类能捕食农林害虫,猛禽是啮齿动物的天敌,起着消灭森林、草原、农田里的害虫、害鼠的作用.许多鸟类的肉、羽可供利用.少数鸟类在不同程度上对农林有害,还可能传播某些疾病.

[实验目的]

1. 通过对家鸽(或家鸡)外形、骨骼及解剖结构的观察,认识鸟类各系统的基本结构及其适应于飞翔生活的主要特征.

2. 学习解剖鸟类的方法.

［实验材料与器具］

1. 家鸽(或家鸡)整体骨骼标本、活家鸽(或家鸡、鹌鹑).

2. 钟形罩、乙醚、解剖盘、骨剪、注射器、剪刀和镊子等.

［实验方法］

本实验以解剖操作为重点.

1. 骨骼系统(图 2-49)的观察

以了解鸟类适应飞翔生活的大体结构为主,对于头骨等局部的骨块数目和名称不要求记忆.

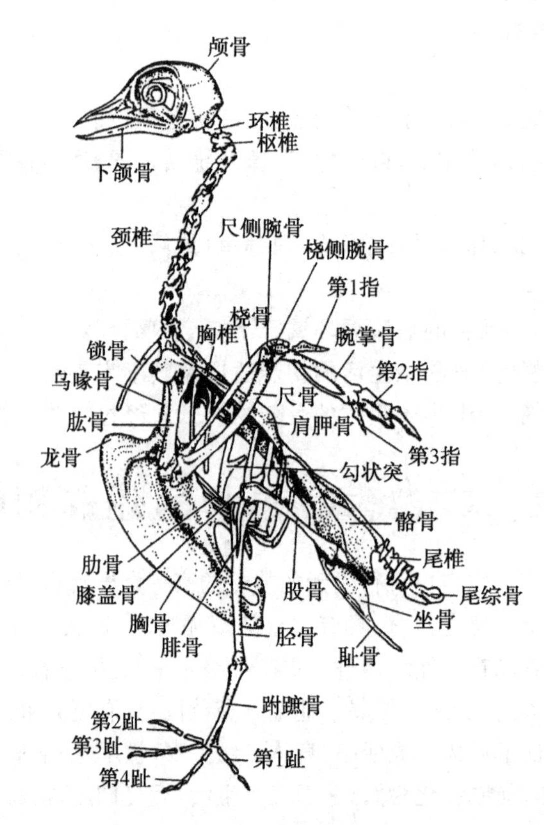

图 2-49　鸟类的骨骼系统

(引自刘凌云等.普通动物学.北京:高等教育出版社,2000)

(1) 脊柱:区分颈椎、胸椎、腰椎、荐椎和尾椎.除颈椎及尾椎外,鸟类的大部分椎骨已愈合在一起,使其背部成为结合紧密的愈合骨,从而便于飞翔.

① 颈椎:14 枚(家鸡为 16～17 枚),彼此分离.第一、二颈椎特化为寰椎与枢椎.取单个颈椎(寰椎与枢椎除外)观察椎体与椎体之间的关节面,看看其上面和侧面有何不同;观察鸟类的颈椎为何种形状,有何功能.

② 胸椎:5 枚胸椎互相愈合,每一胸椎与一对肋骨相关节.(思考:鸟类的肋骨与鱼类的相比有何区别?)

③ 愈合荐骨(综荐骨):由胸椎(1 枚)、腰椎(5~6 枚)、荐椎(2 枚)、尾椎(5 枚)愈合而成.

④ 尾椎:在愈合荐骨的后方有 6 枚比较分离的尾椎骨.

⑤ 尾综骨:位于脊柱的末端,由 4 枚尾椎骨愈合而成.

(2) 头骨:鸟类头部的骨骼多由薄而轻的骨片组成,骨片间几乎无缝可寻,不必细分.

(3) 肩带、前肢及胸骨

① 肩带:由肩胛骨、乌喙骨及锁骨组成,非常健壮,分为左、右两部,在腹面与胸骨连接.

② 前肢:辨认肱骨、尺骨、桡骨、腕骨等骨骼的形状和结构,注意其腕掌骨合并及指骨退化的特点.

③ 胸骨:为躯干部前方正中宽阔的骨片,腹中央有一纵行的龙骨突起.

(4) 腰带及后肢

① 腰带:腰带由髂骨、耻骨、坐骨构成,构成开放型骨盆.

② 后肢:辨认后肢骨,注意胫骨与跗骨合并成胫跗骨.跗骨与跖骨合并成跗跖骨.两骨间的关节为跗间关节.注意趾骨的排列情况.

2. 家鸽(或家鸡)的内部解剖

将家鸽(或家鸡)用乙醚麻醉致死,或窒息致死.

外形观察:家鸽(或家鸡)具有纺锤形的躯体,全身分头、颈、躯干、尾和附肢五部分.除喙及跗跖部具角质覆盖物以外,全身被覆羽毛.观察喙、外鼻孔、眼、外耳孔等头部结构.前肢特化为翼.翼上着生飞羽,分初级飞羽、次级飞羽和三级飞羽,飞羽的数目有种的特异性.在尾的背面有尾脂腺,这是唯一的皮肤腺.

用水打湿羽毛(可用热水),然后小心拔下(在拔颈部的羽毛时要特别小心,每次不要超过 2~3 枚,要顺着羽毛方向拔,拔时以手按住颈部的薄皮肤,以免将皮肤撕破).把拔去羽毛的实验鸟放于解剖盘里,观察区分正羽、绒羽和纤羽.并注意羽毛的着生,区分羽区与裸区.

沿着龙骨突起切开皮肤.切口前至嘴基,后至泄殖腔.用解剖刀钝端分开皮肤,当剥离至嗉囊处时要特别小心,以免造成破损.

沿着龙骨的两侧及叉骨的边缘,小心切开胸大肌.留下肱骨上端肌肉的止点处,下面露出的肌肉是胸小肌.用同样方法把它切开,试牵动这些肌肉,了解其机能.然后沿着胸骨与肋骨相连的地方用骨剪剪断肋骨,将乌喙骨与叉骨联结处用骨剪剪断.将胸骨与乌喙骨等一同揭去,即可看到内脏的自然位置.

(1) 消化系统

① 消化管:包括口腔、食管、胃、十二指肠、小肠、直肠(大肠)等器官.

口腔:剪开口角进行观察.上下颌的边缘生有角质喙.舌位于口腔内,前端呈箭头状.在口腔顶部的两个纵走的黏膜褶襞中间有内鼻孔.口腔后部为咽部.

食管：沿颈的腹面左侧下行，在颈的基部膨大成嗉囊．嗉囊可贮存、软化食物．

胃：由腺胃和肌胃组成．腺胃又称前胃，上端与嗉囊相连，呈长纺锤形．剪开腺胃观察内壁上丰富的消化腺．肌胃又称砂囊，剖开肌胃，胃壁厚硬，内壁覆有硬的角质膜，呈黄绿色，俗称鸡内金．肌胃内藏砂粒，用以磨碎食物．

十二指肠：紧接肌胃，呈“U”形弯曲（此处有胰腺着生）．找寻胆管和胰管的入口．

小肠：细长，盘曲于腹腔内，最后与短的直肠连接．

直肠（大肠）：短而直，末端开口于泄殖腔．在其与小肠的交界处，有一对豆状的盲肠．鸟类的大肠较短，不能贮存粪便．

② 消化腺：注意观察家鸽（或家鸡）的肝脏共有几叶．家鸽不具胆囊．在肝脏的右叶背面有一深的凹陷，自此处伸出两支胆管注入十二指肠．

（2）呼吸系统（图 2-50）

外鼻孔：开口于上喙基部（家鸽位于蜡膜的前下方）．

内鼻孔：位于口顶中央的纵走沟内．

喉：位于舌根之后，中央的纵裂为喉门．

气管：一般与颈同长，以完整的软骨环支持．在左、右气管分叉处有一较膨大的鸣管，是鸟类特有的发声器官．

肺：左右两叶，位于胸腔的背方，为一对弹性较小的实心海绵状器官．

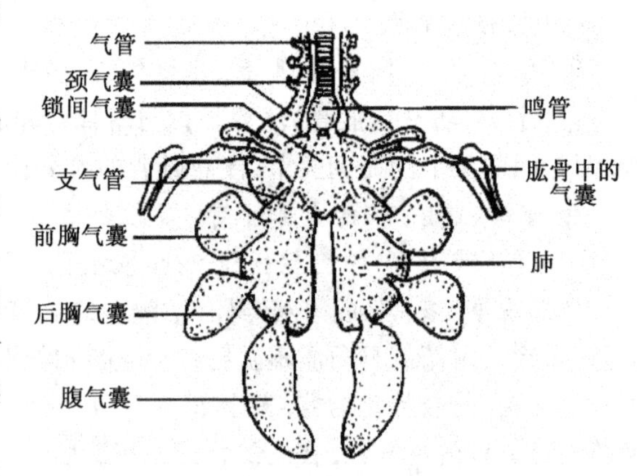

图 2-50　鸟类的呼吸系统
（引自丁汉波．脊椎动物学．北京：高等教育出版社，1983）

气囊：为与肺连接的数对膜状囊，分布于颈、胸、腹和骨骼的内部（可在打开腹腔时，通过向气管内吹气观察到）．

（3）循环系统（图 2-51、2-52）

① 心脏：位于躯体的中线上，体积很大．用镊子拉起心包膜，然后以小剪刀纵向剪开，观察心脏各部分结构．鸟的心脏体积很大，并分化成四室．静脉窦退化．

② 动脉：靠近心脏的基部，把余下的心包膜、结缔组织和脂肪清理出去，暴露出来的两条较大的灰白色血管，即无名动脉．无名动脉分出颈动脉、锁骨下动脉、肱动脉和胸动脉，分别进入颈部、前肢和胸部（锁骨下动脉为无名动脉的直接延续）．

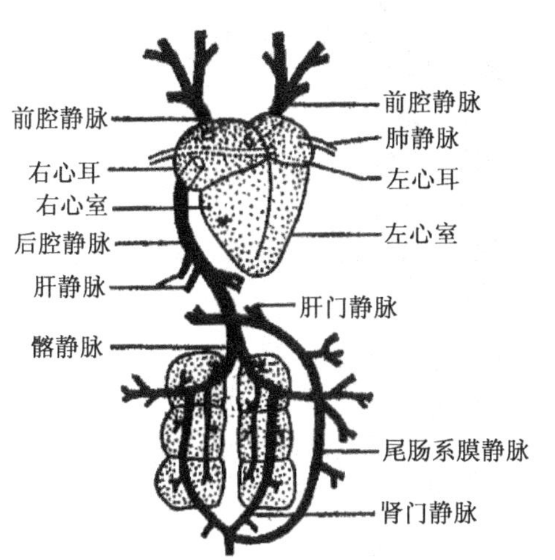

图 2-51 鸟类的心脏和静脉系统

(引自丁汉波.脊椎动物学.北京:高等教育出版社,1983)

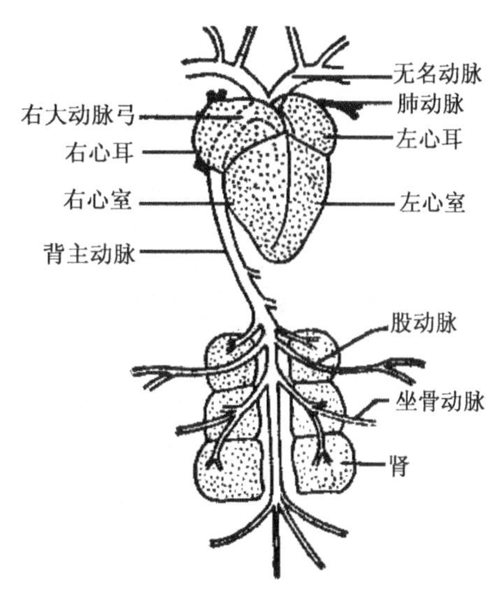

图 2-52 鸟类的心脏和动脉系统

(引自丁汉波.脊椎动物学.北京:高等教育出版社,1983)

③ 静脉:在左右心房的前方可见到两条粗而短的静脉干,为前大静脉.前大静脉由颈静脉、肱静脉和胸静脉汇合而成.这些静脉差不多与同名的动脉相平行,因而容易看到.将心脏翻向前方,可见一条粗大的血管由肝脏的右叶前缘通至右心房,这就是后大静脉.

(4) 泌尿生殖系统

① 排泄系统

肾脏:紫褐色,左右成对,各分 3 叶,贴近于体腔背壁.

输尿管:沿体腔腹面下行,通入泄殖腔.鸟类不具膀胱.

泄殖腔:将泄殖腔剪开,可见到腔内具 2 条横褶,将泄殖腔分为 3 室:前面较大的为粪道,直肠即开口于此;中间为泄殖道,输精管(或输卵管)及输尿管开口于此;最后为肛道.

② 生殖系统(图 2-53)

雄性:具成对的白色睾丸.从睾丸伸出输精管,与输尿管平行进入泄殖腔.多数鸟类不具外生殖器.

雌性:右侧卵巢退化;左侧卵巢内充满卵泡.有发达的输卵管.输卵管前端借喇叭口通体腔;后方弯曲处的内壁富有腺体,可分泌蛋白并形成卵壳;末端短而宽,开口于泄殖腔.

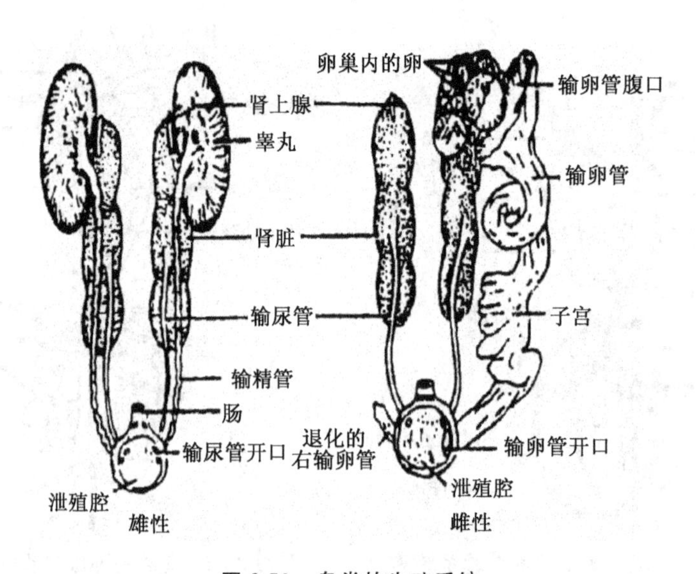

图 2-53　鸟类的生殖系统

(引自丁汉波.脊椎动物学.北京:高等教育出版社,1983)

(5) 神经系统

把家鸽头部羽毛拔去,用手术剪剪开头部骨骼(由于充气,容易剪开),露出脑部结构(图 2-54、2-55).

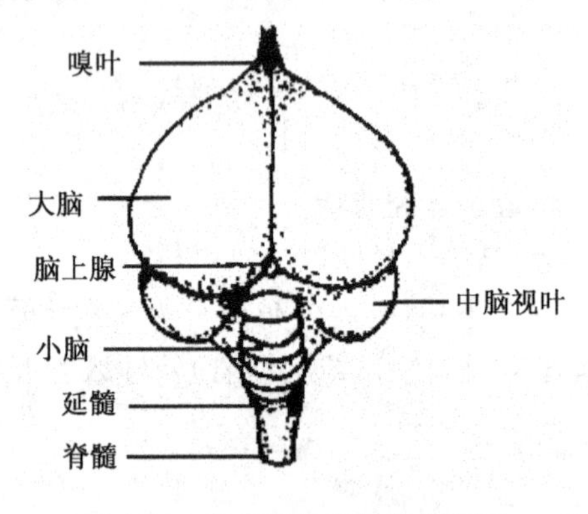

图 2-54　鸟类的脑部结构(背面)

(引自丁汉波.脊椎动物学.北京:高等教育出版社,1983)

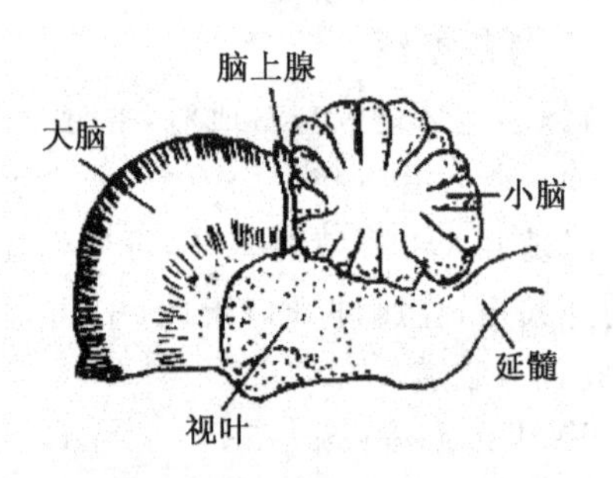

图 2-55　鸟类的脑部结构(侧面)

(引自丁汉波.脊椎动物学.北京:高等教育出版社,1983)

按下列顺序观察:

① 大脑:脑的前端有一对不发达的椭圆形小体,即为嗅叶.嗅叶后面是发达的大脑半球,表面光滑无皱褶.

② 间脑:将大脑半球向两旁分开,下方有圆形的隆起,即为间脑.

③ 中脑:两侧突出,形成两个圆形的视叶,位于大脑半球后下方的两侧,其体积大于间脑.

④ 小脑：鸟类的小脑发达，前接大脑半球．小脑表面有平行的横纹沟，称蚓部．蚓部两侧的突起，称小脑卷．

⑤ 延脑：位于小脑之后．延脑后端急剧向下弯曲，与脊髓相接．

［注意事项］

1．拔毛时要小心，每次拔少量，避免撕破皮肤．

2．嗉囊与皮肤紧贴，分离时要格外小心，避免撕破．

［实验报告］

1．绘制正羽的基本结构图．

2．绘制家鸽消化系统结构图．

［思考题］

1．鸟类振翅运动的肌肉主要有哪些？其功能是什么？

2．鸟类有多少气囊，主要分布在什么地方？有何功能？

3．试述鸟类在骨骼系统上有哪些适应飞翔生活的特点．

实验三十四　兔的外形和解剖

哺乳纲动物是脊椎动物躯体结构、功能和行为最为复杂的一个高等动物类群．这类动物具有比鸟类更发达的神经系统和感觉器官，能协调复杂的机能活动和适应多变的环境条件；出现口腔咀嚼功能，食物在口腔内即开始消化，提高了对食物的摄取；具有恒定的体温，减少对环境的依赖性；具有发达的运动器官，提高了在陆上快速运动的能力；胎生、哺乳保证了后代有较高的成活率，这是哺乳类在生存斗争中优于其他动物类群的一个重要方面．

这些进步特性使哺乳类能够广泛适应陆栖、穴居、飞行和水栖等多种环境条件，分布几乎遍布全球．哺乳类现有 4 000 种，分为原兽亚纲（如鸭嘴）、后兽亚纲（如大袋鼠）和真兽亚纲．

兔属于哺乳动物纲兔形目．

［实验目的］

1．通过对家兔外形及解剖结构的观察，掌握哺乳动物的主要特征．

2．认识哺乳类骨骼系统适应陆生的进步性特征．

［实验材料与器具］

1．兔的整架骨骼标本及零散骨骼标本、家兔．

2．注射器、解剖器械、放大镜．

［实验方法］

1．外形与骨骼观察

观察兔的整架骨骼标本，区分其中轴骨骼、带骨及四肢骨骼，了解其基本组成和大致的部位．然后再仔细辨认各部分的主要骨骼，并掌握其重要的适应性特征．

注意保护骨骼标本，不要在骨缝等处划记；不要损坏自然的骨块间的联结.

(1) 外形观察

兔体表被毛.毛有三种类型，即针毛、绒毛和触毛.针毛稀而粗长，具有毛向；绒毛细短而密，没有毛向；触毛或称须，着生在嘴边，长而硬，有感觉功能.

兔的身体分为头、颈、躯干和尾四部分.仔细辨别各个部位的有关结构.

(2) 骨骼系统(见实验四十一)

2. 解剖与内部观察

将兔置于解剖盘内或实验室的地面上，在耳缘静脉处插入针头，注射 20mL 空气，几分钟内兔即死亡.注意从耳缘静脉的远端开始注射.

将处死的兔仰置于解剖台上.用线绳固定四肢，用棉花蘸清水润湿腹部的毛，沿腹中线自后向前把皮肤剪开，至下颌底为止.然后从颈部将皮肤向左、右横向剪至耳廓基部.按下列顺序进行观察：

(1) 消化系统

① 唾液腺：兔有四对唾液腺(图 2-56)，即腮腺(耳下腺)、颌下腺、舌下腺和眶下腺.腮腺(耳下腺)位于耳壳基部的腹前方，紧贴皮下，剥开皮肤即可看见.腮腺为不规则的淡红色腺体，形状不规则，其腺管开口于口腔底部(不必寻找).颌下腺位于下颌后部腹面两侧，为一对卵圆形的腺体，其腺管开口于口腔底部 (不必寻找).舌下腺位于左、右颌下腺的外上方，形小，淡黄色.将附近淋巴结(圆形)移开，即可看到近于圆形的舌下腺.由腺体的内侧伸出一对舌下腺管，伴行舌下腺管开口于口腔底.眶下腺位于眼窝底部前下方，呈粉红色.

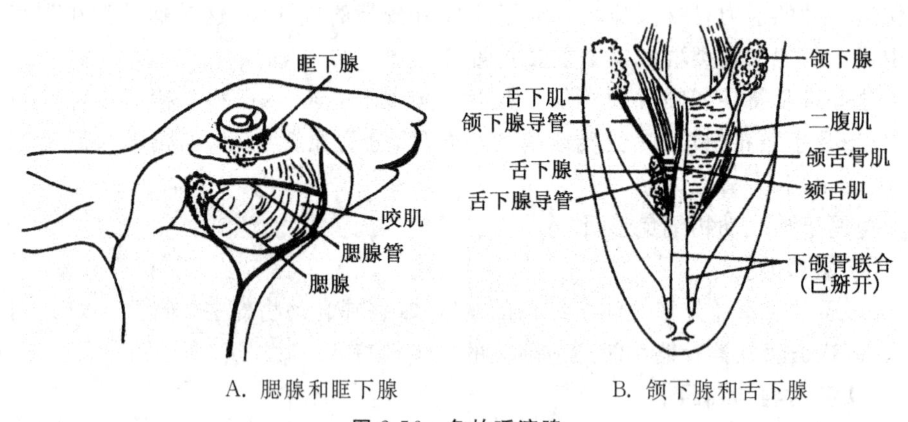

A. 腮腺和眶下腺　　B. 颌下腺和舌下腺

图 2-56　兔的唾液腺

② 口腔：沿口角将颊部剪开，清除一侧的咀嚼肌，并用骨剪剪开该侧的下颌骨与头骨的关节，即可将口腔全部揭开.

观察舌、牙齿等结构.舌的表面有许多小乳头，其上有味蕾；舌的基部有一单个的轮廓乳头.口腔最前端有两对长而呈凿状的牙，为门牙；后面各有三对短而宽且具有磨面的前臼齿和臼齿(写出兔的齿式).

在口腔顶部的前端，用手可摸到硬腭；后端则为软腭．硬腭与软腭构成鼻通路．

③ 消化管和消化腺：消化管包括食管、胃、脾和肠管，消化腺包括唾液腺、肝脏和胰脏(图 2-57)．

食管位于气管背面，由咽部后行伸入胸腔，穿过横膈膜进入腹腔与胃连接．胃为一扩大的囊，一部分为肝脏所遮盖．食管开口于胃的中部．胃与食管相连处为贲门，与十二指肠相连处为幽门．在胃的左下方有一深红色的条状腺体，为脾脏，属淋巴腺体．肠管的前端细而盘旋的部分为小肠，后段为大肠．小肠又分为十二指肠、空肠和回肠；大肠则分结肠和直肠．小肠和大肠交界处有盲肠．草食性动物的盲肠较发达，肉食性动物则退化．结肠分为升结肠、横结肠和降结肠三部，按其自然位置即可区别．大肠的最后端为很短的直肠，直肠开口于肛门．

肝脏为体内最大的消化腺体，呈深红色．兔肝右中叶的背侧有胆囊，贮藏肝脏分泌的胆汁，胆汁沿胆管进入十二指肠．

胰脏散在于十二指肠的弯曲处，为一淡黄色腺体．有一条(大白鼠有数条)胰腺管开口于十二指肠．

(2) 呼吸系统

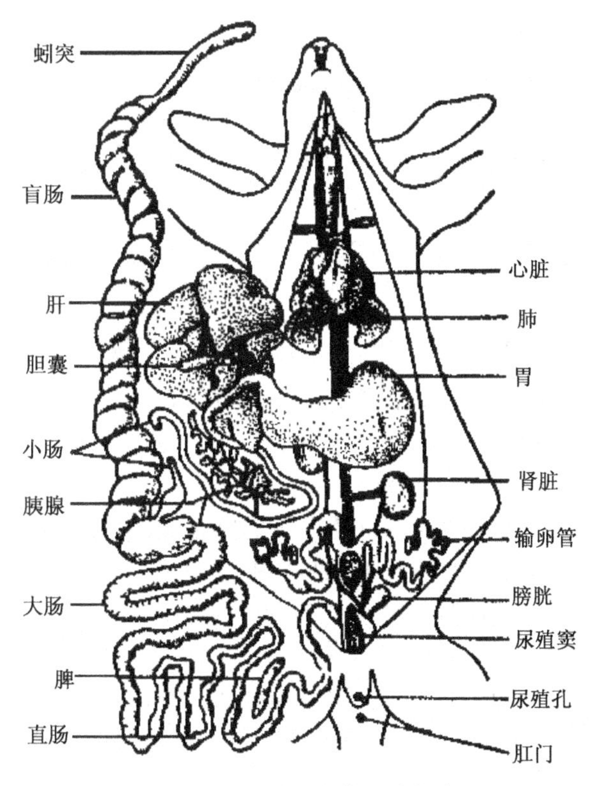

图 2-57 兔的消化管和消化腺

(引自丁汉波．脊椎动物学．北京：高等教育出版社，1983)

剪开颈部后面的肌肉，并打开胸腔．用骨剪剪开肋骨，除去胸骨，即可观察胸腔的内部构造．

① 喉头：见咽喉部观察．

② 气管：由喉头向后延伸的气管，管壁由许多软骨环支持，软骨环的背面不完整，紧贴着食管．气管向后伸分成二支进入肺．在环状软骨的两侧各有一扁平椭圆形的腺体，为甲状腺．

③ 肺：气管进入胸腔后，分成二支入肺．每支与肺的基部相连．肺为海绵状器官，位于心脏两侧的胸腔内．

（3）泄殖系统

① 排泄系统：由肾脏、输尿管、膀胱等结构组成．肾为紫红色的豆状结构．左、右肾脏发出白色的输尿管连于膀胱．尿液经膀胱入尿道，直接排出体外．剪取一侧肾脏，沿侧面剖开，用水冲洗后观察，区分皮质、髓质、肾盂等结构．

② 生殖系统：雌、雄标本可于解剖之后交互观察（图 2-58、2-59）．

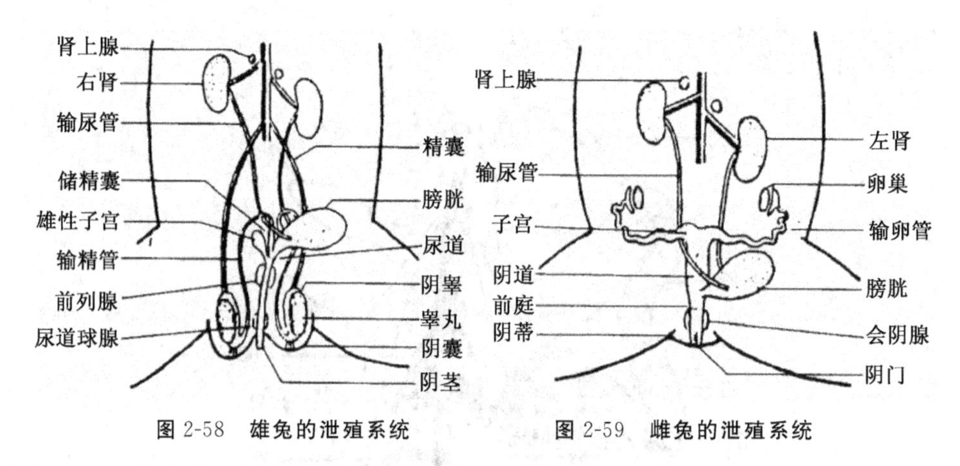

图 2-58 雄兔的泄殖系统　　图 2-59 雌兔的泄殖系统

雄性：睾丸为一对白色的卵圆形器官，在繁殖期下降到阴囊中，非繁殖期则缩入腹腔内．在睾丸端部的盘旋管状构造为副睾．由副睾伸出的白色管即为输精管．输精管经膀胱后面进入阴茎而通体外．

雌性：在肾脏上方的紫黄色带有颗粒状突起的腺体为卵巢．卵巢外侧各有一条细的输卵管．输卵管藉端部的喇叭口开口于腹腔．输卵管下端膨大部分为子宫．有的标本可见子宫内有小胚胎或已被吸收的“子宫斑”（紫色斑点）．两侧子宫结合成“V”字形，经阴道开口于体外．

（思考：雌性与雄性的肛门、尿道和生殖孔的开口各有何不同？）

（4）循环系统

① 与心脏相连的大血管：将心脏包膜剪开，提起心脏，观察周围的大血管（图 2-60）．

大动脉弓：为粗大的血管，由左心室伸出，向前转至左侧而折向后方．

肺动脉：由右心室发出，随后即分为二支，分别进入左、右肺(在心脏的背侧可看到).

肺静脉：分为左、右两大支，由肺伸出，由背侧入左心房.

左右前大静脉、后大静脉：共同进入右心房.

② 心脏的结构：将心脏周围的血管剪断(务必留一段血管，使其连于心脏上，以便观察心脏与血管连接的情况). 将离体心脏在水中洗净后，观察心脏的四个腔，辨认左右心房和左右心室.(左心室和右心室有什么不同? 为什么在哺乳类动物的心脏中，血液没有混合现象?)

③ 动脉：大动脉弓由左心室发出. 大动脉弓分出 3 支大动脉管，最右侧的为无名动脉，中间的为左颈总动脉，最左侧的为左锁骨下动脉(图 2-61).

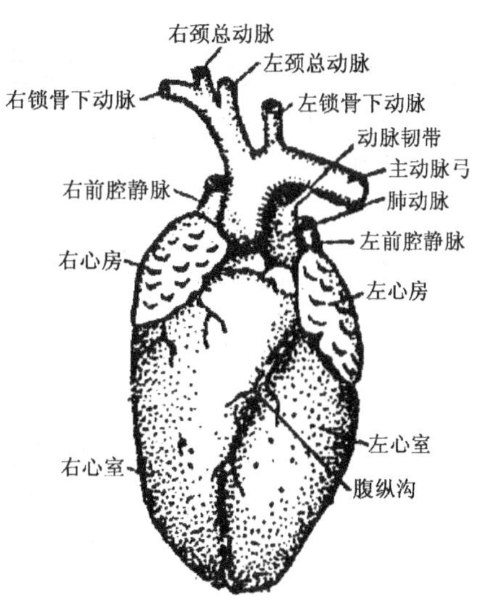

图 2-60 心脏及其周围的大血管

(引自杨安峰. 脊椎动物学. 北京：北京大学出版社，1992)

④ 静脉：兔回心血管主要有右前大静脉、左前大静脉和后大静脉. 此外，特殊的静脉血管还有肝门静脉(图 2-61).

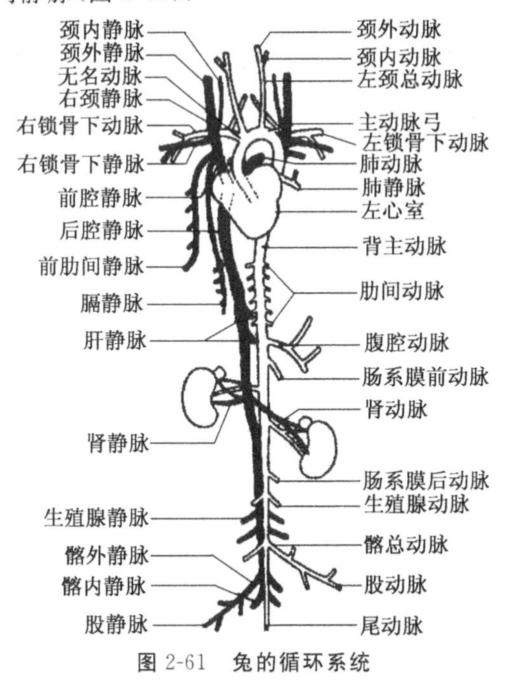

图 2-61 兔的循环系统

(引自丁汉波. 脊椎动物学. 北京：高等教育出版社，1983)

（5）神经系统

用颅骨钻在头顶打孔，再用骨钳将头顶颅骨的各骨片细心地剪下来，再将颅侧及枕部等骨也取下来，观察脑的背面（图 2-62A）.

① 嗅叶：位于大脑最前端，向前发出嗅神经.

② 大脑半球：占全脑的大部分，其表面没有皱褶. 两大脑半球之间有一纵裂，在纵裂的后端可看到由间脑发出的松果体. 将大脑半球沿中纵裂稍分开，可见连于二者之间的松果体.

③ 中脑：大部分被大脑遮盖，将大脑与小脑相接处轻轻分开，可见中脑，包含四个丘状隆起，即四叠体.

④ 小脑：紧接大脑之后，可分为三部分，即中间的小脑脚部和两侧的小脑侧叶.

⑤ 延脑：将小脑稍提起，即可见到延脑背壁的后脉络丛，其下为第四脑室. 脑的腹面由前向后发出 12 对脑神经（图 2-62B）. 延脑之后即为脊髓.

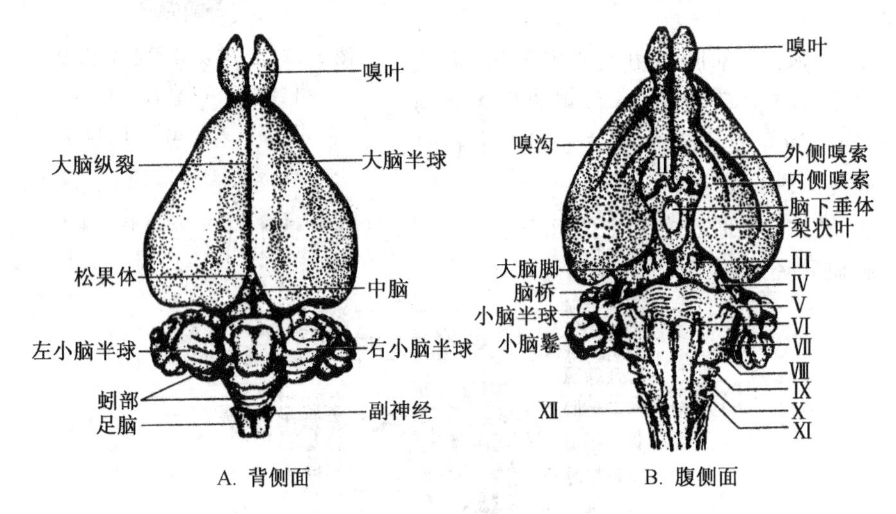

图 2-62 兔脑的结构

（引自黄诗笺等. 动物生物学实验指导. 北京：高等教育出版社，2006）

［注意事项］

1. 剪毛前要将毛打湿，避免到处乱飞.
2. 用颅骨钻钻孔时切勿用力过猛，以免破坏脑组织.

［实验报告］

绘制兔的一枚胸椎的基本结构图.

［思考题］

1. 次生腭是由哪些骨组成的？它的出现有何重要意义？
2. 哺乳动物的消化、排泄和生殖系统有何进步特征？
3. 颧弓由哪些骨组成？它有什么功能？
4. 哺乳动物在骨骼系统上有哪些适应陆地快速运动的特征？

第七章 微生物学形态实验

实验三十五 细菌形态结构的观察

细菌个体微小且无色透明,对光线的吸收和反射与水溶液的差别不大,直接在显微镜下观察不易看清它们的真面目.对细菌进行染色,可以增加反差,显现细菌的一般结构和特殊结构.染色技术是微生物学形态学研究的重要手段,可分为简单染色、鉴别染色和特殊染色三种类型.

简单染色是指采用一种染料使细菌着色的染色方法.微生物细胞含有蛋白质、核酸等两性电解质.细菌的等电点pI为2～5,因此在中性、碱性和偏酸性溶液中,菌体一般带负电荷.碱性染料电离后带正电荷,可与菌体内的负电荷结合,所以在细菌学研究中大多采用碱性染料进行染色.常用的碱性染料有复红、蕃红、结晶紫、孔雀绿、美蓝等.

细菌经简单染色后,只能观察其大小、形状和细胞排列方式,不能鉴别细菌,也不能观察细菌的特殊结构.为此,微生物工作者创建了复合染色法.

细菌芽孢含水量少,脂肪含量高,芽孢壁较厚,对染料的渗透性差,不容易着色.但是,一旦着色,则较难脱色.根据芽孢和菌体对染料亲和力的差异,先用一种弱碱性染料孔雀绿,在加热的条件下使芽孢着色;再用自来水冲洗,菌体中的孔雀绿易被洗掉,而芽孢中的孔雀绿则难以溶出;最后用碱性石炭酸复红复染,菌体被染成红色,而芽孢则呈绿色.

[实验目的]

1. 学习细菌涂片的基本技术.
2. 熟练掌握显微镜油镜的使用技术.
3. 掌握细菌简单染色法.
4. 掌握细菌芽孢染色法.

[实验材料与器具]

1. 菌种

金黄色葡萄球菌、枯草芽孢杆菌、大肠杆菌的斜面菌种.

2. 器具

显微镜、香柏油、二甲苯、孔雀绿、无菌水、擦镜纸、接种环、酒精灯、载玻片、盖玻片、吸水纸、小滴管等.

[实验方法和步骤]

1. 简单染色法

(1) 涂片：用吸管取一小滴无菌水置于干净的载玻片中央，将接种环在酒精灯上烧红，待冷却后从斜面挑取少量菌体，与载玻片上的水滴充分混匀，在载玻片上涂成一均匀的薄层.

(2) 干燥：将涂片于室温下自然干燥.(可省略)

(3) 固定：手执载玻片一端，使涂菌的一面向上，将载玻片通过微火 2～3 次(图 2-63). 在火上固定时，用手摸涂片的反面，以不烫手为宜. 待载玻片冷却后，再进行染色.

(4) 染色：将涂片置于平台上，滴加复红染色液覆盖于涂菌处，染色 1 min 左右.

(5) 水洗：倾去染色液，斜置载玻片，用自来水的细水流由载玻片上端流下(不得直接冲在涂菌处)，直至从载玻片上流下的水中无染色液的颜色为止(图 2-64).

图 2-63　固定

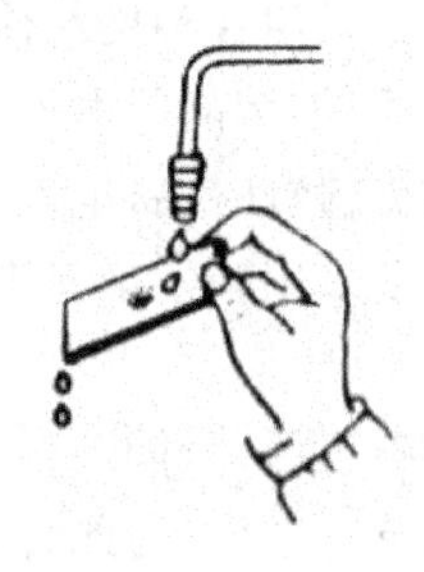

图 2-64　水洗

(6) 干燥：自然晾干或在火焰上方通过.

(7) 镜检：先用低倍镜和高倍镜观察，然后将典型部位移至视野中央，用油镜观察.

(8) 绘图：绘出所观察到的几种细菌的形态图，注明菌名和放大倍数.

2. 芽孢染色法

(1) 涂片：取枯草芽孢杆菌作涂片，并干燥、固定.

(2) 加染色液：于载玻片上滴 2～3 滴孔雀绿染液.

(3) 加热着色：用试管夹夹住载玻片在火焰上用微火加热，自载玻片上出现蒸汽(但不沸腾)时开始计时 4～5 min. 加热过程中切勿使染料蒸干，必要时可添加少许染料.

(4) 水洗：倾去染液，待玻片冷却后，用自来水冲洗至孔雀绿不再褪色为止.

(5) 复染：用番红染色液染色 1 min.

(6) 水洗.

(7) 干燥.

(8) 镜检：先用低倍镜和高倍镜观察，然后将典型部位移至视野中央，用油镜观察.绘图并注明各部位名称.

［注意事项］

1. 制作涂片时，挑菌宜少，涂片要薄而均匀，过厚会导致细胞重叠反而不便于观察.

2. 染色过程中勿使染色液干涸，用水冲洗后，应甩去载玻片上的残水，以免染色液被稀释而影响染色效果.

3. 选用已培养 18～24 h(菌龄)的细菌为宜.若菌龄太老，则会因为菌体死亡或自溶而影响观察结果.

［实验报告］

1. 绘制采用简单染色法观察到的金黄色葡萄球菌和大肠杆菌的形态图.

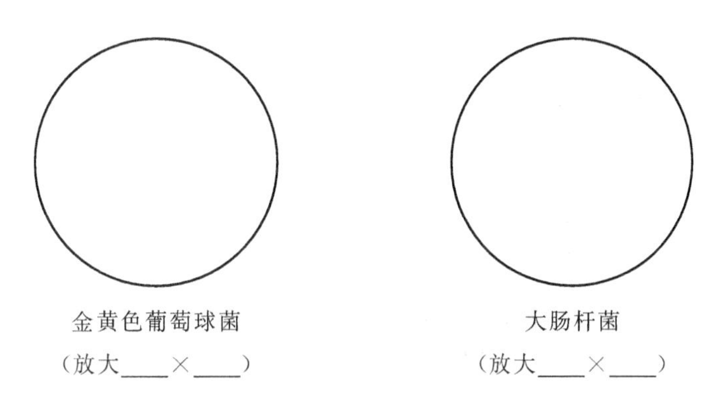

金黄色葡萄球菌　　　　大肠杆菌

(放大____×____)　　　　(放大____×____)

2. 绘制采用芽孢染色法观察到的枯草芽孢杆菌形态图.

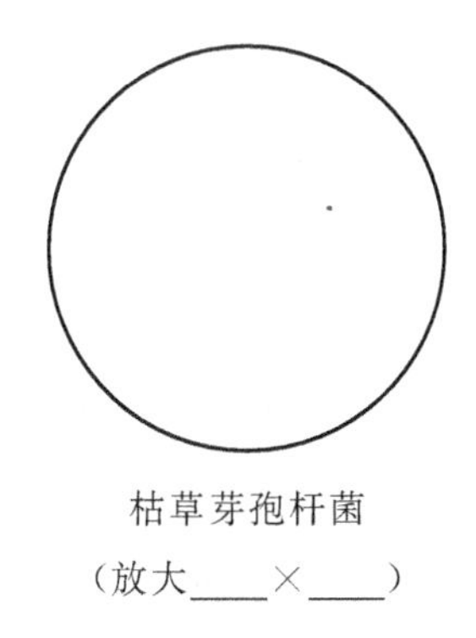

枯草芽孢杆菌

(放大____×____)

［思考题］

1. 为什么观察细菌的形态时需要用油镜？

2. 涂片在染色前为什么要先进行固定？固定时应注意什么问题？

3. 为什么芽孢染色时需要加热？为什么芽孢和菌体能被染成不同的颜色？

4. 如果只用简单染色法,能否观察到细菌的芽孢?

实验三十六　细菌细胞壁的染色和质壁分离的观察

构成细菌细胞壁的主要化学物质是肽聚糖. G^+ 菌的细胞壁由 40 层左右的肽聚糖网状分子组成,厚 20～80 nm;G^- 菌的细胞壁比 G^+ 菌复杂,其内壁层为 1～2 层肽聚糖网状分子,厚 2～3 nm,外壁层由脂蛋白、脂多糖组成,厚约 8 nm. 由于细菌细胞壁薄且着色能力差,通常所进行的细菌细胞染色都是经过细胞壁的渗透、扩散等作用使染料进入细胞内的,整个细胞被着色,而细胞壁并未染色. 为了能使细胞壁着色,须通过单宁酸或磷钼酸的媒染作用,使其与细胞壁形成可着色的复合物,再经过结晶紫或甲基绿染色,使细胞壁着色,而细胞质不被着色.

细菌细胞在高渗透压的盐溶液中会发生质壁分离现象,经染色后在普通光学显微镜的油镜下可观察到细胞壁和细胞质.

[实验目的]

1. 学习并掌握细菌细胞壁的染色方法.

2. 通过质壁分离观察细菌的细胞壁和细胞质.

[实验材料与器具]

1. 菌种

巨大芽孢杆菌、枯草芽孢杆菌、大肠杆菌的斜面菌种.

2. 器具和试剂

显微镜、0.2%的结晶紫染色液、0.01%的结晶紫染色液、5%的单宁酸(鞣酸)溶液、1%的磷钼酸水溶液、25%的 NaCl 溶液、1%的甲基绿水溶液、废液缸、香柏油、二甲苯、无菌水、擦镜纸、接种环、酒精灯、载玻片、盖玻片、吸水纸、小滴管等.

[实验方法和步骤]

(一) G^+ 菌细胞壁染色

1. 单宁酸法

(1) 用无菌操作挑取已培养 16～18 h 的巨大芽孢杆菌菌苔一环制成(水)涂片.

(2) 用 5%的单宁酸溶液媒染 5 min,水洗,用吸水纸吸干残留水.

(3) 用 0.2%的结晶紫染色液染色 3～5 min,水洗,用吸水纸吸干残留水.

(4) 油镜下观察,细胞壁呈紫色,菌体呈淡紫色.

2. 磷钼酸法

(1) 用无菌操作挑取已培养 16～18 h 的巨大芽孢杆菌菌苔涂成浓厚的涂片. 在涂片尚未干燥时,滴加 1%的磷钼酸溶液,使它布满菌苔涂片,媒染 3～5 min.

(2) 将载玻片上的磷钼酸溶液倾入废液缸中.

(3) 用 1%的甲基绿水溶液染色 3～5 min,水洗,用吸水纸吸干残留水.

(4) 油镜下观察,细胞壁呈绿色,菌体无色.

(二) 细胞壁与细胞质的观察

(1) 滴一滴25%的NaCl溶液于载玻片上.

(2) 用无菌操作挑取已培养6 h的枯草芽孢杆菌菌苔一环,均匀涂布在25%的NaCl水滴中,自然风干(切勿在火焰上烘烤).

(3) 用0.01%的结晶紫染色,使其布满菌膜,染色30 s,水洗,用吸水纸吸干残留水.

(4) 油镜下可观察到菌体的质壁分离现象.

[注意事项]

磷钼酸溶液必须倒入指定的废液缸中.

[实验报告]

绘制油镜下所观察到的巨大芽孢杆菌和枯草芽孢杆菌.

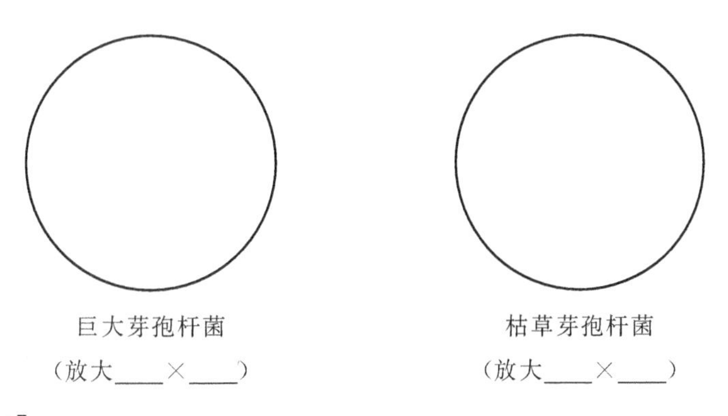

巨大芽孢杆菌 (放大____×____)　　枯草芽孢杆菌 (放大____×____)

[思考题]

根据所做实验的结果,你认为哪种方法的细胞壁染色效果好?

实验三十七 放线菌形态的观察

放线菌是一类属于原核微生物的单细胞分枝丝状体,有基内菌丝、气生菌丝和孢子丝(图2-65).放线菌的菌落特征主要表现为干燥、不透明、表面呈致密的丝绒状、与培养基结合紧密、正反面颜色常不一致、菌落边缘的琼脂平面有变形现象等.放线菌可以借助孢子和菌丝进行繁殖.

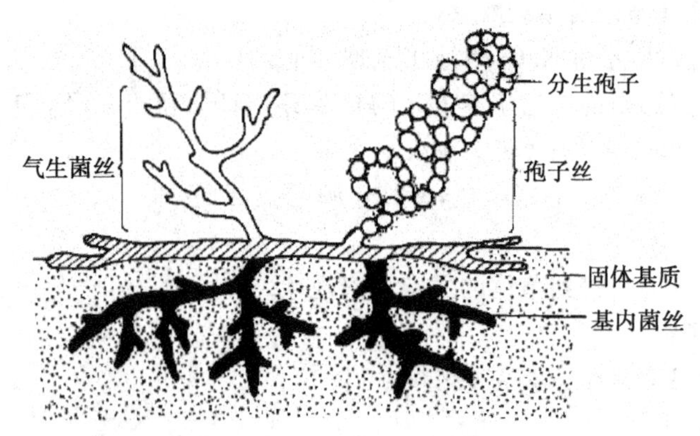

图 2-65 放线菌的形态结构

[实验目的]

1. 学习观察放线菌形态的基本方法.

2. 加深理解放线菌的形态特征.

[实验材料与器具]

1. 菌种

青色链霉菌(*Streptomyces glaucus*)或"5406"生产菌(*St. microflacus*)的四天培养物、各种放线菌示范片.

2. 器具

显微镜、载玻片、接种环、解剖针、解剖刀、酒精灯、镊子、乳酚油、碘液、乙醇、蒸馏水等.

[实验方法和步骤]

1. 个体形态直接观察法

观察菌丝和孢子丝自然生长的性状,其中包括气生菌丝(较粗)、基内菌丝(较细)和孢子丝的形状,如分枝状况及孢子丝的卷曲等.

2. 插片染色法

插片培养(图 2-66)4～6 d,轻轻取出盖玻片,进行固定、染色、水洗、晾干、镜检.观察方法同"直接观察法",观察基内菌丝、气生菌丝和孢子丝的卷曲状况,及分生孢子的形状,绘图加以说明(本实验采用青色链霉菌接种后观察).

图 2-66 插片法

3. 印片染色法

印片微热固定、石炭酸复红染色 1 min、水洗、晾干、镜检.

4. 示范片观察.

[实验报告]

绘出放线菌的形态图,并注明各部位的名称.

[思考题]

在用放线菌菌苔直接观察气生菌丝和孢子丝的形态时要注意些什么?

实验三十八 酵母菌的形态观察及死活细胞的鉴别

酵母菌属于单细胞真核微生物,其细胞核与细胞质有明显的分化.大小通常是细菌的几倍甚至几十倍,细胞一般呈卵圆形、圆形、圆柱形或柠檬形.每种酵母菌细胞都有其一定的形态大小,观察酵母菌个体形态时应特别注意其细胞形状.酵母菌的繁殖方式比较复杂,大多数酵母菌是以出芽方式进行无性繁殖的,有性繁殖则是通过接合方式产生子囊孢子.

一般情况下,酵母菌的宽度可在 5 μm 左右,而长度有的可达 10 μm 以上,只要制成水浸片在中倍镜或高倍镜下就能看清楚.若用美蓝染色液制成水浸片,还可以区别死细胞和活细胞.因为活细胞新陈代谢旺盛,还原力强,能将美蓝从蓝色的氧化型变成无色的还原型;而死细胞无还原能力,不能使美蓝变色.

酵母菌的细胞质中含有一个或几个透明的“小液滴”,即液泡.处于旺盛生长阶段的酵母菌液泡中没有内含物,老化细胞的液泡中出现了脂肪滴和肝糖粒等颗粒状贮藏物.若通过适当的染色液进行染色,即可在光学显微镜下观察到酵母菌细胞中存在着上述等特殊结构.例如:利用中性红染液可将液泡染成红色,利用苏丹黑可将脂肪粒氧化成蓝黑色,利用碘液可将肝糖粒染成红褐色.

观察酵母菌个体形态时应注意细胞形态.对于无性繁殖(芽殖或裂殖),应关注芽体在母体细胞上的位置、有无假菌丝等特征;对于有性繁殖,应关注所形成的子囊和子囊孢子的形态和数目.

[实验目的]

1. 观察酵母菌的个体形态及出芽方式.

2. 学习区分酵母菌死活细胞的实验方法.

3. 学习并掌握酵母菌液泡、脂肪粒和肝糖粒的特殊染色方法.

[实验材料与器具]

1. 菌种

酿酒酵母的斜面或液体培养物.

2. 器具

0.1%的美蓝染液、中性红染液、苏丹黑染液、碘液、显微镜、无菌水、擦镜纸、接种环、酒精灯、载玻片、盖玻片、吸水纸、小滴管等.

［实验方法和步骤］

1. 水浸片制作

观察酿酒酵母活菌常用压滴法（又叫水浸片法），制作步骤如图 2-67 所示.

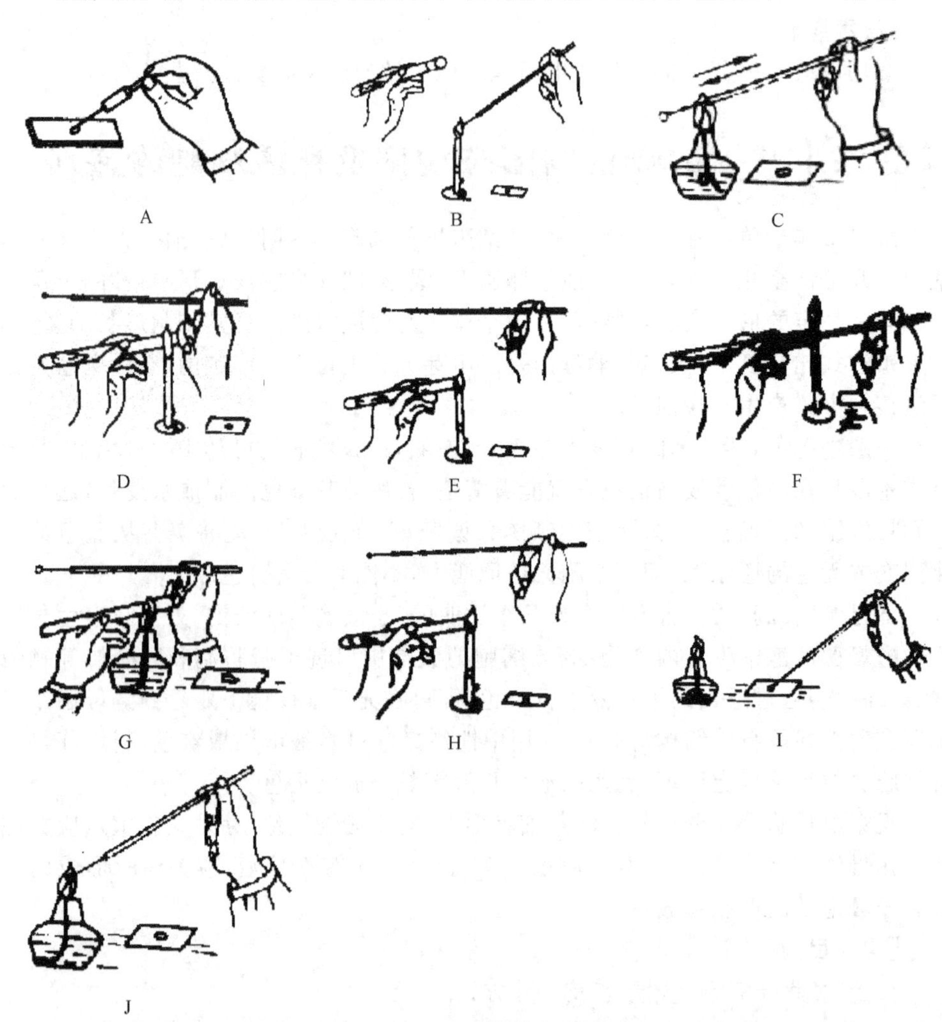

图 2-67　水浸片的制作步骤

（1）将洁净的载玻片放在自己右边前方，用吸管取一小滴无菌水置于载玻片中央（图 2-67A）.

（2）将酒精灯放在自己正前方，点燃.

（3）按照无菌操作技术，将接种环在酒精灯上烧红，待冷却后从斜面挑取少量菌体，与载玻片上的水滴充分混匀，在载玻片上涂成一均匀的薄层（图 2-67B～I）.

（4）将接种环上残留的菌体灼烧灭菌，放回试管架（图 2-67J）.

（5）取一洁净的盖玻片，使其一端先接触菌液，后将整个盖玻片慢慢放下（注意不要产生气泡），即成标本片.

2. 个体形态与出芽繁殖

酵母菌细胞较大，观察时可不染色，用水浸片法观察. 将水浸片置于显微镜载物台上，先用低倍镜后用高倍镜观察酵母菌的形态和出芽繁殖方式.

3. 活细胞观察及死亡率的计算

在载玻片中央滴一滴美蓝染液，按照水浸片制作方法制作样本，置显微镜下观察. 根据酵母菌是否染上蓝色可以区别细胞的死活：死细胞呈蓝色，活细胞无色. 在一个视野里计数死细胞和活细胞，共计数 5～6 个视野，最后取平均值. 死亡率的计算：

死亡率＝死细胞总数/死活细胞总数×100％

4. 液泡的活体染色观察

在洁净的载玻片上加一滴中性红染液，用接种环取少量酿酒酵母菌与染液混匀，染色 4～5 min，加盖玻片，在显微镜下观察. 中性红是液泡的活体染色剂，在细胞处于生活状态时，液泡被染成红色，细胞质和细胞核不着色. 若细胞死亡，液泡染色消失，细胞质及细胞核呈现弥散性红色.

5. 脂肪粒染色观察

在洁净的载玻片上加一滴苏丹黑染液，挑取少量酵母菌体与之混匀，加盖玻片，镜检，可见脂肪粒被染成黑色.

6. 肝糖粒染色观察

用酿酒酵母涂片，自然干燥后滴加 1～2 滴碘液，加上盖玻片，在显微镜下观察，可见肝糖粒呈红褐色.

[注意事项]

1. 严格按照无菌操作，接种环使用前后都必须灼烧灭菌，且不能接触其他物品；挑菌要在火焰上方操作.

2. 制片时挑菌不能太多，否则会影响观察.

3. 染液不宜过多或过少，否则盖上盖玻片时菌液会溢出或出现大量气泡而影响观察.

[实验报告]

1. 绘出你所观察到的酿酒酵母菌的形态、液泡、脂肪粒和肝糖粒，并注明放大倍数.

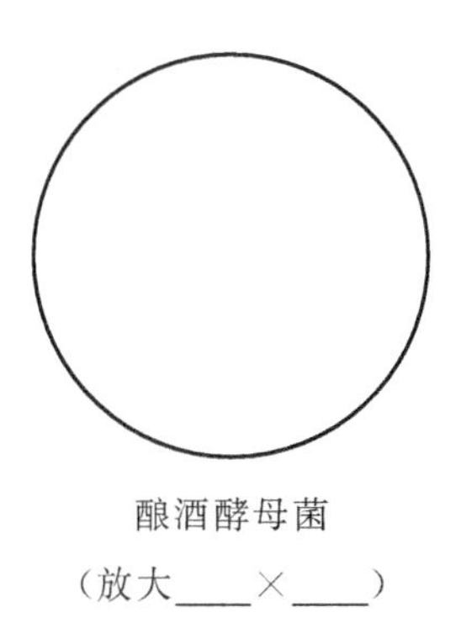

酿酒酵母菌

(放大____×____)

2. 计算你所观察的样本中酵母细胞的死亡率.

[思考题]

1. 在制作水浸片时要注意哪些要点?

2. 美蓝染液浓度和作用时间不同对酵母菌死活细胞数量有何影响? 试分析原因.

实验三十九 霉菌形态的观察

霉菌是由许多交织在一起的菌丝构成的. 在潮湿的环境下,霉菌可生长出丝状、绒毛状或蜘蛛网状的菌丝体. 霉菌的菌丝可以分为营养菌丝和气生菌丝,在培养基内部的菌丝为营养菌丝,生长分布在空间的称气生菌丝. 气生菌丝能分化出繁殖菌丝. 菌丝直径一般比细菌和放线菌菌丝大几倍到几十倍,制片后可用低倍镜或高倍镜观察. 在显微镜下见到的菌丝呈管状,有的没有横隔(如毛霉、根霉),有的有横隔将菌丝分割为多个细胞(如青霉、曲霉). 菌丝可分化为多种特殊结构,如假根、足细胞等.

霉菌的菌落形态较大,质地较疏松,其疏松程度不等,颜色各异. 由于霉菌菌丝体较大,孢子容易分散,将菌丝体置于水中容易变形. 制片时将其置于乳酸石炭酸棉蓝染色液中可防止细胞干燥变形,便于长时间观察. 同时,染液的蓝色能增强反差,使物像更清楚. 在观察霉菌形态时,要注意菌丝的粗细、隔膜、特殊形态以及孢子的着生方式,它们是鉴别霉菌的重要依据.

几种常见霉菌的形态如图 2-68 所示.

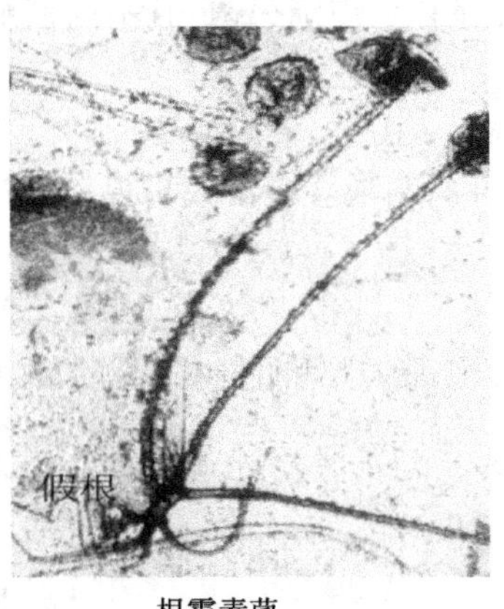

根霉素菌

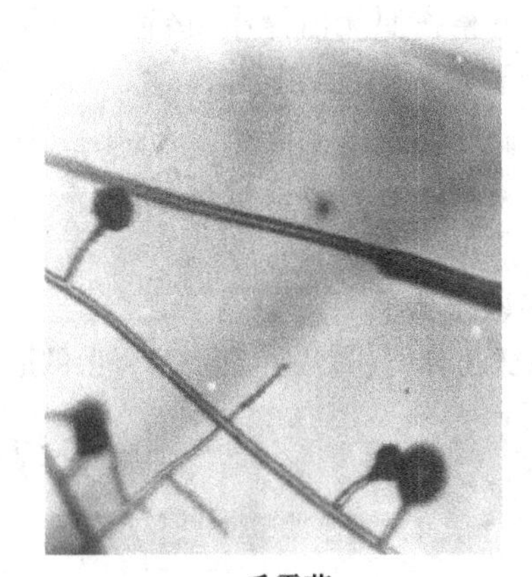
毛霉菌

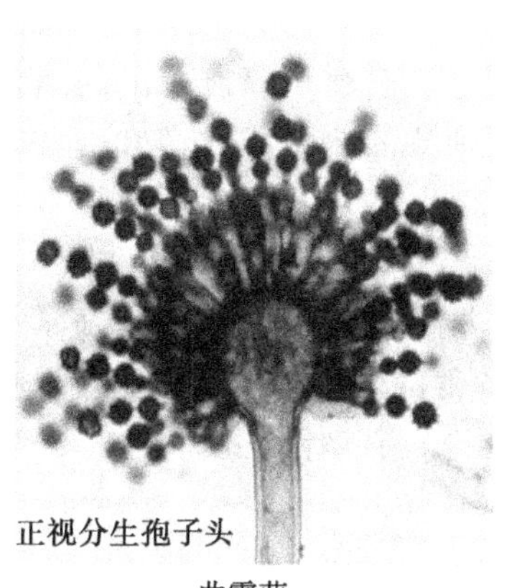

曲霉菌

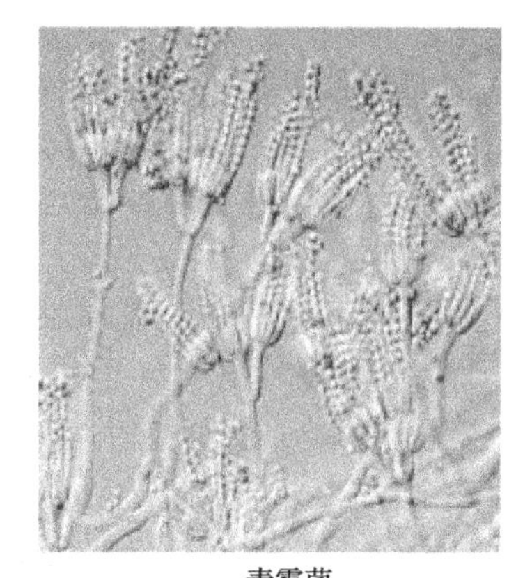

青霉菌

图 2-68 光学显微镜下几种霉菌的形态

[实验目的]

1. 学习并掌握霉菌的形态观察方法.

2. 观察霉菌的个体形态及各种孢子的形态.

[实验材料与器具]

1. 菌种

产黄青霉、黑曲霉、黑根霉、毛霉的斜面菌种.

2. 器具和试剂

显微镜、无菌水、擦镜纸、接种环、酒精灯、载玻片、盖玻片、吸水纸、小滴管、50%的乙醇、乳酸石炭酸棉蓝染液等.

[实验方法和步骤]

1. 曲霉形态的观察

取一块洁净的载玻片,在中央加一滴乙醇,采用无菌操作,用接种针挑取培养物少许,放在载玻片上的乙醇中,再加入乙醇和蒸馏水各一滴.重复一次,使分生孢子分散,以便于观察细微结构.倾去乙醇和蒸馏水,加一滴乳酸石炭酸棉蓝染液,盖上盖玻片,镜检.

先在低倍镜下找到目标,将观察目标移至视野中央,然后依次换成中倍镜和高倍镜,观察菌丝隔膜、足细胞、分生孢子梗、顶囊、小梗和分生孢子.绘出你所观察到的曲霉菌的形态图,注明菌名、放大倍数并标示各部位名称.

2. 青霉形态的观察

取一块洁净的载玻片,在中央加一滴乳酸石炭酸棉蓝染液,采用无菌操作,用接种针挑取培养物少许,放在载玻片上的染液中,盖上盖玻片,镜检.

先在低倍镜下找到目标,将观察目标移至视野中央,然后依次换成中倍镜和高倍镜,观察菌丝隔膜、分生孢子梗、小梗和分生孢子的排列方式.绘出你所观察到的青霉菌的形态图,注明菌名、放大倍数并标示各部位名称.

3. 根霉、毛霉形态的观察

取经5 d培养的根霉、毛霉培养物，在低倍下观察培养皿盖上的菌丝体形态(假根、匍匐菌丝、孢囊梗、孢子囊等). 绘出你所观察到的根霉菌和毛霉菌的形态图，注明菌名、放大倍数并标示各部位名称.

4. 观察示范霉菌装片

利用互动实验室里的显微镜对霉菌形态进行观察，在教师机上演示事先准备好的霉菌装片. 然后随机调取学生机中已经备份的观察结果进行比较、讨论，结合实验注意点进行讲解，加深学生对霉菌形态结构的了解和掌握.

[注意事项]

1. 用接种针挑取菌丝涂片时应注意分散.

2. 制片时尽可能保持霉菌的自然生长状态，加盖玻片时切勿形成气泡，盖上盖玻片后切勿移动.

[实验报告]

1. 分别绘出你所观察到的根霉、毛霉、曲霉、青霉菌的形态，注明放大倍数并标示各部位名称.

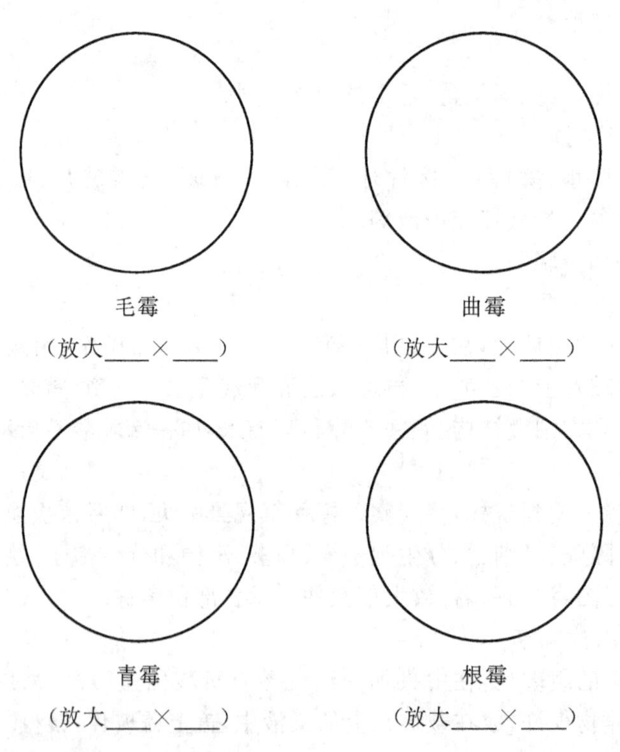

2. 比较根霉和毛霉形态上的异同.

3. 比较曲霉和青霉形态上的异同.

[思考题]

1. 霉菌的孢子有哪几种？它们是如何形成的？
2. 观察霉菌形态时，在制片方法上有什么特点？
3. 谈谈你对本实验的体会.

生物学实验指导丛书

生物学形态实验指导

第三篇

形态学综合实验

实验四十 植物营养器官的外部形态

在种子植物的营养器官中,根是种子萌发后最早形成产生的器官.由于不同类群的植物在根的生长和发育方式上存在一定的差异,因而它们形成的根系的类型和发达程度也不完全相同.裸子植物及双子叶植物的根系由初生根发育成主根,再生出支根,具有此种显著特征的根系,称为直根系.单子叶植物的初生根在幼苗期即停止生长,而在茎的基部节上发生很多的不定根,其粗细长短均相类似,称为须根系.

茎是陆生植物起支持与养分运输功能的器官,典型的茎在其固定的地方能长出叶.叶腋的内侧又能着生芽;叶与芽出生的位置,叫做节;两个节之间的茎,为节间.木本植物的叶片脱落后,叶柄在茎节上留下的疤痕,称为叶痕.叶痕有心形、半月形、三角形等形状,叶痕中的点状小突起称为维管束痕.具有托叶的植物,托叶脱落后还在茎上留下托叶痕.此外,有些植物茎枝表面出现突起的小裂隙,称为皮孔,是植物体与外界进行气体交换的通道.茎上除了叶外,还有芽等侧生器官.本质上,芽是未成长伸展的茎,上面也可着生叶和花.根据芽在茎上的排列、位置、构造特性、是否存在保护结构以及生长季节等的不同,芽可以区分为多种不同的类型.在被子植物中,芽的类型常可作为植物分类的依据.

与根和茎相比,不同种类的植物叶的形态、大小及功能更为多样化.植物的叶主要由叶片、叶柄和托叶三部分组成.具备此三部分者,称完全叶,如玫瑰、梨以及桃的叶均属于完全叶;缺其一或缺其二者,称为不完全叶,如木瓜仅具叶片与叶柄的部分.叶柄具支撑叶片并连接附着固定于茎节上的功能.依叶柄的有无又可分为有柄叶及无柄叶,前者如大多数的双子叶植物及少数的单子叶植物,后者如禾本科植物、鸢尾、百合及兰科植物.茎节上着生一枚叶片者,称为单叶;而叶柄着生二枚及以上叶片者,称为复叶.叶的外形常见的有心形、戟形、盾形、箭形.而叶缘也有许多不同的变化,如全缘、锯齿、裂缘、缺刻等.叶脉本身由维管束组成,可输导水分、养分,也是支持组织,可使叶片开展.依其分布形式不同可分为两种.一为网状脉,如大部分双子叶植物的叶脉;二为平行脉,如大部分单子叶植物的叶脉.平行脉又可分为直出平行脉(如竹、水稻、玉米等),以及侧出平行脉(如香蕉).叶的外部形态常是识别植物的基础,也是植物分类的主要依据之一.从叶的组成、单叶和复叶的概念、叶脉的类型、叶缘等方面可观察、识别和理解叶的外部形态.

[实验目的]

1. 观察被子植物根的外形,了解其构造与功能.
2. 识别茎的外形、枝条上芽生长的位置等.
3. 观察并识别叶形、叶缘及叶脉等外部形态.

［实验材料］

菠菜(*Spinacia oleracea*)、胡萝卜(*Daucus carota*)、水稻(*Oryza sativa*)和小麦(*Triticum aestivum*)的根.

樟树(*Cinnamomum camphora*)二年生枝、女贞(*Ligustrum lucidum*)的小枝、夹竹桃(*Nerium indicum*)的小枝、向日葵(*Helianthus annuus*)的茎、番茄(*Lycopersicon esculentum*)的茎.

桃(*Amygdalus persica*)、桑(*Morus alba*)、茶(*Camellia sinensis*)、油菜(*Brassica campestris*)、山莴苣(*Lagedium sibiricum*)、七叶树(*Aesculus chinensis*)、月季(*Rosa chinensis*)、刺槐(*Robinia pseudoacacia*)、山核桃(*Carya cathayensis*)、落花生(*Arachis hypogaea*)、合欢(*Albizia julibrissin*)、楝(*Melia azedarach*)、胡枝子(*Lespedeza bicolor*)、白车轴草(*Trifolium repens*)、金橘(*Fortunella margarita*)、柑橘(*Citrus reticulata*)、栓皮栎(*Quercus variabilis*)、蓖麻(*Ricinus communis*)、淡竹叶(*Lophatherum gracile*)、银杏(*Ginkgo biloba*)、黄精(*Polygonatum sibiricum*)、女贞(*Ligustrum lucidum*)、日本晚樱(*Cerasus serrulata var. lannesiana*)、大叶黄杨(*Buxus megistophylla*)、一品红(*Euphorbia pulcherrima*)、山楂(*Crataegus pinnatifida*)、朝天委陵菜(*Potentilla supina*)、瓜木(*Alangium platanifolium*)等植物的蜡叶标本.

［实验方法］

1. 根的外部形态

肉眼比较观察菠菜、胡萝卜、水稻和小麦等植物根的外部形态,了解其生长出的位置及性状特征.

2. 茎的外部形态

肉眼详细观察樟树、女贞、夹竹桃等木本植物茎的外部形态,绘图说明节、叶与芽的位置;肉眼详细观察番茄等草本植物茎的外部形态,绘图说明节、叶与芽的位置.

3. 叶的外部形态

本实验通过比较观察植物蜡叶标本,理解以下叶形态相关的概念:完全叶与不完全叶、单叶与复叶(掌状复叶和羽状复叶)、平行脉与网状脉(羽状网脉和掌状网脉)、全缘叶与锯齿叶、缺刻叶与深裂叶等(见图 3-1).

观察桃、桑、茶、油菜、山莴苣的蜡叶标本,比较它们的叶的组成,准确理解完全叶、不完全叶的概念. 观察实验提供的所有蜡叶标本,指出哪些植物的叶是单叶,哪些植物的叶是复叶;思考如何区分单叶和复叶;在具复叶的植物中,区分哪些为掌状复叶,哪些是羽状复叶.

比较观察山核桃、合欢和楝的复叶,理解一回、二回、三回羽状复叶的概念. 观察胡枝子、白车轴草的复叶,理解三出复叶的概念. 仔细观察金橘、柑橘的叶,理解单身复叶的概念.

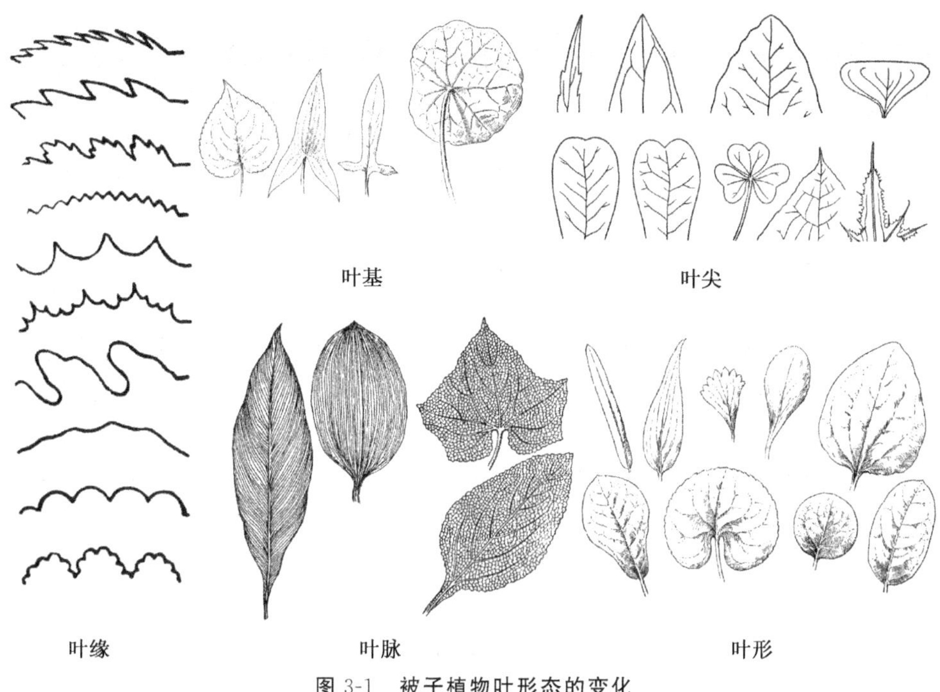

图 3-1 被子植物叶形态的变化

(引自 http://etc.usf.edu/clipart/)

观察栓皮栎、蓖麻、淡竹叶、黄精的叶脉，理解网状脉与平行脉的概念，比较羽状网脉与掌状网脉、直出平行脉与弧行脉等的不同.观察银杏的叶脉，了解叉状脉序(二叉脉)的概念.

观察女贞、桃、日本晚樱、大叶黄杨的叶缘，理解全缘、锯齿、重锯齿、钝锯齿等的差异.

观察一品红、山楂、朝天委陵菜、瓜木、蓖麻的叶，区分羽状分裂和掌状分裂，以及浅裂、深裂和全裂.

[思考题]

1. 通过观察菠菜、胡萝卜、水稻、小麦的根，总结它们在其外部形态上有何明显的差异?

2. 你所观察的植物枝条是几年生的? 有顶芽、芽鳞痕与叶痕吗? 是什么形状?

3. 木本与草本植物的芽在外观上有何不同?

4. 在互生、对生、轮生与簇生等叶序之间比较阳光接受量的高低.

5. 叶缘特征对植物适应环境的意义何在?

6. 阐述根、茎、叶三类营养器官形态特征的分类学意义.

实验四十一　哺乳动物骨骼结构及脊椎动物骨骼系统的演化

脊椎动物骨骼的功能是:支持身体,保持身体一定形状;保护体内重要器官;提供肌肉附着,并与骨骼肌相连组成动物的运动系统;长骨的骨髓能产生红细胞,维持身体内钙、磷、矿物质的正常代谢水平.

脊椎动物骨骼是内骨骼,从形态上可分为长骨(如股骨)、短骨(如脊椎骨)和扁骨(如颅骨),从组织学上分为软骨和硬骨.

脊椎动物的骨骼系统主要分为中轴骨骼和附肢骨骼两大部分.中轴骨骼包括头骨、脊柱、肋骨、胸骨,附肢骨包括带骨和肢骨.

1. 头骨

脊椎动物的头骨位于脊柱的最前端,和脊柱直接相连,包括脑颅和咽颅两部分.脑颅是中轴骨骼延伸的最前部分,其作用是包围和保护脑以及眼、鼻、耳等重要感觉器官.在低等鱼类(如软骨鱼),脑颅是软骨性的简单结构,而在硬骨鱼乃至更高等脊椎动物,软骨性的脑颅被硬骨所取代.

咽颅由一系列的咽弓组成,有保护和支持咽部的功能.咽弓是一种弓状软骨,一般有七对,分别是一对颌弓、一对舌弓和五对鳃弓.

硬骨鱼类的头骨由许多分散的骨片组成,其骨片数目达180多片.随着动物向陆上生活进化,头骨的骨片逐渐发生愈合和简化,到哺乳动物头骨只有30余片,其结构更坚固.

颌弓连接脑颅的方式一般分为以下三种:

(1) 双接式:颌弓直接和通过舌颌软骨与脑颅连接,见于软骨鱼类.

(2) 舌接式:颌弓借舌颌软骨悬于脑颅上,见于多数鱼类.

(3) 自接式:腭弓软骨直接与脑颅连接,舌弓已和脑颅脱离.该连接方式见于肺鱼和陆栖脊椎动物.

2. 脊柱

脊柱由一个个脊椎连接而成,位于身体背部中央.低等脊索动物只有脊索,高等脊索动物由脊柱代替脊索.

典型的脊椎由椎体、椎弓、椎棘、横突或脉弓等部分组成.

根据椎体的形状,有五种不同类型反映了脊索被脊柱代替的程度.脊柱代替脊索加强了支持身体的作用,增加了身体的灵活性.

(1) 双凹型:椎体两端都内凹成弧形,各椎体间残留念珠状的脊索,脊椎间无明显关节.如鱼类、有尾两栖类和某些爬行类的椎体属双凹型.

(2) 前凹型:椎体前凹后突,前后两椎体构成关节,身体动作灵活.如无尾两牺类、多数爬行类的椎体和鸟类的环椎属前凹型.

(3) 后凹型:椎体前凸后凹,前后椎体也成关节,身体活动也较灵活.如无尾两栖类(负子蟾)、多数蝾螈和少数爬行类属后凹型.

(4) 异凹型:又称马鞍型,椎体两端都向外凸,形似横放的马鞍,脊索已不存在.此型仅见于鸟类的颈椎.

(5) 双平型:椎体两端扁平,椎体间有明显的关节,并垫有椎间盘,以缓冲活动时的摩擦.该型为哺乳类特有.

脊柱由一系列脊椎组成.脊椎的种类由鱼类的躯干椎和尾椎两种,发展到爬行类及以上动物的颈椎、胸椎、腰椎、荐椎和尾椎共五种.

3. 附肢骨

附肢骨包括带骨和肢骨。

肩带由肩胛骨、乌喙骨和锁骨组成.腰带由肠骨(髂骨)、坐骨和耻骨组成.肢骨分为前肢骨和后肢骨.前肢骨由肱骨、尺骨、桡骨、腕骨、掌骨和趾(指)骨等组成;后肢骨由股骨、胫骨、腓骨、跗骨、跖骨和趾骨等组成.

[实验目的]

1. 通过对兔骨骼的观察,了解哺乳动物骨骼系统的基本组成.
2. 通过对脊椎动物骨骼系统的比较,了解动物演化的基本情况.

[实验材料与器具]

1. 兔及脊椎动物的整架骨骼标本及零散骨骼标本,附肢骨的示范标本.
2. 解剖器、放大镜.

[实验方法]

1. 兔骨骼标本的观察

本实验应首先观察兔的整架骨骼标本,区分其中轴骨骼、带骨及四肢骨骼,了解其基本组成和大致的部位.然后再仔细辨认各部分的主要骨骼,并掌握其重要的适应性特征.

注意保护骨骼标本,不要用笔在骨缝等处划记,不要损坏自然的骨块间的联结.

中轴骨骼:兔的中轴骨骼由脊柱、胸廓和头骨构成.依次观察下列骨骼:

(1) 脊柱:兔的脊柱大约由46块脊椎骨组成,可分为五部分,即颈椎、胸椎、腰椎、荐椎和尾椎.

以一枚分离的胸椎为代表,注意观察脊椎骨的以下各部分结构:

① 椎体:哺乳类的椎体为双平型,呈短柱状,可承受较大的压力.椎体之间为具有弹性的椎间盘.

② 椎弓:为位于椎体背方的弓形骨片,其内腔容纳脊髓.

③ 椎棘:椎弓背中央的突起,为背肌的附着点.

④ 横突及关节突:横突为椎弓侧方的突起,其前后各有前关节突相关节.

⑤ 肋骨关节面:胸椎的横突末端有关节面与肋骨结节相关节.

在观察单个脊椎骨的基础上,试比较脊柱各区的椎骨外形有何不同.然后计数颈椎、胸椎、腰椎和荐椎各有几枚，以及它们各有何特点．取第一、二枚颈椎进行观察：第一颈椎称为寰椎，第二颈椎称枢椎．头骨与寰椎一起，可在枢椎的齿突上旋转．

胸椎：特点是背面的椎棘高大，腹侧与肋骨相连．

腰椎：12～15 枚，在椎骨中显得最为粗壮，其横突发达并斜指向前下方．

荐椎：由 4 个椎骨组成，构成愈合荐骨．

尾椎：由 15～16 枚椎骨组成．前面数枚尾椎具有椎管，可容纳脊髓的终丝；后面的尾椎仅有椎体，呈圆柱状．

（2）胸廓：胸廓由胸椎、肋骨及胸骨构成．家兔的肋骨共有 12～13 对，前 7 对直接与肋骨相连的为真肋；后面不与肋骨直接相连的为假肋．从胸椎前部任取一枚肋骨观察，可见上段骨质肋骨借两个关节与胸椎相关节，下段借软骨与胸骨联结．

胸骨构成胸廓的底部，由 6 枚骨块组成，分为胸骨柄、胸骨体和剑突三部分．

（3）头骨：哺乳动物头骨骨块数目减少，愈合程度很高．取一头骨标本对照教材上的插图，由后向前顺序观察：

① 后部：枕骨，系由基枕骨、上枕骨及左右外枕骨愈合而成．枕骨两侧各具有一个枕骨髁，与寰椎相关节．枕骨大孔为脊髓与延髓的通路．

② 上部：自后向前分别由间顶骨、顶骨、额骨和鼻骨所构成．

③ 底部：自后向前依次为枕骨基底部（基枕骨）、基蝶骨、前蝶骨（两侧尚有翼骨突起）、腭骨、颅骨和前额骨．

注意观察骨质次生腭，它是由颌骨和前颌骨与腭骨的突起骨板拼合而成的．在颅底部次生腭后端的开口称后鼻孔，为鼻腔延伸的通路．骨质次生腭所构成的部分称硬腭，硬腭后方的口腔顶壁组织尚沿翼状突起边缘后伸，构成软腭，使鼻通路进一步后延．在底部侧枕骨的下方，还有圆形的骨块，称为鼓骨（或耳泡骨），构成对外耳道及中耳的保护．其侧面的孔，即为耳道通路．

④ 侧部：在外枕骨前方可见一块大型的骨片，称为颧骨．它是由鳞骨、耳囊（构成颞骨的岩状部，在矢状切开的头骨才能见到）以及鼓骨等所愈合成的复合性骨．颧骨向前生有颧骨突，与颧骨相关节．颞骨腹面的关节面，与下颌（齿骨）相关节．（试思考：这种关节特点与低等陆栖动物有何不同？对咀嚼有何意义？）颧骨前方与上颌骨的颧突相关节．颞骨、颧骨和颌骨构成哺乳类特有的颧弓，为支配下颌运动的咀嚼肌的附着处．颧弓内还是附着于颞骨上的、支配下颌运动的颞肌穿行处．

颧弓前上方所见的凹窝即为眼窝（眼眶）．泪骨和蝶骨构成眼窝的前内壁，其余部分均为附近的骨骼突起所形成，不需细看．上颌骨与前颌骨构成头骨前方部分，臼齿及前臼齿即着生在上颌骨上．

下颌骨由单一的齿骨组成，在其升支上有关节面与颈骨相关节．

（4）带骨和肢骨（以观察带骨为主）

① 肩带和前肢骨：肩带由肩胛骨和锁骨组成．肩胛骨为一较大的三角形骨片，

其前端的凹窝即为肩臼，与前肢的肱骨相关节．肩臼上方可见一小面弯的突起，称乌喙突．它相当于低等种类乌喙骨的退化痕迹．肩胛骨背方的中央隆起称为肩胛脊，是前肢运动肌肉附着的地方．兔的锁骨退化成一个小薄骨片，两端各以韧带连于胸骨柄和肱骨之间．

前肢骨骼由肱骨、桡骨、尺骨、腕骨、掌骨及指骨组成．

② 腰带及后肢骨：腰带由髂骨、坐骨和耻骨愈合而成的无名骨构成．3 枚骨所构成的关节窝称髋臼，与后肢的股骨相关节．髂骨以粗大的关节面与脊柱的荐骨相联结．左、右耻骨在腹中线处联合，称耻骨联合．由耻骨、坐骨及髂骨所构成的骨腔为盆腔；消化、泌尿及生殖管道均从盆腔穿过而通体外．位于每侧坐骨与耻骨中间的圆孔称为闭孔，可供血管和神经通过．

后肢骨骼由股骨、胫骨、腓骨、跗骨、跖骨、趾骨组成．胫骨较腓骨大且长．此外，在股骨下端还有一枚膝盖骨．

哺乳类肢骨的基本结构与其他陆生四足动物基本相似．(思考：哺乳类与爬行类肢骨的着生位置有何差异？)

2．脊椎动物各纲代表性动物骨骼系统的比较观察

(1) 头骨的比较

① 硬骨鱼类的头骨(图 3-2)：观察鲤鱼或鲫鱼的头骨标本可发现：硬骨鱼类头骨骨化程度很高，也由脑颅和咽颅两部分组成，骨块数目很多，软骨化骨和膜性骨兼有；在头骨侧面有鳃盖骨，各有 4 枚骨块，为硬骨鱼的标志性特征．

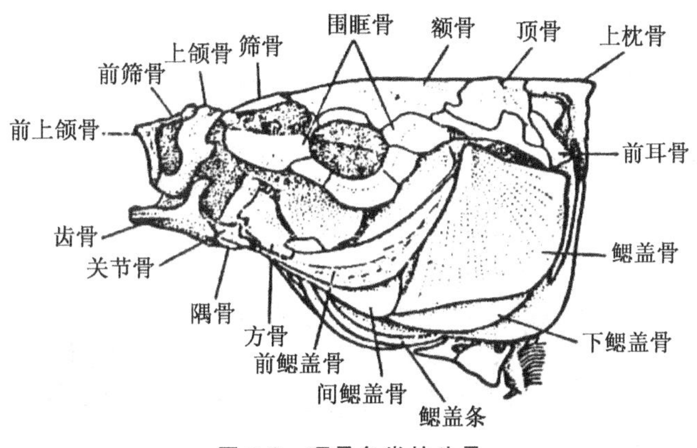

图 3-2　硬骨鱼类的头骨

② 两栖类的头骨(图 3-3)：观察蟾蜍或青蛙的头骨标本可发现：两栖类头骨骨化不佳，骨块数目较硬骨鱼类的少得多；头骨扁而宽，脑腔狭小；嗅囊仍保持软骨状态，仅背方有一对鼻骨；颅腔背面有 2 枚狭长的骨片，为一对额顶骨，是额骨与顶骨的愈合．围眶骨均已消失；枕区仅保留一对外枕骨，由外枕骨围成枕骨大孔，每一对外枕骨各具一个枕骨髁与颈椎相接；构成脑颅底壁的是副蝶骨；舌颌软骨演化为一对短棒状的耳柱骨，位于中耳腔；上颌由 3 对骨构成，由前向后依次为前颌骨、上颌

骨和方轭骨;下颌主要由齿骨、隅骨及未骨化的麦氏软骨组成.

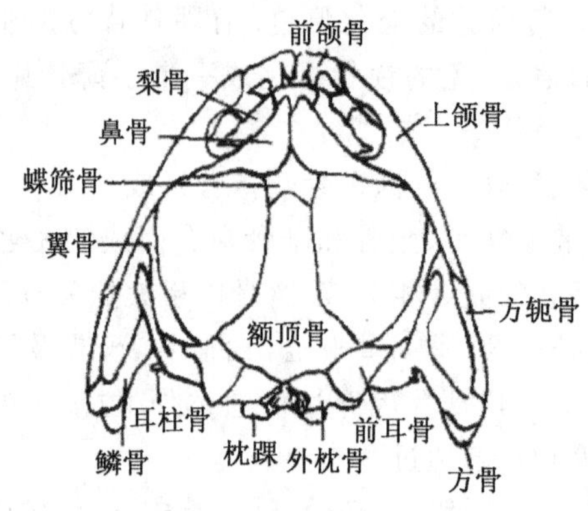

图 3-3 两栖类的头骨

③ 爬行类的头骨:以蜥蜴为例.头骨骨化完全,膜性骨数目多.在颞部由于某些骨片的消失或缩小而出现穿洞,即颞窝.蜥蜴具双颖窝,具单一的枕髁.

④ 鸟类的头骨:观察家鸡或家鸽的头骨可发现:鸟类头骨薄而轻,各骨块彼此愈合;在成鸟,头骨各骨块之间的骨缝已消失,整个头骨愈合成一完整的骨壳;颅骨顶部呈圆拱形,枕骨大孔移至脑的腹面,具单一的枕髁;左右眼眶甚大,具眶间隔;鼻骨、前额骨、上颅骨及下颅骨显著前伸,构成喙.

(2) 脊柱、肋骨和胸骨的比较

① 硬骨鱼:取鲤鱼整体骨骼(图 3-4)和分离椎骨(图 3-5)标本进行观察.硬骨鱼脊柱分为躯干椎和尾椎,椎体为双凹型,椎体中央有残存的脊索.躯干椎和尾椎相同的部分是椎体和椎体背面的椎弓和长而尖锐的椎棘,不同的是:尾椎在椎体的腹面有脉弓和脉棘,躯干椎不存在脉弓和脉棘,但有一对长圆柱形的肋骨与椎体横突相关节.鱼类无胸骨.

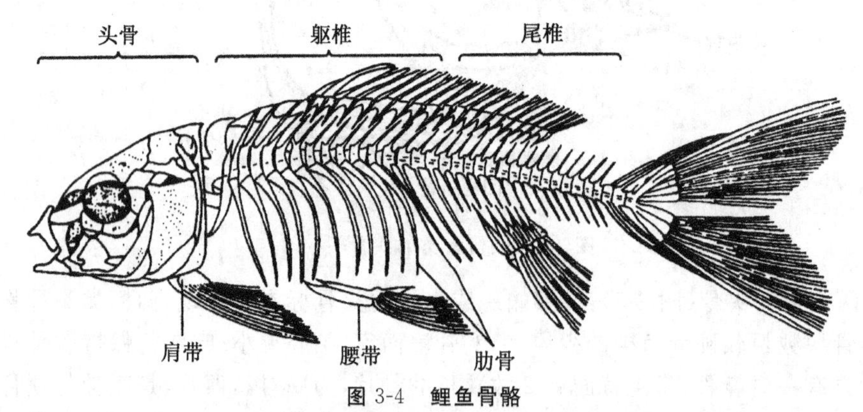

图 3-4 鲤鱼骨骼

(引自黄诗笺等.动物生物学实验指导.北京:高等教育出版社,2006)

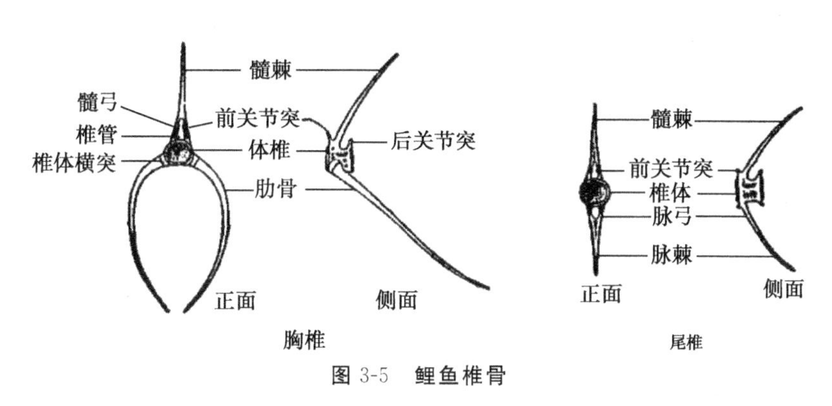

图 3-5 鲤鱼椎骨

② 两栖类：观察蟾蜍或青蛙的整体骨骼(图 3-6)和分离椎骨(图 3-7)标本.两栖类的脊柱已分化为颈椎、躯干椎、荐椎和尾椎四部分.颈椎 1 枚，躯干椎共 7 枚.椎体前凹后凸，为前凹型.荐椎仅有 1 枚，荐推有粗大的横突与腰带相连接.尾杆骨系由多个尾椎骨愈合而成.两栖类已出现了胸骨，但不形成胸廓.在蛙类，胸骨由前向后依次由上胸骨、肩胸骨、中胸骨和剑胸骨组成(固胸型)；蟾蜍不具上胸骨和肩胸骨(为弧胸型).

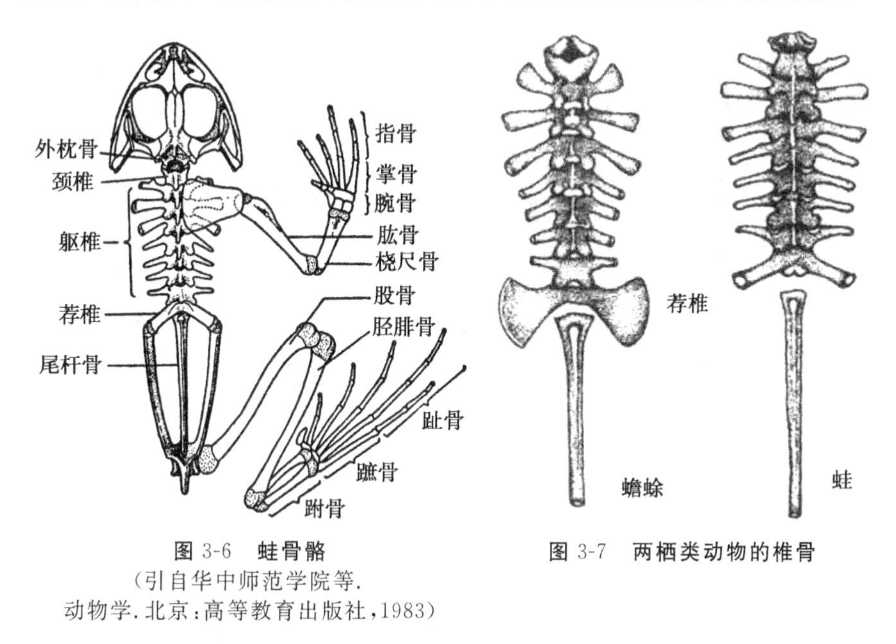

图 3-6 蛙骨骼
(引自华中师范学院等.
动物学.北京：高等教育出版社，1983)

图 3-7 两栖类动物的椎骨

③ 爬行类：观察蜥蜴的整体骨骼和分离椎骨标本.爬行类的脊柱分为颈椎、胸椎、腰椎、荐椎和尾椎五部分，椎体为前凹型或后凹型.与两栖类的主要不同是：颈椎数目增多，第一枚为寰椎，第二枚特化为枢椎.胸椎具肋骨，且与胸骨和胸椎共同构成了胸廓(龟鳖类和蛇类除外).荐椎的数目由一枚发展到两枚，增强了对后肢的支撑力.

④ 鸟类：观察家鸡或家鸽的整体骨骼(图 3-8)和分离椎骨标本.鸟类的脊柱也分为颈椎、胸椎、腰椎、荐椎和尾椎五部分，但因适应飞翔生活，变异较大.颈椎数目多，椎体为马鞍型(异凹型).胸椎除最后一枚外，其他几枚完全愈合在一起.最后一

枚胸椎、腰椎、荐椎和前部尾椎愈合形成一个整体，称为综合荐骨. 综合荐骨后有几块独立的尾椎，最后几枚尾椎愈合在一起构成尾综骨，为尾羽提供支撑. 胸骨完全骨化为一块硬骨，两侧缘与肋骨牢固连接，胸骨的腹中线有发达的龙骨突起，为强大的飞翔肌肉的附着处.

（3）带骨和附肢骨的比较

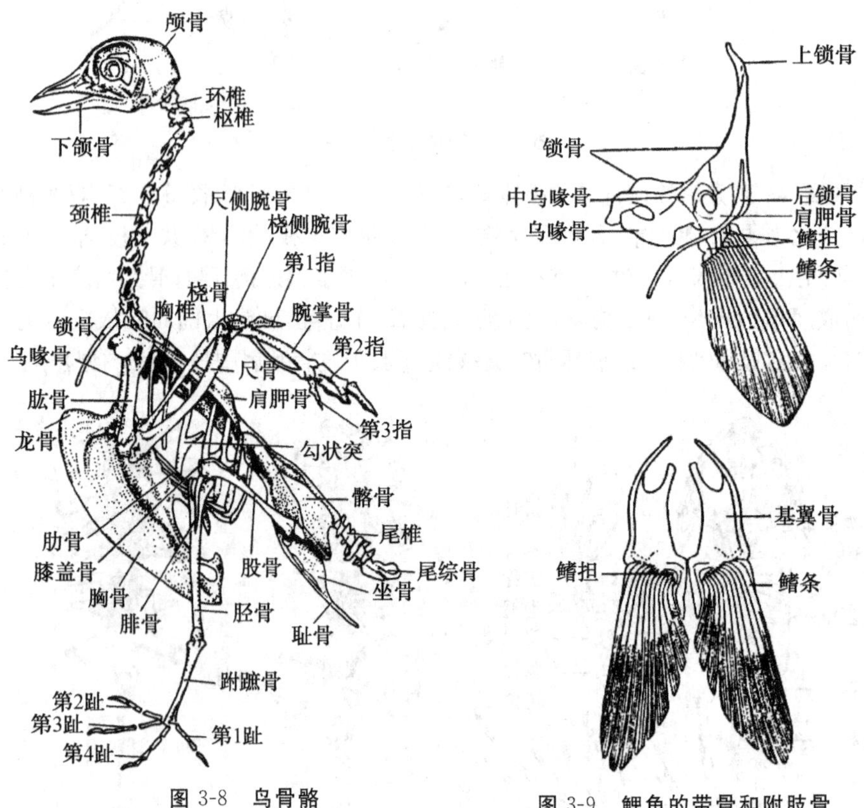

图 3-8　鸟骨骼

（引自黄诗笺等. 动物生物学实验指导. 北京：高等教育出自版社，2006）

图 3-9　鲤鱼的带骨和附肢骨

① 硬骨鱼：观察鲤鱼的肩带. 每侧肩带由 6 枚骨块组成，分别是上锁骨、锁骨、后锁骨、乌喙骨、肩胛骨（图 3-9）. 胸鳍的基鳍骨退化，仅有鳍担骨和鳍条，由鳍担骨直接与肩带相连. 腰带仅由一对无名骨组成，腰带不与脊柱相连，鳍条直接着生于腰带上.

② 两栖类：观察蛙和蟾蜍的肩带和胸骨. 两栖类的肩带除肩胛骨、乌喙骨和锁骨三对骨外，在肩胛骨上端有上肩胛骨，在乌喙骨的内侧有上乌喙骨，肌肉将上肩胛骨连于脊柱上. 从两栖类开始肩带不再与头骨相连. 前肢骨由近端开始依次为股骨、桡尺

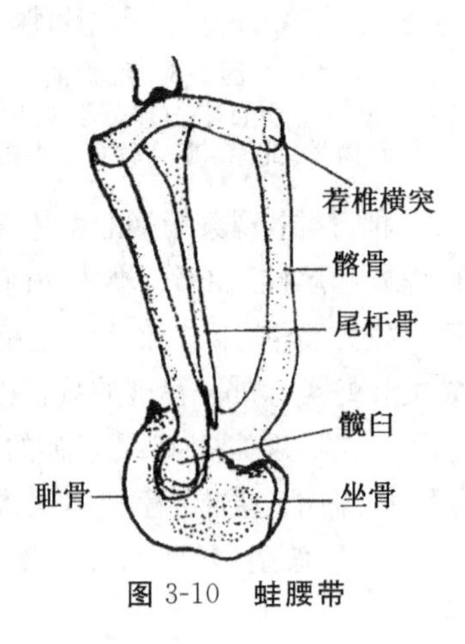

图 3-10　蛙腰带

骨、腕骨、掌骨和指骨，拇指退化，仅具 4 指. 腰带由髂骨、坐骨和耻骨三对骨构成（图 3-10），通过髂骨的前端与荐椎横突相连. 后肢骨从近端依次为股骨、胫腓骨、跗骨、跖骨和趾骨.

③ 爬行类：观察蜥蜴的整体骨骼标本. 蜥蜴肩带的基本结构与两栖类的相似，也具上肩胛骨、肩胛骨、乌喙骨和锁骨（图 3-11）. 与蛙不同的是：在乌喙骨内侧有前乌喙骨，另有呈"十"字形的间锁骨把胸骨和锁骨连接起来. 腰带也由髂骨、坐骨和耻骨三对骨构成. 蜥蜴的四肢具典型的五趾型附肢，前后肢均有 5 趾.

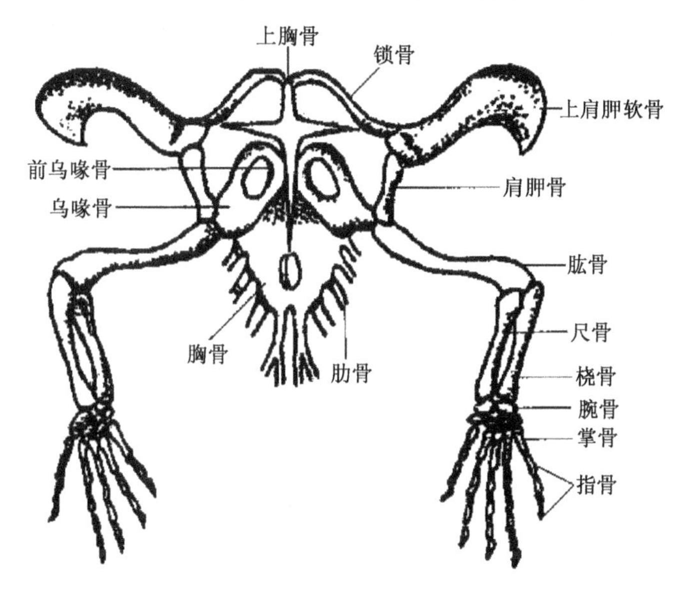

图 3-11　爬行动物肩带前肢骨

④ 鸟类：肩带由肩胛骨、乌喙骨和锁骨三对骨构成. 锁骨呈叉状，乌喙骨十分发达，肩胛骨呈镰刀状. 前肢特化为翼，腕骨仅剩 2 枚，即尺腕骨和桡腕骨，其余的腕骨和第一至第三掌骨愈合成腕掌骨，其余掌骨退化. 指骨仅余第一至第三指，分别与三个掌骨相连. 第一和第三指仅一节指骨，第二指有二节指骨. 腰带由髂骨、坐骨和耻骨三对骨构成. 同侧的髂、坐、耻三骨愈合在一起，借胸骨与愈合荐骨愈合. 耻骨和坐骨均向后伸，且左、右耻骨在腹中线不愈合，构成开放式骨盆. 后肢发生愈合和加长，股骨发达并与近排跗骨愈合成胫跗骨，腓骨退化成刺状，跖骨 4 枚与远端跗骨愈合成

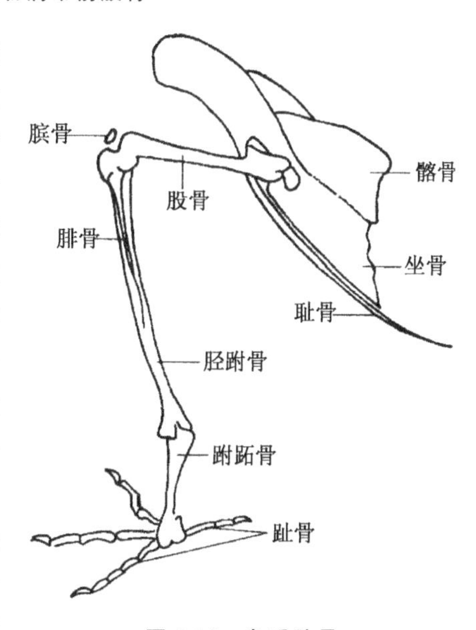

图 3-12　鸟后肢骨

（引自马克勤. 脊椎动物比较解剖学实验指导. 北京：高等教育出版社，1986）

跗跖骨并延长成棒状，具4趾(图3-12).

［注意事项］

1. 不要在骨骼标本上划画和做标记.

2. 不要损坏整体骨骼标本关节结构.

［实验报告］

1. 总结哺乳类头骨的特征，并与鱼类、两栖类和爬行类比较，找出进化的趋势.

2. 各纲脊椎动物的脊柱分化有什么不同？在进化上有什么意义？

［思考题］

1. 脊椎动物头骨的演化与动物生活方式有何关系？

2. 肩带与脊柱间接相连，腰带与脊柱直接相连，这是陆生脊椎动物的共同特征，这对动物有何意义？

3. 骨骼愈合在动物中很普遍，简述其意义.

实验四十二　脊椎动物循环系统的比较观察

脊椎动物的循环系统包括血液循环系统及与其有密切联系的淋巴系统.

循环系统的功能主要是运输物质,即:将消化系统摄取的营养物质和呼吸系统吸收的氧气运送到各组织细胞进行新陈代谢,再将代谢产物二氧化碳和含氮废物输送到呼吸器官和排泄器官,排出体外.内分泌的激素也通过循环系统运输到机体的各个部位,发挥相关作用.此外,循环系统还承担维持机体内环境稳定,使体内渗透压、盐的含量及pH等稳定在一定范围内的作用;血液中的白细胞还能吞噬入侵的病菌和异物,参与免疫反应.

循环系统由心脏、血管、血液和淋巴系统组成.

1. 心脏

脊椎动物中的文昌鱼无心脏,圆口类动物开始有心脏.心脏在胚胎发育早期最先发生,由一对血管合并、弯曲、扭转、膨大而特化为心房和心室.心脏肌肉发达,并能进行节律性搏动,推动血液循环.连接心房处有静脉窦,连接心室处有动脉圆锥,有多种瓣膜分布于窦房间、房室间和动脉圆锥内,以防止血液倒流.

圆口类和鱼类的心脏属原始类型,仅有一个心房、一个心室、静脉窦、动脉圆锥(软骨鱼类).心室内部是缺氧血,血液每循环身体一周,只经过心脏一次,血液循环途径也只有一条,称为单循环.

两栖类的心脏出现两个心房,心室仍为一个,呼吸器官由肺代替鳃.因此血液循环分为肺循环和体循环,称双循环.因心室内多氧血和缺氧血相混合,故又称不完全双循环.

爬行类的心脏也有两个心房和一个心室,但心室内出现隔膜和不完全的分隔,这比两栖类复杂.静脉窦已退化,动脉圆锥也已消失.因为心室分隔不完全,所以心室里的血液还是混合血,也属于不完全双循环.

鸟类和哺乳类的心脏已经分为完整的四室,即左、右心房和左、右心室.来自大静脉的缺氧血进入右心房至右心室,来自肺静脉的多氧血进入左心房至左心室,多氧血和缺氧血在心脏内不再混合,体循环和肺循环完全分开,因此属于完全双循环.

2. 血管

血管是血液流动的管道,包括动脉、静脉和毛细血管三种.

(1) 动脉:动脉是指从心脏运输血液到身体各部位的血管,起自心脏,随后分支逐渐变小,止于组织中的毛细血管.动脉一般管壁较厚而有弹性.动脉弓是指腹大动脉分出多对入鳃动脉和出鳃动脉,动脉弓的变化也反映了动物的演化程度.原始种类有6对动脉弓,每一对出鳃动脉汇入消化道背面成对的背大动脉根,由此汇合成一条背大动脉,并沿途分支到身体各部分的组织.

软骨鱼类只有5对动脉弓,第一对动脉弓退化.硬骨鱼类有4对动脉弓.

两栖类成体开始因鳃消失而改用肺呼吸，动脉弓也随之改变.第三对动脉弓演变为颈动脉；第四对动脉弓演变为体动脉弓，左右体动脉弓在背中央合成一条背大动脉；第五对动脉弓消失；第六对动脉弓演变成肺皮动脉.

爬行类的体动脉弓又分化出左体动脉弓和右体动脉弓.

鸟类的左体动脉弓消失，只保留一条右体动脉弓.

哺乳类的变化情况与鸟类相反，右体动脉弓消失，只保留一条左体动脉弓.

(2) 静脉：静脉是指从身体各部分运输血液回心的血管，起自组织中的毛细血管，止于心脏.静脉壁较薄，形态多样.有些大静脉内具有静脉瓣，可防止血液倒流.

静脉血从毛细血管经过前主静脉和后主静脉回流到心脏，但不是所有的静脉血都直接回到心脏，有一部分内脏器官的静脉先把血液运到肝脏或肾脏，然后由肝脏和肾脏的毛细血管汇集，再到总主静脉流回心脏.具有这种特点的静脉，称为门静脉.脊椎动物有两种类型的门静脉，即肝门静脉和肾门静脉.血液从肝脏和肾脏流出，经肝静脉和肾静脉，最后汇集成总主静脉回心.

圆口类的肝门静脉已经出现，但未形成肾门静脉.

鱼类有肝门静脉和肾门静脉.

两栖类有肝门静脉和肾门静脉，由于从两栖类开始出现了肺，又有了肺静脉，其血液为多氧血.

爬行类的静脉血管与两栖类基本相似，但是龟鳖类的肾门静脉退化.

鸟类静脉的特点是：肾门静脉趋于退化，特有一条尾肠系膜静脉连接肝门静脉.

哺乳类的静脉血管简化，只有肝门静脉，而肾门静脉已消失.

[实验目的]

1. 通过脊椎动物血管注射标本的制作，学习其制作方法.

2. 通过脊椎动物各纲代表性动物血管注射标本的比较观察，了解各纲动物循环系统的特点及脊椎动物循环系统的演化规律.

[实验材料与器具]

1. 材料

脊椎动物各纲代表性动物活体材料，如活鲫鱼或鲤鱼、青蛙或蟾蜍、鳖、家鸽或家鸡、兔，任选一种用于血管注射标本的制作.

脊椎动物各纲代表性动物血管注射标本，如鲫鱼或鲤鱼、青蛙或蟾蜍、蜥蜴、鳖、家鸽、兔的血管注射标本，用于循环系统的比较观察.

2. 器具与药品

解剖器、解剖盘、注射器(5～10 mL)、7～9 号针头、100 mL 的烧杯、水浴锅、玻棒、玻璃板、线、脱脂棉、乙醚、明胶、颜料(油红、洋蓝或市售广告色等)、甲醛.

[实验方法]

1. 心脏的比较观察

(1) 软骨鱼：观察鲨鱼的心脏.鲨鱼心脏有4个腔.心脏最后部为三角形的静脉窦,静脉窦前方的一室为心房,心房的腹面为心室,心室前方有动脉圆锥(图3-13).

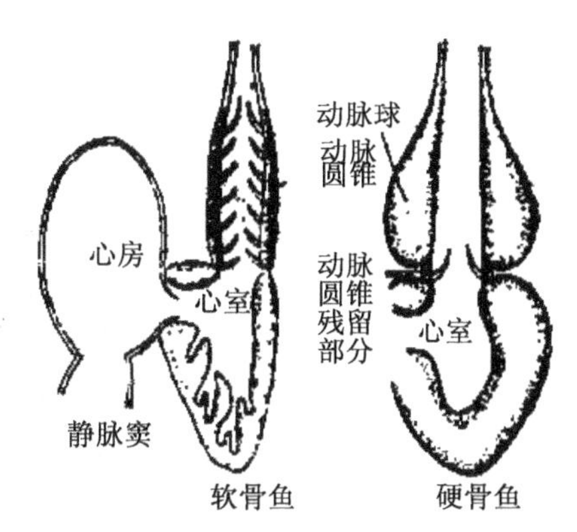

图3-13 鱼心脏
(引自杨安峰.脊椎动物学.北京:北京大学出版社,1992)

(2) 硬骨鱼：观察鲫鱼或鲤鱼的心脏.心脏有3个腔,由后向前依次为静脉窦、心房和心室.心室前方连着动脉球(属于腹大动脉膨大,不属于心脏结构),无动脉圆锥(图3-13).

(3) 两栖类：观察青蛙或蟾蜍的心脏.心脏由静脉窦、左右心房、心室和动脉圆锥等部分构成.静脉窦位于心脏背面,为呈三角形的薄壁囊.心房2个;心室呈圆锥形,壁厚,1个.在心脏的腹面心室前端有一膨大的动脉圆锥(图3-14).

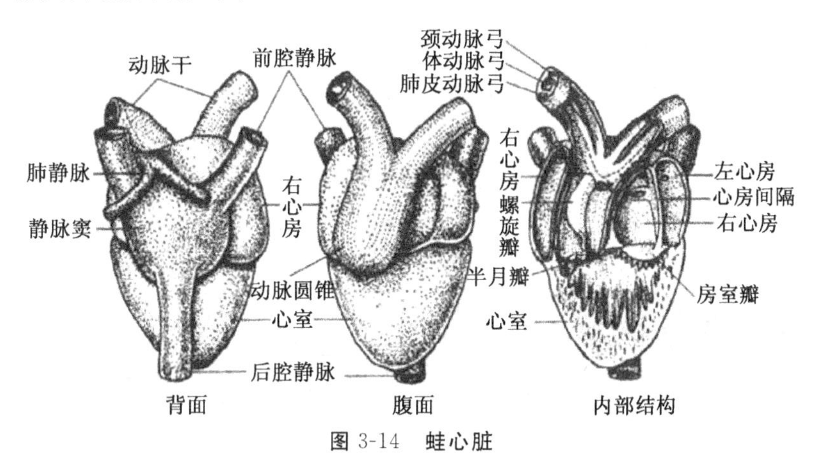

图3-14 蛙心脏
(引自刘凌云等.普通动物学实验指导.北京:高等教育出版社,2000)

(4) 爬行类：观察蜥蜴或鳖的心脏.静脉窦已存在但已明显退化,心房2个,心室1个,但心室内有不完全分隔,动脉圆锥消失(图3-15).

(5) 鸟类和哺乳类：观察家鸽或家鸡和家兔的心脏.心脏大而坚实,静脉窦和动脉圆锥均已消失,心脏有4个腔,即左右心房和左右心室(图3-16).

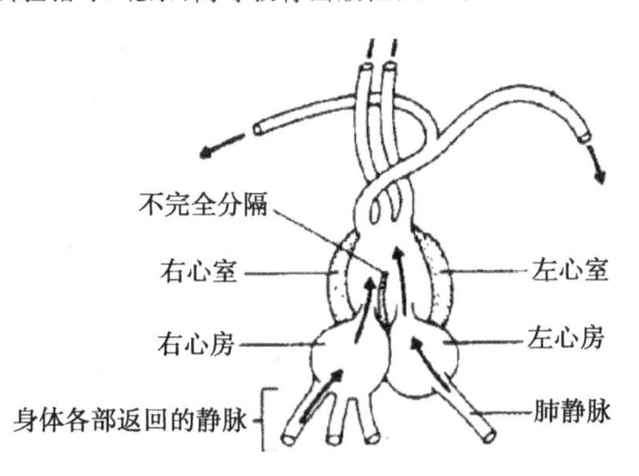

图3-15 爬行动物的心脏

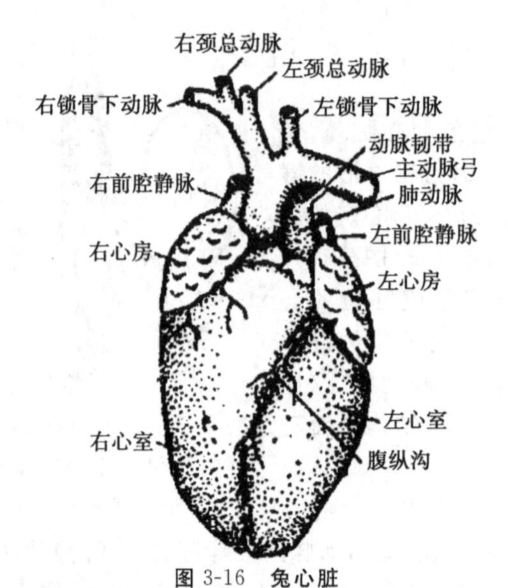

图 3-16 **兔心脏**

(引自杨安峰.脊椎动物学.北京:北京大学出版社,1992)

2. 动脉系统的比较观察

(1) 软骨鱼:在动脉圆锥前方有一条粗大的腹大动脉,由此向前发出5对入鳃动脉至鳃,由出鳃动脉汇集到背部而成背大动脉(图3-17).

(2) 硬骨鱼:观察鲤鱼或鲫鱼的动脉系统.硬骨鱼也有腹大动脉和入鳃动脉,但入鳃动脉为4对,出鳃动脉也汇集成背大动脉(图3-17).

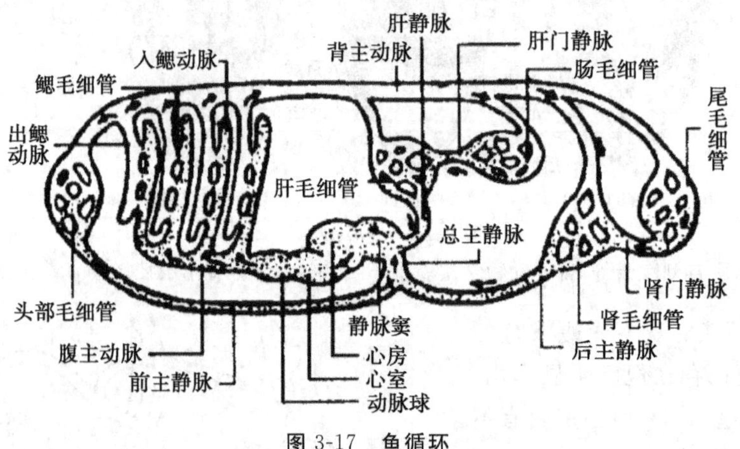

图 3-17 **鱼循环**

(引自杨安峰.脊椎动物学.北京:北京大学出版社,1992)

(3) 两栖类:观察青蛙或蟾蜍的动脉系统.动脉圆锥向前分出一对腹动脉干,每支腹动脉干又分出3条血管,由前向后依次为颈动脉弓、体动脉弓和肺皮动脉弓.左右体动脉弓前行不远就折向背方合并成一条背大动脉(图3-18).

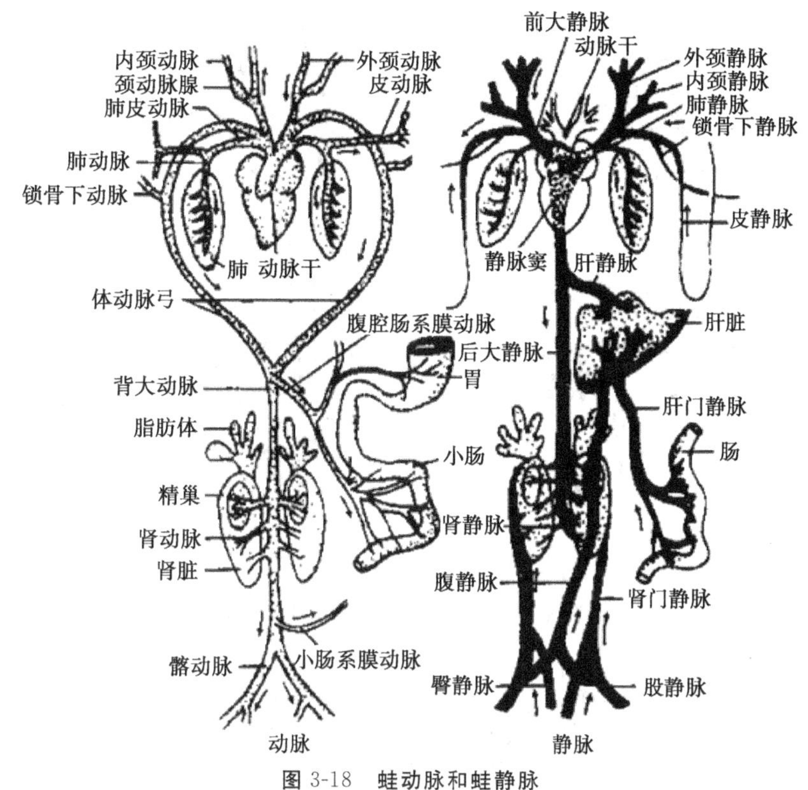

图 3-18 蛙动脉和蛙静脉

（引自武云飞等.水生脊椎动物学.北京：中国海洋大学出版社，2000）

（4）爬行类：腹大动脉连同动脉圆锥一起纵分为3条动脉主干.最左侧的动脉干为肺动脉，邻近它的为左体动脉弓，靠右侧的一支为右体动脉弓连同颈动脉弓（在右体动脉弓基部发出）（图3-19）.

（5）鸟类：仅存右体动脉弓和肺动脉弓.右体动脉弓从左心室发出，肺动脉弓从右心室发出（图3-20）.

（6）哺乳类：仅有左体动脉弓和肺动脉弓.左体动脉弓从左心室发出，肺动脉弓从右心室发出（图3-21）.

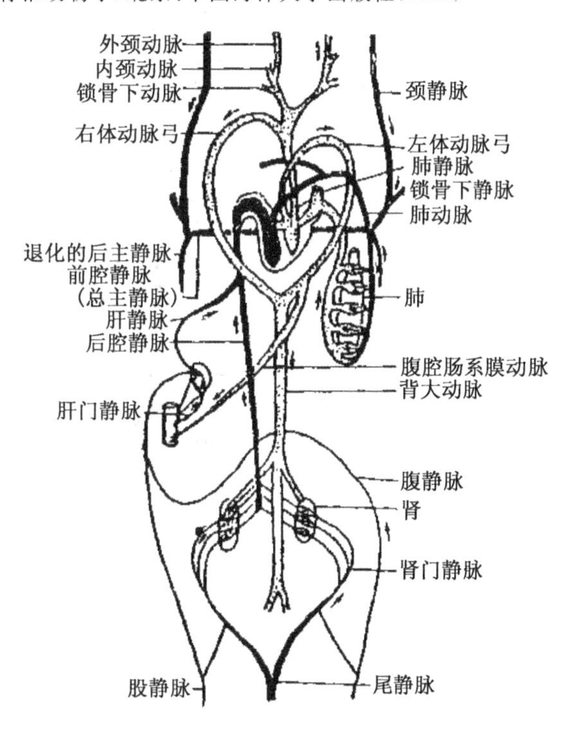

图 3-19 爬行动物循环系统

（引自杨安峰.脊椎动物学.北京：北京大学出版社，1992）

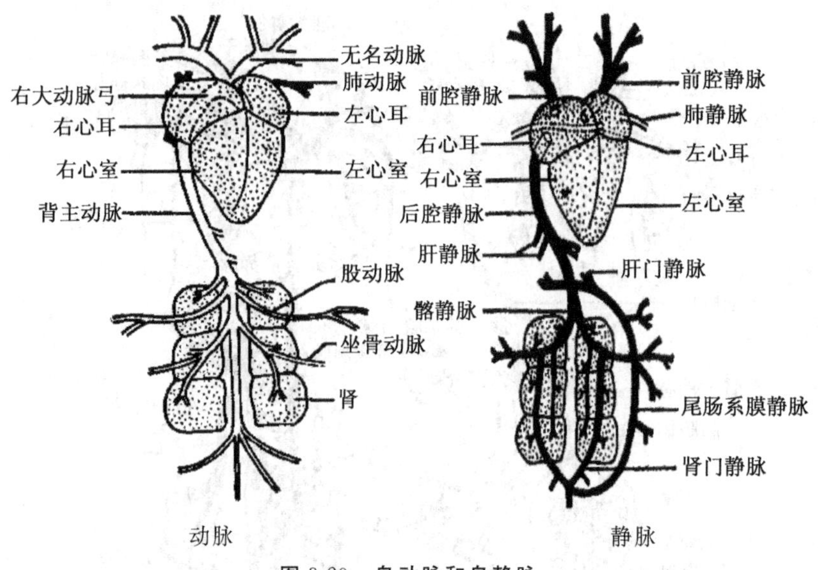

图 3-20　鸟动脉和鸟静脉

(引自丁汉波.脊椎动物学.北京:高等教育出版社,1983)

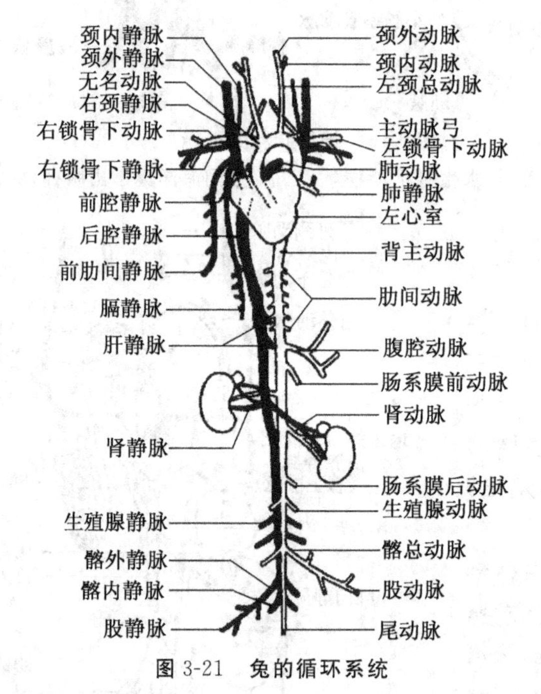

图 3-21　兔的循环系统

(引自丁汉波.脊椎动物学.北京:高等教育出版社,1983)

3. 静脉系统的比较观察

(1) 软骨鱼:两条前主静脉与两条后主静脉汇合成总主静脉,前主静脉和后主静脉的管腔粗大而成窦状,为一种特化的形式.尾静脉入肾形成肾门静脉.肝门静脉发达，肝静脉扩大形成肝静脉窦. 体壁两侧具腹侧静脉，收集锁骨下静脉和髂静脉的血液.

(2) 硬骨鱼：与软骨鱼相似，但腹侧静脉消失，锁骨下静脉注入总主静脉，髂静脉汇入后主静脉.

(3) 两栖类：出现了肺静脉. 前大静脉代替了前主静脉；后主静脉退化，出现了一条新的后大静脉；腹侧静脉消失而出现一条腹静脉. 具有肝门静脉和肾门静脉.

(4) 爬行类：与两栖类相似，但肾门静脉趋于退化.

(5) 鸟类：肾门静脉进一步退化，腹静脉完全消失，具一条特殊的尾肠系膜静脉.

(6) 哺乳类：肾门静脉完全退化消失. 有两条特有的静脉，即奇静脉和半奇静脉.

[注意事项]

1. 观察时要注意爱护标本，不要用尖锐的器械损坏血管.

2. 标本观察时，应根据血管走向进行观察，以便于确认血管名称.

[实验报告]

1. 为什么说单循环是和鳃呼吸联系在一起的，而双循环是和肺呼吸联系在一起的?

2. 比较各纲心脏的分化和动脉弓及静脉系统的演变，总结演变的趋势.

实验四十三　鱼类脑的解剖观察及脊椎动物脑的比较

脊椎动物的神经系统可分为中枢神经系统、周围神经系统和植物性神经系统.

中枢神经系统包括脑和脊髓，是一切神经活动的调控中心.脑和脊髓是由胚胎期的神经管分化而来的.它们还保留有原始神经管的管腔.

1. 脊椎动物的脑分为五部分，即端脑(大脑)、间脑、中脑、小脑和延脑.各类动物在演化过程中脑的发展是不平衡的.

(1) 端脑：位于脑的最前端，由前伸的嗅叶和后面的两个大脑半球组成.两大脑半球内腔为第一、二脑室.哺乳动物的大脑最发达，其脑壁外部由多层神经细胞组成的灰质皮层较发达，有的种类还形成沟回结构，是调控神经活动的高级中枢.其他动物的大脑皮层不发达，鸟类的复杂本能主要与大脑底部的纹状体有关.

(2) 间脑：位于两大脑半球后方.背部为顶器和松果体，腹部伸出一个脑漏斗并连接末端的脑垂体，这两结构都属内分泌腺.间脑有第三脑室，其两侧后壁为丘脑.大脑皮层不发达的动物，丘脑是中枢神经系统的高级感觉中枢，与视觉有密切关系；大脑皮层发达的动物，丘脑是感觉神经纤维的中继站，起到上传下达的作用，成为次级感觉中枢.丘脑下部为植物性神经系统的高级中枢.

(3) 中脑：位于间脑后方.哺乳动物有一称为四叠体的结构，是动物的视觉和听觉反射中枢.中脑内有一窄管为中脑导管，沟通第三、四脑室，中脑下部是脑脚，它和脑桥、延脑合称为脑干，是向前向后传递信息的通路.

(4) 后脑：其背部突起成小脑，腹面两侧为脑桥.小脑是调节身体平衡和运动的中枢.

(5) 延脑：是脑与脊髓的连接部分，内腔为第四脑室.延脑有许多重要的生命活动中枢，如调节呼吸、循环和分泌等的中枢.延脑也是脑和脊髓的上下神经纤维的通路.

2. 鱼类的脑明显分为五部分.

(1) 大脑：主要是大脑底部由神经组织构成的纹状体.纹状体主要接受来自嗅脑的神经纤维.因此，大脑的功能是嗅觉.大脑前合有发达的嗅叶，称嗅脑.软骨鱼类的大脑比硬骨鱼类进步，因大脑顶部也有神经组织，而硬骨鱼仅有结缔组织.

(2) 间脑：又称丘脑，间脑较小，被中脑遮盖.其顶部有松果体，底部为下丘脑，伸出交叉的视神经.其后合为脑漏斗和脑垂体.在脑漏斗基部两侧具鱼类特有的血管囊，可能是探测水深的感受器；间脑对鱼类的色素细胞也有明显的影响.

(3) 中脑：背面形成左右两半的视叶，为鱼类的视觉中枢.此外，中脑对控制鱼类的身体位置和移动有一定作用.

(4) 小脑：体积大，硬骨鱼类的小脑还有小脑瓣.小脑主要是调节运动的中枢，它与鱼类迅速游泳的能力有关.

(5) 延脑：是脑的最后部分，末端连接脊髓. 延脑有多种神经中枢，主要有听觉、侧线感觉中枢和呼吸中枢. 硬骨鱼类延脑的面叶和迷走叶是味觉中枢.

［实验目的］

1. 通过脊椎动物5纲脑标本的制作，学习其制作方法.

2. 通过脊椎动物5纲代表性动物脑标本的比较观察，了解各纲脑的特征和它们之间的演化过程以及亲缘关系.

［实验材料与器具］

1. 材料

脊椎动物5纲代表性动物活体材料，如活鲫鱼或鲤鱼、青蛙或蟾蜍、鳖、家鸽或家鸡、兔等，任选一种用于脑标本的制作.

脊椎动物5纲代表性动物脑比较标本，如鲫鱼或鲤鱼、青蛙或蟾蜍、蜥蜴、鳖、家鸽、兔的脑标本，用于脑的比较观察.

2. 器具与药品

解剖器、解剖盘、毛笔、脱脂棉、标本瓶、玻璃板、甲醛、乙醚、硝酸或盐酸、3%的过氧化氢.

［实验方法］

1. 鲤鱼神经系统的解剖观察

从两眼眶上方下剪，沿头尾轴方向剪开头部背面骨骼，再在两纵切口的两端间横剪. 小心剥去头部背面骨骼，用棉球吸去银色发亮的脑脊液，露出脑的各部分结构(图3-22).

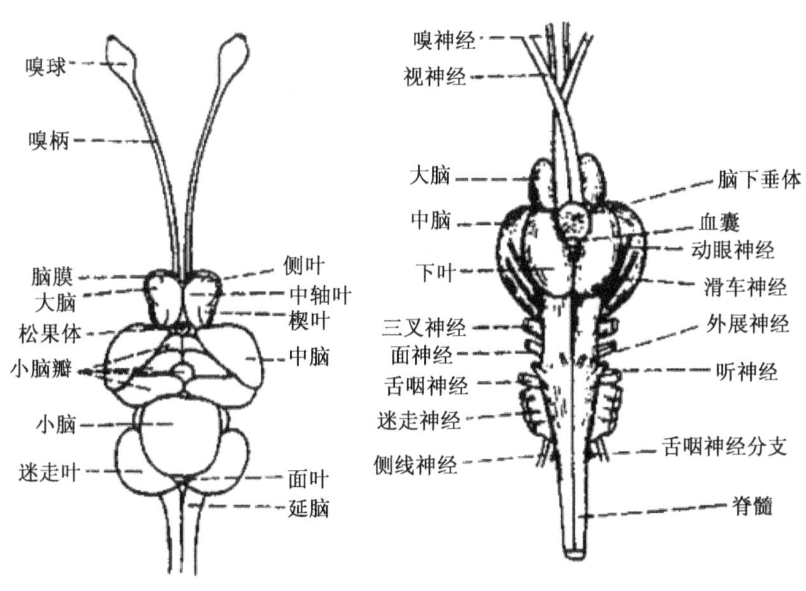

图3-22 鱼脑

(引自杨安峰.脊椎动物学.北京:北京大学出版社,1992)

(1) 端脑：由嗅脑和大脑组成.嗅脑包括紧靠嗅囊的椭圆形嗅叶(又称嗅球)和细长的棒状嗅束(又称嗅柄).嗅束往后与大脑相连.大脑分为左、右两个半球，小球状，位于脑的前端.

(2) 间脑：较小，位于大脑后方的腹面，被大脑和中脑遮盖.间脑背面有松果体，腹面有脑漏斗及脑垂体.在观察完脑的各部分结构之后观察脑垂体.用镊子轻轻托起端脑，向后翻起整个脑，可见中脑腹面的颅骨有一陷窝，其内有一个白色近圆形的小颗粒，即为脑垂体(有时脑垂体会随脑的翻起一并被带出陷窝).脑垂体为重要的内分泌腺.可用镊子将它取出，用于鱼类的人工催产实验等.

(3) 中脑：位于端脑之后，较大，受小脑瓣所挤而偏向两侧，各成半月形突起，称为视叶.

(4) 小脑：位于两视叶突出的后方，呈略带方形的球状，背面隆起，向前伸出小脑瓣突入中脑.

(5) 延脑：为脑的最后部分，由一个面叶和一对迷走叶组成.面叶居中，其前部被小脑遮盖，只能见其后部；迷走叶较大，左右成对，在小脑的后方两侧.延脑后部变窄，连接脊髓.

(6) 脑神经：鱼类由脑发出10对脑神经分布至头部及内脏.

(7) 脊髓：为扁圆形的柱状管，位于椎骨的髓弓内.前面与延脑相连，往后延伸至最后一枚椎骨.

2. 脊椎动物脑的比较观察

(1) 鲤鱼

鱼类的脑明显分化为端脑、间脑、中脑、小脑和延脑五部分.端脑由嗅脑和大脑组成.嗅脑由椭圆形的嗅球和长长的嗅束构成；大脑半球较小.间脑背面被中脑视叶覆盖.中脑较大，被小脑瓣挤向侧面.小脑近椭圆形.延脑包括中间的面叶和两侧的迷走叶.

(2) 蟾蜍

两栖类的端脑最前端为嗅叶，与大脑半球相连接，但有一条很浅的外侧沟与大脑分界.大脑半球呈椭圆形，两半球间有一纵裂.从背面看，介于视叶与大脑半球间的菱形区域为间脑.中脑的主要部分为一对视叶.小脑不发达，紧贴在中脑后方.脊髓前端变宽处为延脑(图3-23).

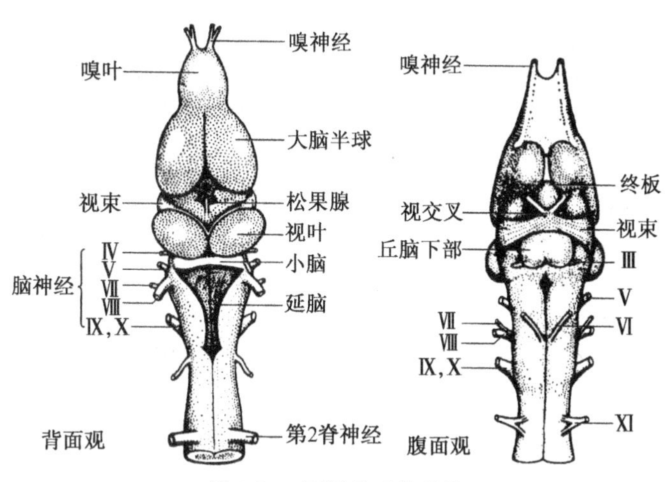

图 3-23　两栖类动物的脑

（3）蜥蜴

爬行动物的嗅球较小，大脑半球发达，较鱼类和两栖类的明显增大．间脑在背面，几乎难以辨认，间脑顶部有顶体．中脑仍为一对视叶．小脑较两栖类发达(图 3-24)．

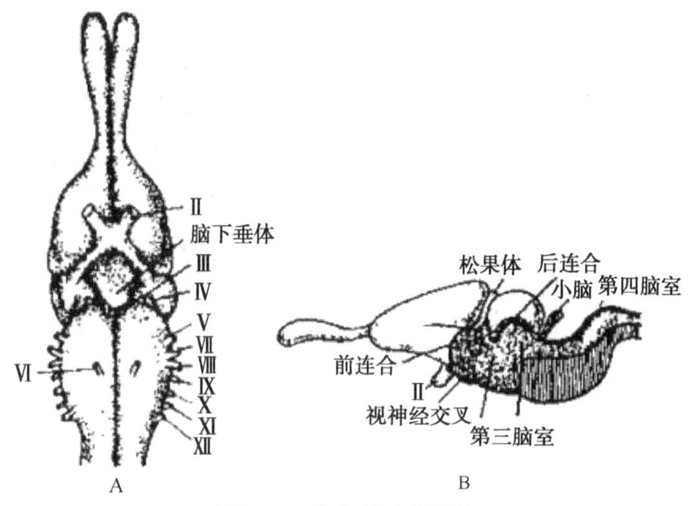

图 3-24　爬行类动物的脑

（4）鸽

鸟类的嗅球很小．大脑半球体积很大，呈圆球形，不仅遮盖了间脑，而且还遮盖了中脑前部．间脑顶部无顶体．中脑视叶很发达．小脑发达，分为中央的蚓部和左右的侧叶(图 3-25)．

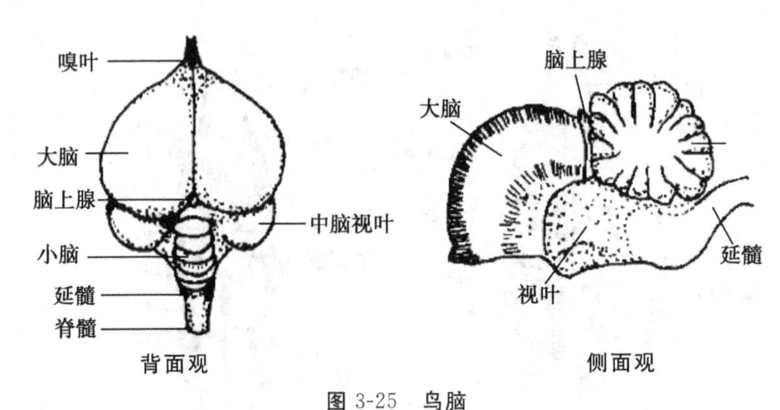

图 3-25 鸟脑

（引自华中师范学院等.动物学.北京：高等教育出版社，1983）

（5）兔

哺乳动物的嗅球小.大脑半球体积特别大，覆盖于间脑和中脑之上.间脑似鸟类.中脑背面形成两对圆形的四叠体，腹面有粗大的大脑脚.小脑发达，分为中间的蚓部和两侧发达的小脑半球(图 3-26).

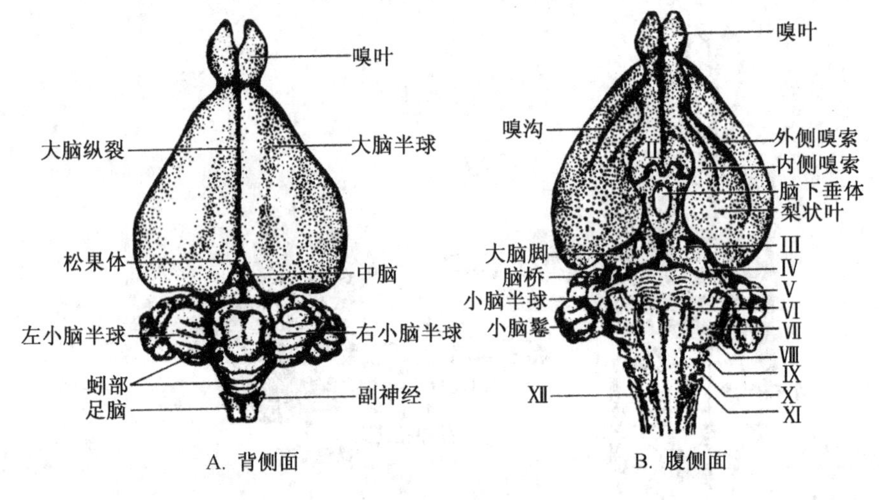

图 3-26 兔 脑

［实验报告］

1. 以进化的观点比较鲤鱼脑、青蛙脑、蜥蜴脑、鸽脑和兔脑的不同，总结它们的演变趋势.

2. 试述脊椎动物脑的演化过程.

实验四十四 蛙的人工受精和早期发育观察

蛙在春天繁殖，其受精卵是很易获得的用于观察动物胚胎发育的良好实验材料. 蛙的胚胎发育过程包括受精、卵裂期、囊胚期、原肠胚期和神经胚期等早期阶段和经历变态的胚后发育期. 通过蛙胚胎发育的观察，可以较好地了解动物的胚胎发育过程.

［实验目的］

1. 了解生殖的基础理论，学习蛙的人工催产和受精技术.

2. 通过对蛙早期发育的观察，认识动物个体发育的一般过程，从而加深对动物系统演化的理解.

3. 学会查阅文献、设计实验、分析处理实验数据及书写实验报告.

［实验材料与器具］

1. 性成熟的牛蛙、虎纹蛙等人工养殖的蛙类；或在蛙的繁殖季节，自己去野外采集性成熟的蛙类，如泽蛙等；性成熟的鱼类.

2. 器具

由学生根据实验设计自行准备.

3. 药品

丙酮、无水乙醇、蛙类脑下垂体(PG)、绒毛膜促性腺激素(HCG)、促黄体生成素释放激素类似物(LRH-A)、生理盐水、蒸馏水等.

［实验方法］

1. 蛙的人工催产

(1) 催青注射液的配制：脑垂体 3～5 个，加 0.1～0.2 mL 0.65%的生理盐水，在研钵内研磨，使其中的激素溶于生理盐水. 也可用 0.65%的生理盐水溶解绒毛膜促性腺激素(HCG)，或用 0.65%的生理盐水溶解促黄体生成素(LRH)至合适浓度.

(2) 注射：按每只雌蛙 3～5 个脑垂体提取液，促黄体生成素 3～5 μg，绒毛膜促性腺激素(HCG)20～30 IU 的剂量进行腹腔注射. 雄性个体根据发育情况决定注射量，或可不注射.

2. 受精卵的获得

(1) 精子悬浮液的制备：杀死或麻醉一只雄性青蛙，解剖取出精巢，将精巢轻轻地在吸水纸上滚动，除去黏附其上的血液及肠系膜等. 将干净的精巢放入小烧杯或培养皿中，捣碎. 加入 10 mL 左右的生理盐水，制成精子悬浮液. 将乳状悬浮液静置 15 min，激活精子.

(2) 采卵：抓住待产雌蛙，使其背部对着手心，手指部分圈住蛙体，并刚好在前肢的后面，手指尖搁在蛙的腹部；另一手抓住并伸展蛙的两后肢(图 3-27).

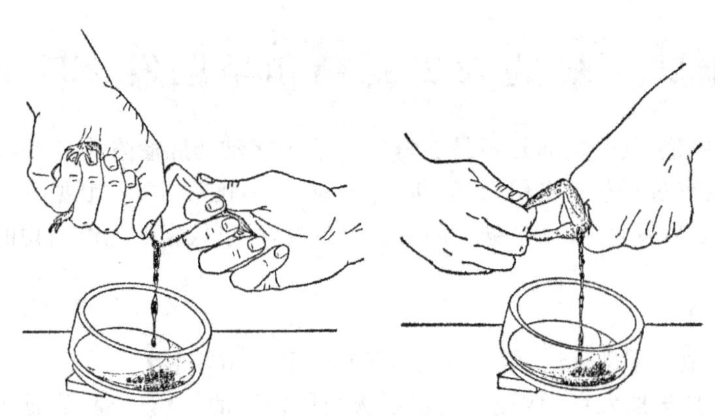

图 3-27　采集蛙卵

握住蛙的手指自蛙体前部开始轻微加压，然后向泄殖腔方向逐渐捏握，卵即可由泄殖孔流出. 由于开始时通常会流出泄殖腔液，因此丢弃最初排出的卵粒，擦干泄殖孔周围后，再收集卵于培养皿中.

(3) 受精：向盛卵培养皿中加入已制备好的精子悬浮液，摇匀，使精子与卵子充分接触. 10～15 min 后倒出精子悬浮液并加入清水，完成受精，得到受精卵. 将受精卵移入盛有清水的培养皿中，并供给充足的氧气，观察发育过程.

也可将催产后的雌、雄蛙一起放入水簇箱中，让它们自行抱对产卵. 但此方法需密切注意观察抱对行为，以便及时采得受精卵，否则难以准确把握受精时间.

3. 早期发育的观察

(1) 卵裂观察：分别取 2～32 细胞期的蛙卵分裂球装片，置于解剖镜下观察卵裂的过程.

卵裂是受精卵依照一定的规律进行重复分裂的现象. 蛙的卵裂方式为不等全裂. 注意观察：前一次分裂尚未完成便开始了下一次的卵裂.

① 2 细胞期：蛙卵的第一次卵裂为经裂. 卵裂沟首先出现于动物极，再向植物极延伸，把受精卵分为大小相同的两个分裂球.

② 4 细胞期：第二次卵裂仍为经裂. 分裂面与第一次的分裂面垂直，分裂成大小相同的 4 个分裂球.

③ 8 细胞期：第三次分裂是纬裂. 分裂面位于赤道面上方，与前两次的分裂面垂直，形成上、下两层共 8 个分裂球. 上层的 4 个较小，下层的 4 个较大.

⑤ 16 细胞期：第四次分裂为经裂. 由 2 个经裂面同时将 8 个分裂球分为 16 个分裂球.

⑥ 32 细胞期：第五次分裂为纬裂. 由 2 个分裂面同时把上、下两层分裂球分成 4 层，每层仍为 8 个分裂球，共 32 个分裂球. 这次分裂，上层略快于下层. 以后的卵裂就不规则，速度也不一致，因此两栖动物的卵裂为不等全裂.

(2) 囊胚期：从蛙卵进行第六次分裂后即进入囊胚期. 此时，分裂球的形状像个篮球.由于动物极和植物极的细胞的不等速分裂,使动物极的细胞小而植物极的细胞较大.随着卵裂的进行,分裂球逐渐变小.至囊胚晚期,分裂球变得更小,其细胞的数量则相应地增加.

将蛙的囊胚晚期纵切面切片置于低倍显微镜下观察,可见囊胚的内部偏向动物极的一侧有一囊胚腔(或称分裂腔).动物极细胞分界明显,而植物极的细胞外形模糊.囊胚腔的顶部大约由 4 层动物半球的小细胞组成,囊胚腔底部的大细胞层数较多,细胞内贮有卵黄颗粒.

(3) 原肠胚期

① 原肠早期:取发育中的蛙卵或蛙原肠胚早期切片置于低倍显微镜下观察,可见在囊胚的边缘带,即在胚胎赤道下方出现一个横的浅沟或深的凹陷(这是原肠胚的最初标志),此凹陷处即为胚孔.

② 原肠晚期:在显微镜下观察发育中的蛙卵或蛙胚原肠晚期的纵切片,可见到胚孔和充满胚孔的乳白色的卵黄栓.至原肠晚期,可见到裂缝状的原肠腔.

蛙胚原肠胚形成的过程中,细胞经过一系列的移动和重新排列,结果就形成了动物的三个胚层,即外胚层、内胚层和中胚层.

(4)神经胚期:原肠胚发育到最后,向外的开口——胚孔缩小.在胚胎的背面开始出现两条互相平行的隆起.这两条隆起逐渐联合起来,形成神经管.胚胎发育的这一时期为神经胚期.在神经胚期,除形成神经管外,还要形成脊索和体腔.观察发育中的蛙卵或蛙卵发育装片,注意观察下列各期:

① 脊索的形成:在原肠胚晚期切片上所看到的经胚孔内卷进去的动物半球的细胞,将形成脊索中胚层和中胚层.脊索中胚层位于原肠的背壁,中胚层则位于原肠的侧壁,这两部分最初均为连续的一层.随后,脊索中胚层的细胞与原肠背部及两侧含卵黄的内胚层细胞分离.分离后,脊索中胚层的背中线部分较厚,称脊索板.后来其两侧的内胚层沿脊索板两侧裂开,中间的脊索板完全脱离原肠逐渐形成脊索.

② 中胚层的发生:在脊索中胚层形成脊索的同时,位于原肠两侧壁的中胚层首先与脊索中胚层分离.随着胚胎的继续发育,邻近原肠腔的中胚层组成侧中胚层.侧中胚层分裂为两层,靠近外胚层的是体壁中胚层,位于内胚层外面的是脏壁中胚层.侧中胚层沿胚体两侧外胚层与中胚层之间向下伸展,于腹中线处汇合并打通,形成一个连续的腔,即体腔.

③ 神经管的发生:蛙胚神经管的形成过程可分为神经板期、神经褶期和神经管期等三个阶段.

神经板期:从神经板期的蛙胚横切片上可见,胚胎背中部的外胚层厚而平坦,此即神经板.神经板由外部的色素表皮层和里边的神经层组成.神经板腹面中央为脊索.脊索两侧是中胚层,脊索腹面的腔是原肠腔.

神经褶期:从此期蛙胚的横切片上可以看出,神经板边缘两侧的细胞向背方隆起，形成神经褶.两侧的神经褶逐渐靠拢，在此过程中，原肠腔逐渐缩小.

神经管期：从此期蛙胚横切片的观察可以看到，神经褶已在背方合并为神经管，并已与上方的表皮外胚层分开.神经管腹面的实心细胞团是脊索.位于脊索两侧的是背中胚层和侧中胚层.

神经管形成以后，蛙的胚胎继续生长发育，胚胎长度不断增加.按其长度可分为 3 mm、6 mm、9 mm 等时期的胚胎.

当胚胎长到 6 mm 左右时，胚胎脱离胶膜而变成自由生活的蝌蚪.蝌蚪不断生长，经历一系列变态过程后最终成为成体蛙.

4. 胚后发育的观察

(1) 刚孵出的蝌蚪：观察刚孵出的蝌蚪的外形，可见其身体呈鱼形，无四肢，仅具有一侧扁的长尾，用以游泳.刚孵出的蝌蚪具有马蹄形的腹吸盘，吸盘上的黏液可使其黏附在水草等物体上.

(2) 具有外鳃和口部的蝌蚪：蝌蚪孵出 2～3 d 后，腹吸盘开始退化，逐渐缩小并最终消失.与此同时，头部两侧长出 3 对有分支的羽状外鳃.外鳃来自于外胚层，具有呼吸的功能.

(3) 外鳃消失的蝌蚪：外鳃生出不久，在蝌蚪的头部出现了覆盖于鳃裂上的皱褶，不久即在生鳃区域的后下方与身体合并而将外鳃掩盖.外鳃逐渐萎缩，但左侧尚保留一个外孔与外界交通，水流可经此鳃孔流出.蝌蚪的呼吸功能被 4 对内鳃所代替.这个时期蝌蚪的颌骨上已生有角质齿.因此，蝌蚪由刚孵出时靠消化卵黄为生转变为以草为食.

(4) 刚长出后肢的幼蛙：蝌蚪自由生活 3 个月以后，开始变态.首先从尾的基部向两侧各生出一个小乳头状突起，逐渐生长并最终发育形成一对后肢.

(5)具有四肢和尾的幼蛙：后肢出现后不久，幼蛙开始长出前肢.其发生情况与后肢相似.此时，它还具有一条很长的尾.

(6)尾消失的幼蛙：随着前、后肢的出现，幼蛙的尾巴逐渐萎缩，并最终完全消失.

在蝌蚪的变态过程中，其外形和躯体的内部结构发生了一系列变化，如口部变阔，角质齿消失，另在上、下口唇部生有横裂的细齿；鼓膜发生；眼睛变化；后肢很快地伸长；椭圆形的身体也改变了轮廓.随着内鳃隐缩而被吸收，肺囊迅速发育并取代鳃执行呼吸功能.从此以后，幼蛙开始上陆地生活.

[实验报告]

1. 试述蛙的催产及人工受精操作要点.
2. 比较分析不同催产剂组合催产效果.
3. 绘出蛙类早期发育图.
4. 记述蛙类发育时期.

附：

(一) 蛙脑下垂体的获取与处理

用大剪刀从口角处横向剪断头颅，再用小剪刀从枕骨大孔的两侧插入颅腔，剪开颅骨，将颅底打开，在脑的腹面可见一粉红色颗粒状小体，即为脑下垂体. 用尖镊子轻轻将脑下垂体取出，去除周围组织，然后放入盛有丙酮或无水乙醇的小广口瓶中脱脂脱水 12 h，取出晾干，在阴凉或低温处密封干燥保存，备用. 经脱脂脱水处理或更新丙酮或无水乙醇后，长期保存备用.

若无备用的脑下垂体，催产时可临时取新鲜的使用.

(二) 黑斑蛙正常发育时期表(20±0.1 ℃)

发育时期	发育阶段	由受精起所需的时间/h
1	受精卵	0
2	2-细胞	2.0 ± 0.02
3	4-细胞	2.7 ± 0.09
4	8-细胞	3.3 ± 0.08
5	16-细胞	4.0 ± 0.4
6	32-细胞	4.6 ± 0.3
7	囊胚早期	5.4 ± 0.2
8	囊胚中期	8.4
9	囊胚晚期	12.4
10	原肠胚早期	15.9 ± 0.3
11	原肠胚中期	19.9 ± 0.4
12	原肠胚晚期、卵黄栓	21.7 ± 0.0
13	神经板期	32.4 ± 1.3
14	神经褶期	39.1 ± 1.3
15	胚胎的转动	41.9 ± 1.1
16	神经管期	45.3 ± 0.82
17	尾芽期	49.9 ± 1.9
18	肌肉感应	60.2 ± 1.2
19	孵化	70.4 ± 3.0
20	心跳	79.8 ± 4.7
21	鳃血循环	97.2 ± 6.9
22	开口期	129.9 ± 2.7
23	尾血循环	153.9 ± 4.9
24	鳃盖期	160.4 ± 3.7
25	鳃盖右端合缝	195.5 ± 2.3
26	鳃盖封闭	202.3 ± 5.9

（三）豹蛙的胚胎发育(图 3-28)

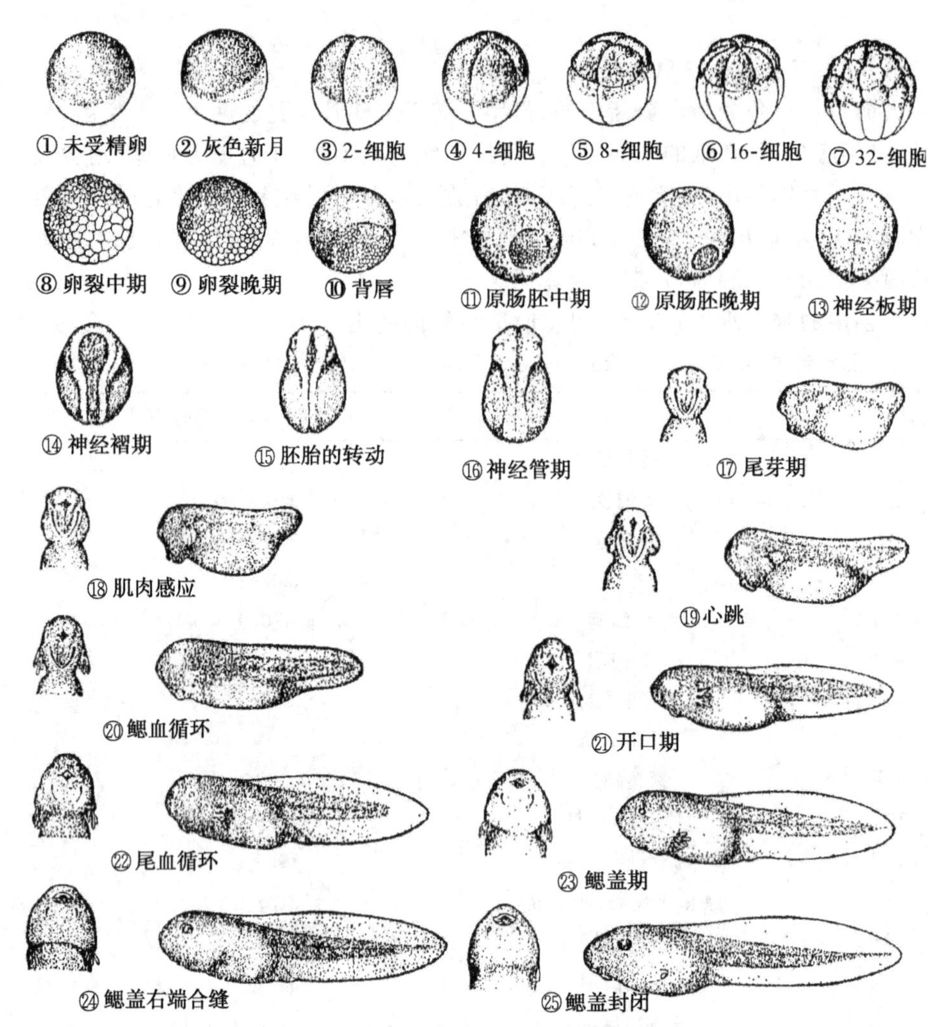

图 3-28　豹蛙(*Rana pipiens*)的胚胎发育

实验四十五　微生物与氧关系的检测

溶氧是好氧微生物生长、物质生产和能量代谢的关键因素之一.通常在空气流量一定的情况下,搅拌转速的变化会直接影响氧在发酵液中的传递效率,进而影响正常的细胞生长和代谢产物的形成.装液量的变化决定着培养基中溶解氧浓度的高低,从而影响细胞对氧的需求.

[实验目的]

1. 学会调节溶解氧浓度的方法.
2. 学习测定微生物生长量的方法.
3. 学习液体培养的方法.

[实验材料与器具]

1. 菌种

大肠杆菌种子液.

2. 器具

牛肉膏蛋白胨培养基、三角瓶、接种环、酒精灯、无菌移液管、无菌超净台、摇床、分光光度计.

[实验方法和步骤]

1. 配制培养基

配制牛肉膏蛋白胨培养基,分装到 4 只干净的 500 mL 三角瓶中,每瓶装 50 mL,贴上 1～4 号标签;另取 4 个 500 mL 三角瓶,分别装入 50 mL、100 mL、150 mL、200 mL 培养基,贴上 5～8 号标签.所有三角瓶均用 8 层纱布和线绳包扎.

将上述三角瓶于 0.1 MPa(对应 121 ℃)条件下湿热灭菌 20 min,冷却后备用.

2. 测定不同转速对大肠杆菌生长的影响

取 1～4 号瓶,每瓶接 5 mL 大肠杆菌种子液(按照无菌要求).1 号静置于 37 ℃温箱中,2 号、3 号、4 号分别置于 75 r/min、150 r/min、225 r/min 的摇床,在 37 ℃下培养 24 h.摇匀后取样,用分光光度计测吸光度(A)值($\lambda=600$ nm,对照为蒸馏水).如密度太大($A_{600}>2$),可作适当稀释后再测 A 值.

3. 测定不同装液量对大肠杆菌生长的影响

取上述 5～8 号瓶,按 10%的接种量接入大肠杆菌种子液(按照无菌要求),37 ℃,225 r/min 培养 24 h.摇匀后取样,用分光光度计测 A 值($\lambda=600$ nm,对照为蒸馏水).如密度太大($A_{600}>2$),可作适当稀释后再测 A 值.

[注意事项]

1. 接种前要将种子液充分混匀;严格无菌操作,以免污染.
2. 测定 A 值时要摇匀后再取培养液.

［实验报告］

1. 不同转速对大肠杆菌生长的影响

转速/$(r \cdot min^{-1})$	A 值(λ=600 nm)			
	1	2	3	平均值
0				
75				
150				
225				

2. 不同装液量对大肠杆菌生长的影响

装液量/mL	A 值(λ=600 nm)			
	1	2	3	平均值
50				
100				
150				
200				

3. 分别以转速或装液量为横坐标、A 值为纵坐标，绘制大肠杆菌生长与溶解氧的关系曲线.

4. 试对以上曲线进行分析.

实验四十六　环境条件对微生物生长的影响

微生物在生命活动中需要一定的生活条件.在一定限度内,环境因子变化会引起微生物的形态、生理或遗传特性发生变化,超过一定限度的变化甚至导致微生物的死亡.反之,微生物在一定程度上也能通过自身活动改变环境条件,以适合它们的生存和生长.影响微生物生长的环境条件主要有物理、化学和生物因子.本实验主要观察温度、溶解氧、紫外线、化学药剂对微生物生长的影响.

[实验目的]

1. 了解温度、氧气、紫外线、化学药剂对微生物生长的影响及其实验方法.

2. 学习微生物生长量的测定方法.

[实验材料与器具]

1. 菌种

大肠杆菌斜面菌种、金黄色葡萄球菌菌悬液.

2. 器具

牛肉膏蛋白胨琼脂培养基、三角瓶、接种环、酒精灯、无菌三角形黑纸、滤纸、剪刀、无菌移液管、无菌涂布棒、无菌培养皿、无菌超净台、0.1%的 $HgCl_2$、2.5%的碘酒、75%的乙醇、5%的石炭酸.

[实验步骤]

1. 温度对微生物生长的影响

(1) 配制牛肉膏蛋白胨琼脂培养基,分装入 3 支试管中,包扎,灭菌.

(2) 取灭菌后的斜面,在距管口 2～3 cm 处贴上标签,注明学号和培养温度.

(3) 在无菌条件下用大肠杆菌斜面菌种进行斜面接种.

(4) 分别将 3 支斜面放入 20 ℃、37 ℃、4 ℃(冰箱)温度下恒温培养,24 h 后观察生长情况.

2. 紫外线对微生物的影响

(1) 配制牛肉膏蛋白胨琼脂培养基,灭菌.

(2) 倒平板:将牛肉膏蛋白胨琼脂培养基倾入 2 个无菌培养皿中,待其充分凝固.

(3) 涂布:用无菌移液管吸取 0.1 mL 金黄色葡萄球菌液于平板上,用无菌涂布棒将菌液涂布均匀.

(4) 紫外照射:打开一个培养皿盖,用无菌三角形黑纸遮住培养基的一部分(图 3-29),于紫外灯下照射 30 min,灯与皿的距离约为 30 cm.另一个平板不加三角形黑纸,也不打开盖,于紫外灯下照射 30 min,灯与皿的距离约为 30 cm.

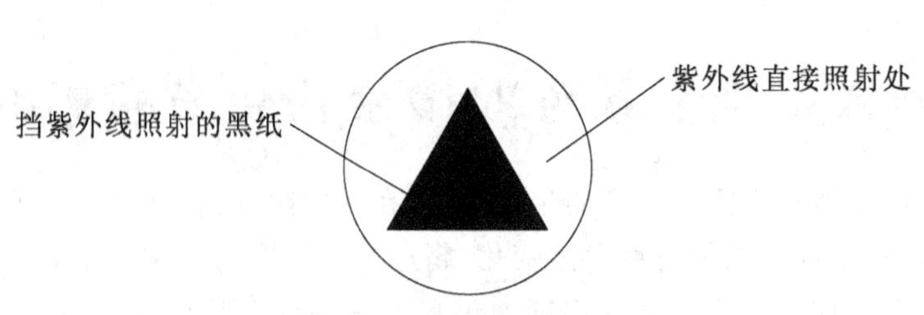

图 3-29 紫外线照射平板

(5) 培养：照射完毕，去除黑纸，盖上皿盖，用黑纸包好培养皿，贴好标签，在 37 ℃下倒置培养 24 h 后，比较加黑纸和未加黑纸处金黄色葡萄球菌的生长情况.

3. 氧对微生物的影响

(1) 配制葡萄糖牛肉膏蛋白胨琼脂培养基，灭菌.

(2) 取 3 支装有葡萄糖牛肉膏蛋白胨琼脂培养基的试管，距管口 2～3 cm 处贴上标签，注明菌名和学号. 加热使培养基融化，50 ℃下保温，分别接种丙酮丁醇梭状芽孢杆菌、圆褐固氮菌和大肠杆菌，轻轻摇动，使菌体上下平均分布. 凝固后，于 30 ℃下培养 2～3 d，观察各菌在深层培养基内的生长情况，判断细菌对氧气的需要情况.

4. 化学药剂对微生物的影响

(1) 配制牛肉膏蛋白胨培养基、牛肉膏蛋白胨琼脂培养基，灭菌.

(2) 在四只无菌培养皿底部用记号笔注明"1"、"2"、"3"、"4"，在皿盖上注明实验者学号.

(3) 用无菌操作在培养皿内加入金黄色葡萄球菌菌悬液 1 mL，再加入融化并冷却至 45 ℃～55 ℃的牛肉膏蛋白胨培养基 15～20 mL，迅速轻轻摇匀.

(4) 将浸泡在氯化汞、碘酒、乙醇、石炭酸四种溶液中的圆滤纸片分别放于标有"1"、"2"、"3"、"4"位置的培养基上(图 3-30).

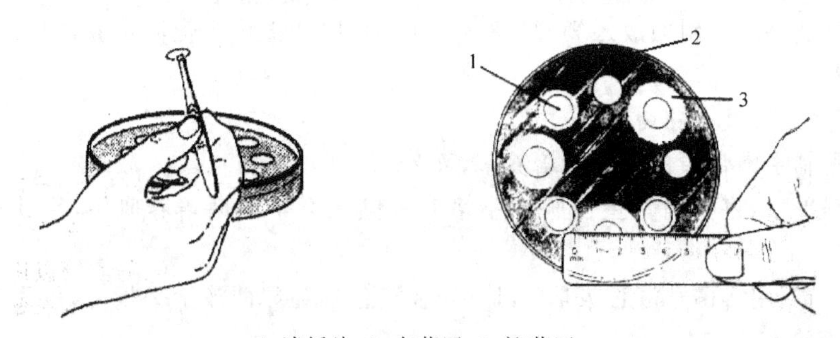

1：滤纸片；2：有菌区；3：抑菌区

图 3-30 圆滤纸片法检测药物的杀菌作用

(5) 37 ℃恒温箱中培养 24 h，测量抑菌圈的大小，以判断各种药剂对金黄色葡萄球菌抑制性能的强弱.

[注意事项]

1. "1"、"2"、"3"、"4"位置上放置的滤纸片种类一定要做好记录，不能混淆.

2. 紫外线照射前要提前 30 min 打开紫外灯.

[实验报告]

1. 温度对微生物生长的影响

培养温度	4 ℃	20 ℃	37 ℃
生长情况			

2. 紫外线对微生物的影响

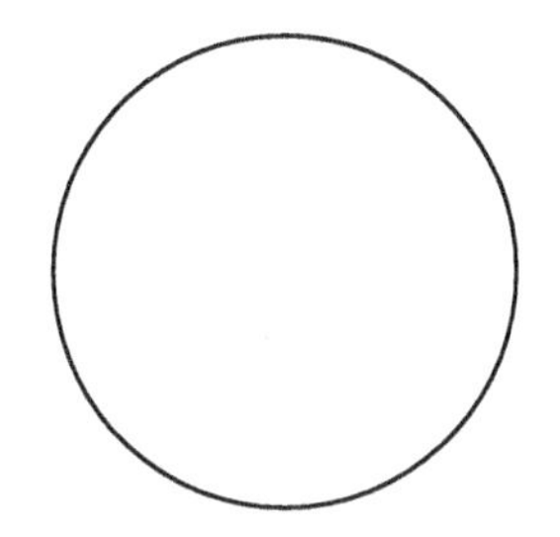

皿 1 照射时去皿盖加三角黑纸

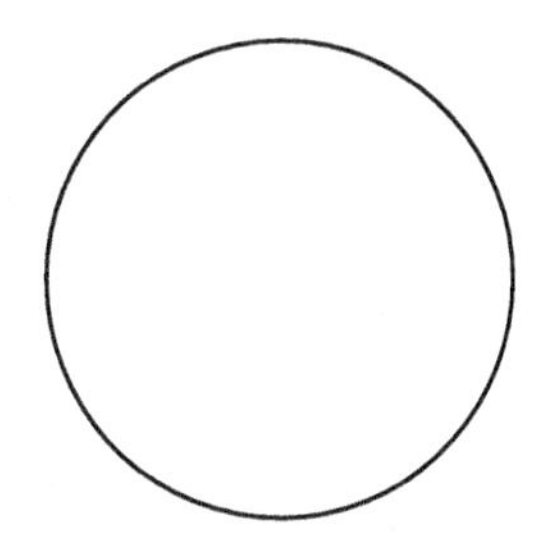

皿 2 照射时加皿盖

3. 氧对微生物的影响

根据实验数据作图并用文字说明.

4. 化学药剂对微生物的影响

药剂种类	氯化汞	碘酒	乙醇	石炭酸
结 果				

[思考题]

1. 紫外线照射时,为什么要去掉皿盖?

2. 根据氧气对微生物生长发育的影响可将微生物分为哪几种呼吸类型?

3. 化学药剂对微生物所形成的抑菌圈内未长菌部分能否说明微生物细胞已被杀死?

实验四十七 土壤中微生物的分离、培养和接种技术

土壤是微生物生活的大本营，是寻找和发现具有重要价值微生物的主要来源. 在不同土壤中，各类微生物的种类和数量千差万别. 为了分离获得某种微生物，需要预先制备不同稀释度的菌悬液，然后通过稀释及平板分离、平板划线等操作，微生物可在平板上分散成单个的个体，再经过适宜条件培养，单个个体可形成单个菌落. 挑取单个菌落转接至新鲜平板上，即可使目的菌种纯化.

[实验目的]

1. 初步掌握从土壤中分离细菌的基本技术.
2. 掌握斜面接种技术.
3. 学习采用平板划线法分离微生物.
4. 学习培养皿和移液管的包扎方法.

[实验材料与器具]

牛肉膏蛋白胨琼脂培养基、电炉、试管、玻璃棒、记号笔、线绳、无菌水、无菌培养皿、无菌移液管、无菌超净台、恒温培养箱、大肠杆菌的斜面菌种.

[实验方法和步骤]

(一) 土壤中细菌的分离和培养

1. 分离培养微生物常用器皿的准备

(1) 清洗需要使用的玻璃仪器，如三角瓶、试管、培养皿、吸管等.

(2) 制作棉塞，包扎需要灭菌的玻璃器皿，如培养皿、移液管等.

① 通过观看教学录像，学习培养皿的包扎方法.

② 移液管的包扎：在移液管的上端塞入一小段棉花，以避免外界及口中杂菌吹入管内，并防止菌液等吸入口中. 棉花应距管口约 0.5 cm，棉花段自身长度为 1～1.5 cm(图 3-31). 棉花要塞得松紧适宜，以吹时能通气而又不使棉花下滑为准. 先将报纸裁成宽约 5 cm 的长纸条，再将塞好棉花的移液管尖端放在长纸条的一端，约成 45°角，折叠纸条包住尖端，用左手握住移液管身，右手将移液管压紧，在桌面上向前搓转，以螺旋式包扎起来. 最后将上端剩余的纸条折叠打结(图 3-31).

将包扎好的培养皿、移液管灭菌，备用.

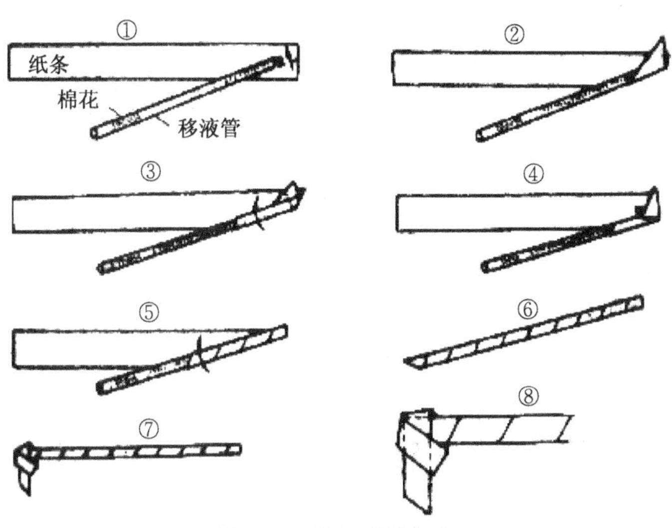

图 3-31 移液管的包扎

2. 制备土壤稀释液

(1) 取土壤

取表层以下 5～10 cm 处的土样，放入灭菌的袋中备用，或放在 4 ℃冰箱中暂存.

(2) 制备稀释液

① 制备土壤悬液：称土样 0.5 g，迅速倒入带有玻璃珠、盛有 49.5 mL 无菌水的三角瓶中，振荡 5～10 min，使土样充分打散，即成 10^{-2} g/mL 的土壤悬液.

② 稀释：用无菌移液管吸 10^{-2} g/mL 的土壤悬液 1 mL，放入 9 mL 无菌水中即为 10^{-3} g/mL 的稀释液，如此重复，可依次制成 10^{-3}～10^{-7} g/mL 的稀释液(图 3-32).

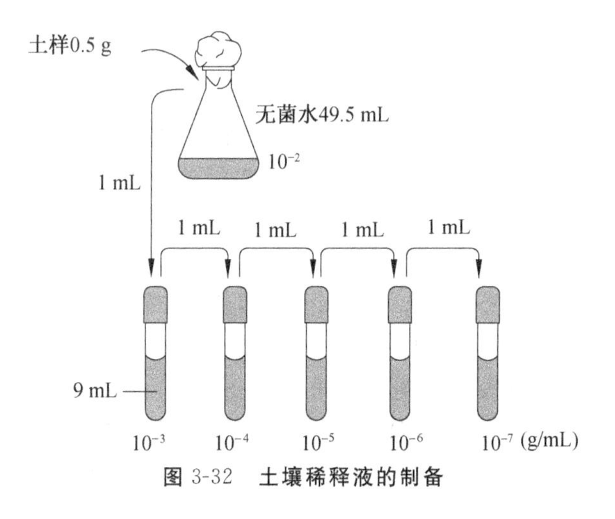

图 3-32 土壤稀释液的制备

注意：操作时管尖不能接触液面，每一个稀释度换用一支移液管；每次吸入土液后，要将移液管插入液面，吹吸 3 次，每次吸上的液面要高于前一次，以减少稀释引起的误差.

3. 分离细菌

(1) 准备好培养皿：在无菌培养皿的皿底贴上标签，注明稀释度、组别、学号、班级.

(2) 融化培养基：在电炉上融化已经灭菌的牛肉膏蛋白胨琼脂培养基，融化后，保存于 50 ℃～60 ℃的恒温水浴锅中备用.

(3) 采取无菌操作，取 10^{-7}、10^{-6} g/mL 两种稀释液各 1 mL，分别接入相应编号的无菌培养皿中.

(4) 倒平板：采取无菌操作，将已融化并冷却至 50 ℃左右的牛肉膏蛋白胨琼脂培养基倾入以上培养皿中(图 3-33)，迅速轻轻左右摇动各三次，然后前后摇动各一次，使菌液与培养基充分混合(但不沾湿皿的边缘).

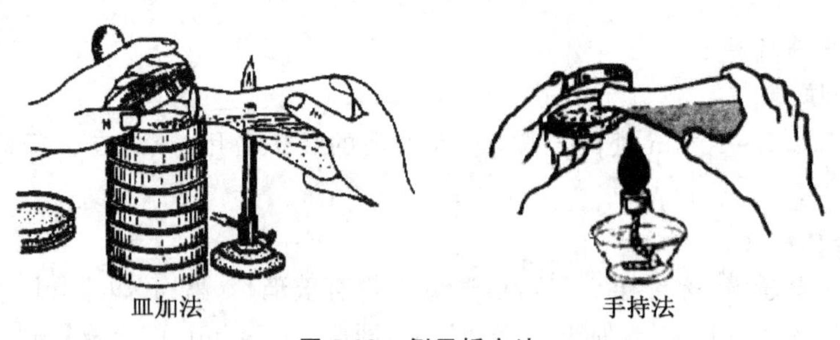

图 3-33　倒平板方法

4. 培养

待琼脂凝固后，将平板倒置(即皿盖朝下放置)，于 28 ℃～ 30 ℃条件下恒温培养 1～2 d.

(二) 平板划线分离微生物

1. 倒平板

在无菌培养皿的皿底贴上标签，注明菌名、组别、学号、班级. 采取无菌操作，将已融化并冷却至 50 ℃左右的牛肉膏蛋白胨琼脂培养基倾入无菌培养皿中(图 3-34)，体积约 15 mL(厚约 5 mm)，平放在桌上待其充分凝固即成平板.

2. 划线分离

按照无菌操作要求，用接种环从待分离的斜面菌种中沾取少量菌样，在上述平板上划线分离(切勿划破培养基). 划线的目的是获得单个菌落，方法多样，主要方法参见图 3-34、3-35. 先在平板培养基的一边作第一次平行划线 3～4 条，再转动培养皿约 70°角，并将接种环上剩余菌烧掉. 待冷却后通过第一次划线部分作第二次平行划线，再用同样的方法通过第二次划线部分作第三次划线和通过第三次平行划线部分作第四次平行划线. 划线完毕，盖上培养皿盖.

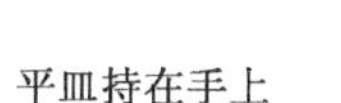

平皿持在手上

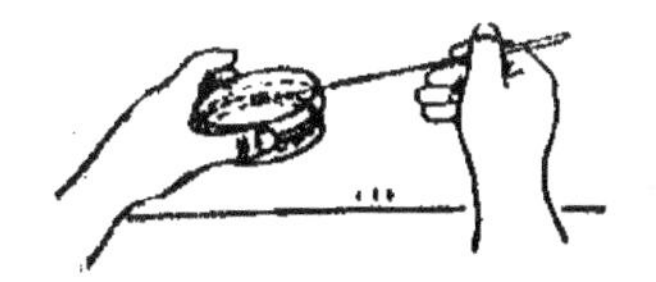

平皿放在台上

图 3-34 划线时平皿盖打开的方法

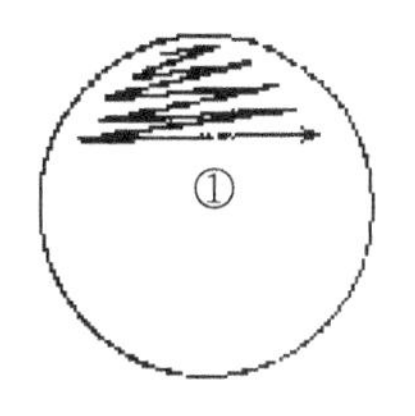

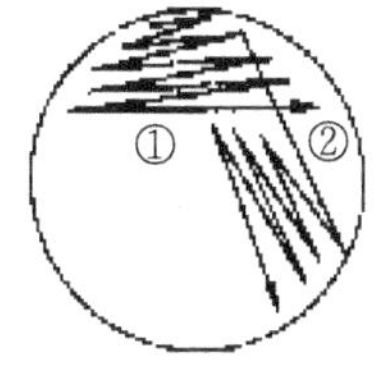

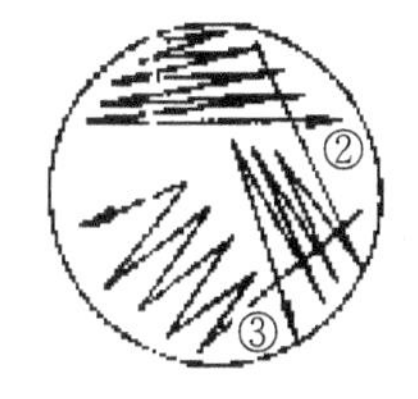

图 3-35 平皿划线法

3. 培养

方法同前(见“土壤中细菌的分离和培养”).

(三) 斜面接种技术

斜面接种是指从长好的斜面菌种上挑取少量菌种移植到另一支新鲜斜面培养基上的一种接种方法.具体操作步骤如下:

1. 贴好标签

取新鲜斜面培养基试管,在距试管口 2～3 cm 处贴好标签,注明菌名、接种日期、接种人姓名.

2. 接种

采取无菌操作技术,用接种环将少许菌种移接到贴好标签的试管斜面上.具体步骤如下(图 3-36):

(1) 手持试管:将菌种和待接斜面的两支试管用大拇指和其他四指握在左手掌中,使中指位于两试管之间,斜面面向操作者,并使它们处于水平位置.

(2) 旋松管塞:用右手松动硅胶塞(或棉塞),以便接种时拔出.

(3) 准备接种环:右手拿接种环,将环端和有可能伸入试管内的部分在酒精灯火焰上灼烧灭菌.

(4) 拔出管塞:用右手的无名指、小指和手掌边先后取下菌种管和待接种试管的管塞,然后让试管缓缓过火灭菌(切勿烧得过烫).

(5) 冷却接种环:将灼烧过的接种环伸入菌种管,先使环接触没有长菌的培养基部分,使其冷却.

(6) 取菌:待接种环冷却后,轻轻沾取少量菌体或孢子,将接种环移出菌种管,注意不要使接种环部分碰到管壁,取出后不可使带菌的接种环通过火焰.

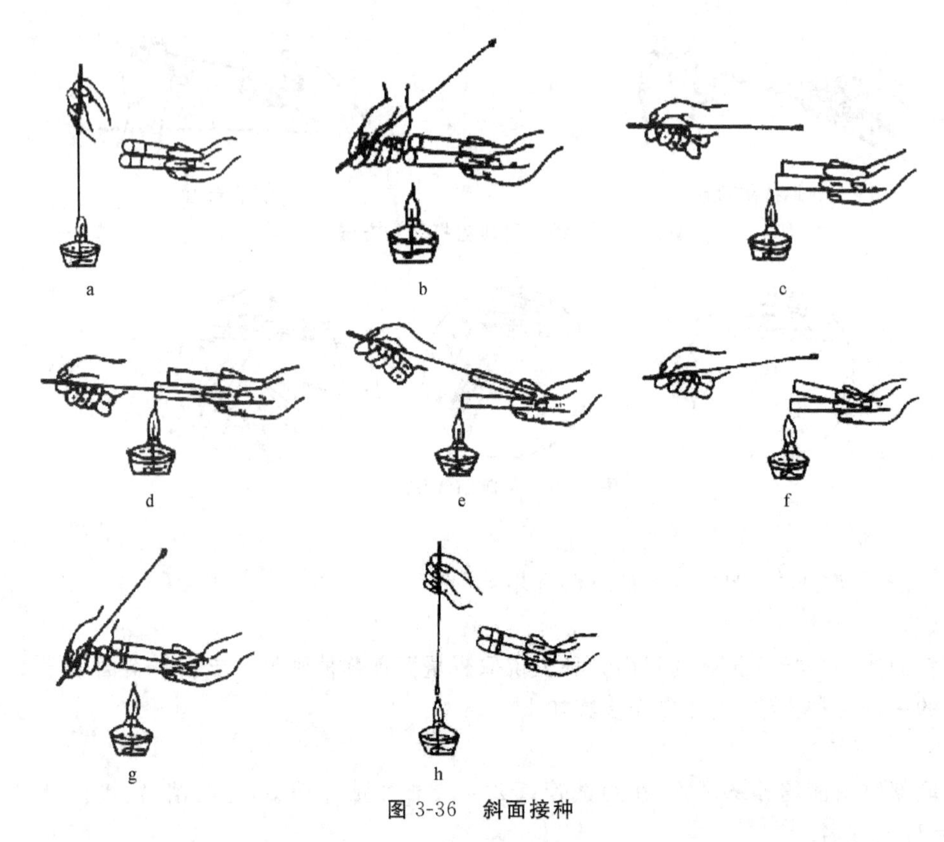

图 3-36　斜面接种

(7) 接种:在火焰旁迅速将沾有菌种的接种环伸入另一支待接斜面试管.从斜面培养基的底部作"Z"形来回划线,切勿划破培养基.有时也用接种针在斜面培养基的中央划一条直线.直线接种有利于观察不同菌种的生长特点.

(8) 插回管塞:取出接种环,灼烧试管口,并在火焰旁插回硅胶塞(或棉塞).插管塞时,不要用试管去迎管塞,以免试管在移动时纳入不洁空气.

(9) 后处理:将接种环放在酒精灯上灼烧灭菌后放下,用双手旋紧试管塞.

3. 培养

方法同前(见"土壤中细菌的分离和培养").

[注意事项]

1. 制备混合液平板时,倾注的培养基温度不能太高,因为过高的温度会烫死微生物.

2. 观察菌落特点时,要选择分离得很开的单个较大的菌落.

3. 接种前 30 min 预先打开无菌超净台的紫外灯,通风.

4. 严格按照无菌操作要求进行.每次划线后要灼烧接种环,然后再划下一区.

[实验报告]

1. 观察土壤稀释分离后的菌落形态,描述分离菌的菌落特征(如正反面颜色、透明度、大小、湿度、厚薄、表面、边缘、松密等).

2. 观察平板划线分离后的培养物.

3. 观察斜面接种后的培养物.

[思考题]

1. 平板培养时为什么要把培养皿倒置?

2. 为什么必须按照无菌要求操作?谈谈你对无菌操作的体会.

第四篇

形态学开放实验

开放实验

[目的和要求]

1. 培养学生的创新意识和创新能力.要求学生在已掌握生物学基础知识和基本实验技能的基础上,用科学研究的方式,主动地获取知识、应用知识、发现问题、解决问题.

2. 要求学生在任课教师的指导下,查阅资料,选题,开题,实施实验,最后以小论文的形式总结实验.

[方法和步骤]

1. 查阅资料及选题

任课教师首先介绍动物学(或植物学、微生物学)资料的查阅方法,指导学生获得相关的资料,并指导学生以小组为单位从各选题中选一实验题目或自定题目.最后由教师根据实验室具备的条件、所需时间及实验经费等情况审阅并确认学生所选题目.

2. 拟定实验提纲

学生进一步查阅与所选的实验题目相关的资料,进行必要的调查,对所选题目的研究现状和意义进行分析论证,提出拟研究的主要问题、重点和难点;写出实验方法、步骤及主要的预期结果,拟定出实验提纲并交教师审阅、修改和完善.

实验提纲的主要内容如下:

- 实验题目
- 实验目的和意义
- 实验方法和步骤
- 所需仪器设备、材料和试剂等用品
- 时间安排
- 主要的预期结果

3. 准备实验

在教师的帮助下,根据拟定的实验提纲,以实验小组为单位进行实验的各项准备工作,包括实验用品的领取、玻璃器皿的清洗和试剂的配制等.

4. 实施实验

按照拟定的实验提纲中的实验方法和步骤,各实验小组独立实施实验,做好实验记录.

5. 实验报告的写作

对实验记录进行整理、分析与总结，按照研究论文的格式写出实验报告，包括摘要、前言、材料与方法、结果、讨论和参考文献等.

[参考实验]

1. 原生动物与水环境中 pH 的关系研究
2. 真涡虫的再生、生殖研究
3. 水螅摄食、应激等行为学研究
4. 化学因子对水螅生殖与发育的影响
5. 蚯蚓用于检测土壤农药污染的研究
6. 水蚤检测水质实验
7. 螯虾的生态与行为学研究
8. 校园蜘蛛调查及研究
9. 蜘蛛捕食活动的观察研究
10. 蚂蚁(或其他昆虫)社会行为的观察研究
11. 校园附近不同环境生物多样性的测定
12. 校园附近不同土壤中动物的测定
13. 土壤中产 α-淀粉酶的微生物的筛选
14. 水体的 pH 值与微生物种类和数量的关系
15. 降解烷烃微生物的筛选和培养
16. C_3 与 C_4 单子叶植物叶的比较解剖研究
17. C_3 与 C_4 双子叶植物叶的比较解剖研究
18. 植物生长环境与其解剖结构之间的关系研究
19. 植物异常结构的解剖学特征研究
20. 不同类型变态叶的比较解剖研究
21. 主要孢子植物(苔藓植物或蕨类植物)原始性的解剖特征研究

附　录

一、生物绘图技术

生物绘图是形象描述生物外部形态和内部结构的一种重要的科学记录方法.在实验报告和将来的科学研究中常用生物绘图法来反映生物的形态结构特征.

生物绘图要以研究的生物对象的特征为出发点,要求所绘的图既有科学性和真实性,又现象、生动、美观.因此要绘好生物图,必须在了解生物学基本知识的基础上,认真细致观察,并熟练掌握绘图的技术和方法,才能达到生物绘图的目的和要求.

生物绘图的步骤和方法如下:

1. 观察

绘图前要对被画的对象作细心观察,对各部分的位置、比例、特征等有完整的感性认识,将正常的结构与偶然的、人为的假象区分开来,选择有代表性的、典型的部位起稿.

2. 起稿

起稿是勾画轮廓的过程.起稿前要根据绘图纸的大小和绘图的数目,确定某个图在绘图纸上的位置和大小;要合理布局,避免过大或过小,比例失调;注意留有引线和注字的位置.将报告纸放在显微镜的右方,左眼观察显微镜,右眼看绘图纸绘图.起稿时,先用较软的铅笔(HB),将所看到的整体和主要部分描绘在绘图纸上,落笔要轻,尽量少改、不擦.

3. 定稿

对照所观察的实物,检查草图,进行修正、补充,绘出较为正确的图形,并将草图擦去.

生物绘图对线条的要求:线条要均匀,不要忽粗忽细;要圆滑,不要有深浅和虚实的区别.

生物绘图对点的要求:"点点衬阴"法可显示图像的立体感,更富有形象和生动的特点.粗密点用来表示背光、凹陷和色彩浓重的部位;细疏点用来表示受光面和色彩较淡的部位.点点要圆,用笔尖垂直向下打点,不可涂墨.

为了节省时间,有时绘图不需要全部绘出,对称、重复的地方只需要绘出其中部分,其他部分以简图表示出形状、大小、位置和比例即可.

4. 文字说明

绘图完成后要对图的各个部分作简要图注. 图注一般在图的右侧,注字应用楷书横写,所有引线右端要在同一垂直线上. 每个图要有一个图题,用以说明所绘结构的名称;图题一般写在图的下方中央. 注字和引线要用铅笔,不要用圆珠笔和有色铅笔.

二、玻璃器皿和玻片的洗涤方法

1. 玻璃器皿洗涤法

清洁的玻璃器皿是得到正确实验结果的重要条件之一.由于实验目的不同,对各种器皿清洁程度的要求也不同.

(1) 一般玻璃器皿(如锥形瓶、培养皿、试管等)可用毛刷及去污粉或肥皂液洗去灰尘、油垢、无机盐类等物质,然后用自来水冲洗干净.少数实验要求高的器皿,可先在洗液中浸泡数 10 min,再用自来水冲洗,最后用蒸馏水洗 2～3 次,以水在内壁能均匀分布成一薄层而不出现水珠作为油垢除尽的标准.将洗刷干净的玻璃仪器烘干后备用.

(2) 用过的器皿应立即洗刷,放置太久会增加洗刷的难度.染菌的玻璃器皿,应先经 121 ℃高压蒸汽灭菌,20～30 min 后取出,趁热倒出容器内的培养物,再用热肥皂水洗刷干净,用水冲洗.带菌的移液管和毛细吸管应立即放入 5%的石炭酸溶液中浸泡数小时,先灭菌,然后用水冲洗.对有些实验,还需要用蒸馏水进一步冲洗.

(3) 新购置的玻璃器皿含有游离碱,一般先用 2%的盐酸或洗液浸泡数小时后再用水冲洗干净.新的载玻片和盖玻片先浸入肥皂水(或 2%的盐酸)内 1 h,再用水洗净,以软布擦干后浸入滴有少量盐酸的 95%乙醇中,保存备用.已用过的带有活菌的载玻片或盖玻片可先浸在 5%的石炭酸溶液中消毒,再用水冲洗干净,擦干后浸入 95%的乙醇中保存备用.

2. 玻片洗涤法

细菌染色的玻片必须清洁无油.具体清洗方法如下：

(1) 新购置的载片,先用 2%的盐酸浸泡数小时,冲去盐酸,再放入浓洗液中浸泡过夜,用自来水冲净洗液,浸泡在蒸馏水中或擦干装盒备用.

(2) 用过的载片,先用纸擦去石蜡油,再放入洗衣粉液中煮沸,稍冷后取出,逐个用清水洗净,放入浓洗液中浸泡 24h,控去洗液,用自来水冲洗,蒸馏水浸泡.

(3) 用于鞭毛染色的玻片经以上步骤清洗后,应选择表面光滑无伤痕者,浸泡在 95%的乙醇中暂时存放.用时取出,用干净纱布擦去乙醇,并经过火焰微热,使残余的乙醇挥发,再用水滴检查.如水滴均散开,方可使用.

(4) 洗净的玻片,最好即时使用,以免被空气中飘浮的油污沾染.长期保存的干净玻片,用前应再次洗涤后方可使用.

(5) 盖片使用前,可用洗衣粉或洗液浸泡,洗净后再用 95%的乙醇浸泡,擦干备用;用过的盖片也应及时洗净并擦干保存.

3. 洗液的配制

通常用的洗液是重铬酸钾(或重铬酸钠)的硫酸溶液,称为铬酸洗液,其成分是:重铬酸钾 60 g,浓硫酸 460 mL,水 300 mL.配制方法为:将重铬酸钾溶解在温水中,冷却后再徐徐加入浓硫酸(密度为 1.84 左右,可以用废硫酸).配制好的溶液呈红色,并有均匀的红色小结晶.稀重铬酸钾溶液的成分是:重铬酸钾 60 g,浓硫酸 60 mL,水 1 000 mL.铬酸洗液是一种强氧化剂,去污能力很强.常用它来洗去玻璃和瓷质器皿上的有机物质,切不可用于洗涤金属器皿.铬酸洗液经加热后,去污作用更强,一般可加热到 45～50 ℃.稀铬酸洗液可煮沸,洗液可反复使用,直到溶液呈青褐色为止.

三、常用试剂的配制

1. 中性红(neutral red)：1%的水溶液.

2. 詹纳斯绿 B(Janus green B)：将 1 滴或 2 滴 1%的詹纳斯绿 B 水溶液加到 50 mL 10%的蔗糖溶液中配制成工作溶液.需要时现配工作溶液，盖上容器盖，剧烈摇动，使染料彻底氧化.

3. 苏丹Ⅲ(Sudan Ⅲ)：将 2 g 染料粉末加入 100 mL 无水乙醇中配制成贮存液.使用时，用等体积的 45%乙醇稀释贮存液配制成工作溶液.

4. 碘化钾(KI)：将 0.3 g 碘(I)和 1.5 g 碘化钾(KI)溶解于 100 mL 蒸馏水中.

5. 钌红(Ruthenium red)：果胶.将 0.2 g 钌红溶解于 50 mL 蒸馏水中.

6. 苏丹Ⅳ(Sudan Ⅳ)：角质和木栓质.用苏丹Ⅳ饱和 95%的乙醇 50 mL，再加入 50 mL 丙三醇.

7. 间苯三酚：木质素.将 1 g 间苯三酚溶于 82 mL 95%的乙醇中，加 18 mL 浓盐酸.

8. 醋酸铜(Copper acetate)：单宁.将 7 g 醋酸铜溶于足量的蒸馏水，用蒸馏水定容至终体积为 100 mL.

9. 氯锌碘试剂(Zinc-chlor-iodide)：测试纤维素.将 50 g ZnC_{12} 和 16 g KI 溶于 17 mL 蒸馏水中(该配方是正确的，配制的溶液非常浓!).

10. KI_3 -硫酸：测试纤维素.采用上述配制的 KI，加入一滴 65%的 H_2SO_4 溶液，制片时在盖玻片一边加入.

11. 米隆试剂(Millon's reagent)：测试蛋白质.配制该试剂时须非常小心.小心地将 10 mL 液体水银溶于 188 mL 浓硝酸中.操作时戴上口罩.当不产生棕色烟雾时，加入两倍体积的蒸馏水.轻轻倒出上清液，储存于带玻璃塞的瓶中.

四、常用固定液和保存液

用固定液固定动植物整体或它的一部分组织和器官等，能使组织内细胞的形态、结构及其组成尽量接近于生活状态.固定液一般有防腐和保存的作用，分为单纯固定液和混合固定液.单纯固定液中最重要的有乙醇、福尔马林、醋酸、苦味酸、铬酸、重铬酸钾、升汞等.单纯固定液的优点是简便，缺点是有一定的局限性，不易达到理想的固定要求.混合固定液是由几种不同的药液按一定的比例混合而成的，使各自的优缺点相互补充，成为较完美的固定液.这种固定液的制备虽比较麻烦，但是效果比较好.常用的混合固定液是醋酸-乙醇混合液、福尔马林-醋酸-乙醇液、包因氏固定液等.常用的保存液大致跟固定液相同，主要是福尔马林、乙醇、甘油以及由这些药物按比例配制成的各种混合液.有时按特殊保存的需要，在保存液中增加某些药品(如原生标本的保存液).

1. 福尔马林(formalin)

甲醛的40%饱和水溶液的商品名为福尔马林.福尔马林在固定组织标本时杀菌能力强，所以防腐性强，渗透力大，固定得快.用福尔马林固定精细的解剖标本时，要跟甘油、乙醇、石炭酸等混合使用.

在配制福尔马林溶液(固定液或保存液)时，常不去计算甲醛浓度，将37%～40%的甲醛作为整个溶质来配.例如配制5%的福尔马林是取市售37%～40%的甲醛溶液5mL跟95mL蒸馏水混合.实际上甲醛含量只有1.9%～2%，这样的配法已成为一般实验室常用的惯例.固定液常用的浓度是5%～10%(根据材料的大小、性质和数量而定).保存液常用的浓度是5%～10%.用福尔马林作保存液，效果好且价格低廉.

注意事项：

(1) 福尔马林溶液在长期贮存中会产生蚁酸，可适量地加入碳酸钙或碳酸镁等碱性物质进行中和.

(2) 福尔马林溶液作为保存液会慢慢挥发而致使浓度降低，并且福尔马林液在保存中往往形成多聚甲醛，使浸液变浊，影响观察.所以，根据一定保存期的情况，可适当增加福尔马林液的浓度或更换新液，以防标本变坏.其中如有白色沉淀物，加热可使它溶解.

(3) 市售的福尔马林液常带有酸性，能腐蚀石灰质，因此，最好不用福尔马林液浸制有石灰质外壳的动物.

2. 乙醇(alcohol)

乙醇也是常用的固定液，它有强烈的杀菌作用，对组织材料的渗透力较强，固定快.但是，它的脱水作用较强，高浓度的乙醇容易使材料显著硬化和收缩.一般用于固定浸制标本材料，分一级或二级固定，即70%或50%与70%的乙醇.有些小型材料或精细的解剖材料，最好用二级或三级固定，即用50%、70%或50%、60%、70%的乙醇，最后再进行保存. 从经济效果来考虑，一般乙醇应跟福尔马林液等固定液混合使用.

市售的工业用乙醇浓度是95%左右，因此用时要重新配制. 保存液的浓度通常是70%.

注意事项：

(1) 在固定材料时要注意固定的效果. 小型材料一般放在固定液中固定；大型材料必须先往体内注射一部分固定液，再放入固定液中，以防止材料内部腐坏变质. 用福尔马林液固定时也是如此.

(2) 高浓度的乙醇有脱水、脱脂作用. 含有多量脂肪的标本或拟脂标本(如脑、脊髓)等都不宜用较高浓度的乙醇作保存液.

(3) 为了防止乙醇使标本硬化，保存一些精细的材料或解剖标本时，应加入少量甘油，因为甘油具有润软组织的作用.

(4) 忌跟铬酸、锇酸和中铬酸钾等氧化剂配合或混用.

3. 醋酸(acetic acid)

醋酸即乙酸，低温时会凝成冰状固体，所以也叫冰醋酸. 醋酸能很快穿透组织，因为它不能沉淀细胞质中的蛋白质，组织不会硬化. 一般常跟乙醇、福尔马林、铬酸等容易引起组织变硬和收缩的液体混合，以起到相互抵消的作用.

醋酸固定液的常用浓度是1%～5%. 改良的卡诺氏(Carnoy's)液配方为：甲醛3份，冰醋酸1份.

4. 苦味酸(picric acid)

苦味酸是一种黄色结晶，能溶于水(溶解度是0.9%～1.2%)、乙醇(溶解度是4.9%)和苯(溶解度是10%). 苦味酸也能沉淀一切蛋白质，穿透较慢，固定后组织收缩明显，但不使组织硬化.

苦味酸固定液的配制：在100 mL蒸馏水中加入苦味酸约1.5 g，制成饱和水溶液. 固体苦味酸易爆，常制成饱和水溶液保存.

5. 升汞($HgCl_2$)

升汞又叫氯化汞，有剧毒，是白色粉末，以针状结晶为最纯. 通常固定时用饱和水溶液，有时也用70%的乙醇作溶剂，不单独用做固定剂. 升汞的穿透力较弱，通常用于小型材料，对蛋白质有强烈的沉淀作用，硬化程度为中等.

6. 卡尔氏(Carl's)液

配方：95%的乙醇170 mL、蒸馏水280 mL、福尔马林60 mL、冰醋酸20 mL.

冰醋酸要在临用前加入.

卡尔氏液是极好的昆虫保存液，常用来杀死和保存小型、身体柔软的动物如螨、蜈蚣、马陆等. 在卡尔氏液里加入少量甘油能防止虫体变脆.

7. 卡诺氏(Carnoy's)液

配方:纯乙醇6份、冰醋酸1份、氯仿3份.

这种固定液能固定细胞质和细胞核,尤其适宜于固定染色体,所以多用于细胞学的制片,还用来固定腺体、淋巴组织以及原生动物的胞壳等.这种固定液穿透得快,因此一般小块组织固定20~40 min,大型材料不超过3~4 h.固定后用95%的乙醇或纯乙醇洗涤,换液两次,移到石蜡中或用80%的乙醇中保存.

8. 吉尔桑氏(Gilson's)液

配方:60%的乙醇50 mL、冰醋酸2 mL、80%的硝酸7.5 mL、升汞10 g、蒸馏水440 mL.

这是常用的固定液,适用于肉质菌类,特别是柔软胶质状的材料如木耳等,也广泛用于无脊椎动物和一般组织和蛙胚的固定.固定时间为18~20 h,然后用50%的乙醇冲洗材料,除去升汞.如果用水冲洗,会使材料膨胀.混合液保存24 h后失效.

9. 福尔马林-醋酸-乙醇(FAA)液

配方:50%的乙醇85 mL、福尔马林10 mL、冰醋酸5 mL.

这种固定液适用于固定一般植物茎、叶组织,昆虫和甲壳类动物.软组织在这种溶液里固定12 h,木质化组织要固定1周,材料也可在此液中长期保存.固定后的材料放在50%的乙醇中冲洗1~2次.

10. 克来宁堡氏(Kleinenberg's)液

配方:在20%的硫酸水溶液内加入苦味酸,直到饱和.

这种固定液适用于鸡胚的固定,也用于许多小型海洋生物的固定.

11. 包因氏(Bouin's)液

配方:苦味酸饱和水溶液75 mL、冰醋酸5 mL、福尔马林25 mL.

这是常用的良好固定剂,渗透迅速,固定均匀,组织收缩少,染色后能显示一般的微细结构.一般动物组织、无脊椎动物的卵和幼虫以及一般组织学、胚胎学的材料,如植物组织的根尖和胚囊都可用它来固定.一般组织固定24~48 h,小块组织固定4~16 h,动物材料能在这种固定液中长期保存.固定后,动物材料用70%的乙醇冲洗苦味酸,直至无黄色为止(用乙醇冲洗时,加几滴氨水,可加快除去黄色);植物材料用20%的乙醇冲洗几次.

12. 绍丁氏(Schaudinn's)液

配方:① 甲液:升汞饱和水溶液66 mL、95%的乙醇33 mL;② 乙液:冰醋酸1 mL.甲、乙液要在临用前混合.

这种固定液适用于固定有鞭毛的原生动、植物的精子和游动孢子等.材料如制作涂布装片,可在40 ℃下固定10~20 min.

13. 绿色幼虫保存液

配方:① 甲液:95%的乙醇90 mL、甘油2.5 mL、福尔马林2.5 mL、冰醋酸

2.5 mL、氯化铜 3 g；② 乙液：冰醋酸 5 mL、福尔马林 4 mL、水 100 mL.

将绝食 1～2 d 的幼虫用注射器从肛门向体内注射甲液，12 h 后转入乙液内保存，约 20 d 更换 1 次乙液.

14. 动物内脏原色保存液

配方：① 甲液：福尔马林 200 mL、硝酸钾 15 g、醋酸钾 30 g、水 1 000 mL；② 乙液：甘油 200 mL 、醋酸钾 100 g、麝香草酚 2.5 g、水 1 000 mL.

先把材料放在甲液内固定，固定时间根据材料的大小而定，一般需 1～5 d. 当材料失去自然色泽而呈暗褐色时，用手轻轻挤压，直到没有淡红色血水流出时，取出材料，用清水冲洗，浸在 85%的乙醇中 3～24 h(不能太久，否则易破坏色素)，至血色恢复后，浸在乙液中保存.

五、常用生理溶液的配制

在实验中常用生理溶液代替体液，可以较长时间地维持离体组织器官的正常活动.

脊椎动物实验常用的生理溶液有任氏液（Ringer）、乐氏液（Locke）和台氏液（Tyrode）. 配制方法如下：

1. 任氏液（适用于两栖动物）

氯化钠 6.5 g、氯化钾 0.14 g、氯化钙 0.12 g、碳酸氢钠 0.20 g、磷酸二氢钠 0.01 g、葡萄糖 2.0 g，定容至 1 000 mL.

2. 乐氏液（适用于哺乳动物）

氯化钠 9.0 g、氯化钾 0.42 g、氯化钙 0.24 g、碳酸氢钠 0.10～0.30 g、葡萄糖 1.0～2.5 g，定容至 1 000 mL.

3. 台氏液（适用于哺乳动物）

氯化钠 8.0 g、氯化钾 0.2 g、氯化钙 0.2 g、碳酸氢钠 1.0 g、磷酸二氢钠 0.05 g、氯化镁 0.1 g、葡萄糖 1.0 g，定容至 1 000 mL.

4. 两栖类生理盐水

氯化钠 6.5～7.0 g，定容至 1 000 mL.

5. 哺乳动物生理盐水

氯化钠 9.0 g，定容至 1 000 mL.

六、实验室意外事故的处理

险情	紧急处理
火险	立刻关闭电门、煤气，使用灭火器，沙土和湿布灭火.
乙醇、乙醚或汽油等着火	使用灭火器或沙土或湿布覆盖，切勿以水灭火.
衣服着火	可就地或靠墙滚转.
破伤	先除尽外物，用蒸馏水洗净，涂以碘酒或红汞.
火伤	可涂5%鞣酸、2%苦味酸或苦味酸铵苯甲酸丁酯油膏，或龙胆紫液等.
灼伤	
强酸、溴、氯、磷等酸性药品灼伤	先以大量清水冲洗，再用5%重碳酸钠或氢氧化铵溶液擦洗，以中和酸.
强碱、氢氧化钠、金属钠、钾等碱性药品灼伤	先以大量清水冲洗，再用5%硼酸溶液或醋酸冲洗，以中和碱.
石炭酸灼伤	以浓乙醇擦洗.
眼灼伤	先以大量清水冲洗，然后
为碱伤	以5%硼酸溶液冲洗，再滴入橄榄油或液体石蜡1～2滴以滋润之.
为酸伤	以5%重碳酸钠溶液冲洗，再滴入橄榄油或液体石蜡1～2滴以滋润之.
食入腐蚀性物质	
酸	立即以大量清水漱口，并服镁乳或牛乳等，勿服催吐药.
碱	立即以大量清水漱口，并服5%醋酸、食蜡、柠檬汁或油类、脂肪.
石炭酸或来苏水	用40%的乙醇漱口，并喝大量烧酒，再服用催吐剂使其吐出.
吸入菌液	
非致病性菌液	立即以大量清水漱口，再以1∶1 000高锰酸钾溶液漱口.
致病性菌液 葡萄球菌、链球菌、肺炎球菌液	立即以大量热水漱口，再以消毒液1∶5 000米他芬，3%过氧化氢或1∶1 000高锰酸钾溶液漱口.
白喉菌液	同上法处理后，并注射1 000单位的白喉抗毒素
伤寒、霍乱、痢疾、布氏等杆菌菌液	同吸入普通致病性菌液的处理后，注射疫菌及抗生素

七、实验用培养基的配制

1. 牛肉膏蛋白胨培养基(用于细菌培养)：牛肉膏 3 g，蛋白胨 10 g，NaCl 5 g，水 1 000 mL，pH7.4～7.6.

2. 高氏 1 号培养基(用于放线菌培养)：可溶性淀粉 20 g，KNO_3 1 g，NaCl0.5 g，$K_2HPO_4 \cdot 3H_2O$ 0.5 g，$MgSO_4 \cdot 7H_2O$ 0.5 g，$FeSO_4 \cdot 7H_2O$ 0.01 g，水 1 000 mL，pH7.4～7.6.配制时注意，可溶性淀粉要先用冷水调匀后再加入到以上培养基中.

3. 马丁氏(Martin)培养基(用于从土壤中分离真菌)：K_2HPO_4 1 g，$MgSO_4 \cdot 7H_2O$ 0.5 g，蛋白胨 5 g，葡萄糖 10 g，1/3 000 孟加拉红水溶液 100 mL，水 900 mL，自然 pH，121 ℃湿热灭菌 30 min.待培养基融化后冷却 55～60 ℃时加入链霉素(链霉素含量为 30 μg/mL).

4. 马铃薯培养基(PDA)(用于霉菌或酵母菌培养)：马铃薯(去皮)200 g，蔗糖(或葡萄糖) 20 g，水 1 000 mL.配制方法如下：将马铃薯去皮，切成约 2 cm^2 的小块，放入 1 500 mL 的烧杯中煮沸 30 min，注意用玻棒搅拌以防糊底，然后用双层纱布过滤，取其滤液加糖，再补足至 1 000 mL，自然 pH.(霉菌用蔗糖，酵母菌用葡萄糖.)

5. 察氏培养基(蔗糖硝酸钠培养基)(用于霉菌培养)：蔗糖 30 g，$NaNO_3$ 2 g，K_2HPO_4 1 g，$MgSO_4 \cdot 7H_2O$ 0.5 g，KCl 0.5 g，$FeSO_4 \cdot 7H_2O$ 0.1 g，水1 000 mL，pH7.0～7.2.

6. Hayflik 培养基(用于支原体培养)：牛心消化液(或浸出液)1 000 mL，蛋白胨 10 g，NaCl 5 g，琼脂 15 g，pH7.8～8.0，分装每瓶 70 mL，121 ℃湿热灭菌 15 min，待冷却至 80 ℃左右，每 70 mL 中加入马血清 20 mL，25%鲜酵母浸出液 10 mL，15%醋酸铊水溶液 2.5 mL，青霉素 G 钾盐水溶液(20 万单位以上) 0.5 mL，以上混合后倾注平板.(注意：醋酸铊是极毒的药品，需特别注意安全操作.)

7. 麦氏(McCLary)培养基(醋酸钠培养基)：葡萄糖 0.1 g，KCl 0.18 g，酵母膏 0.25 g，醋酸钠 0.82 g，琼脂 1.5 g，蒸馏水 100 mL.溶解后分装试管，115 ℃下湿热灭菌 15 min.

8. 葡萄糖蛋白胨水培养基(用于 VP 反应和甲基红试验)：蛋白胨 0.5 g，葡萄糖 0.5 g，K_2HPO_4 0.2 g，水 100 mL，pH7.2，115 ℃下湿热灭菌 20 min.

9. 蛋白胨水培养基(用于吲哚试验)：蛋白胨 10 g，NaCl 5 g，水 1 000 mL，pH7.2～7.4，121 ℃下湿热灭菌 20 min.

10. 糖发酵培养基(用于细菌糖发酵试验)：蛋白胨 0.2 g，NaCl 0.5 g，K_2HPO_4 0.02 g，水 100 mL，溴麝香草酚蓝(1%水溶液) 0.3 mL，糖类 1 g.分别称取蛋白胨和 NaCl 溶于热水中，调 pH 至 7.4，再加入溴麝香草酚蓝(先用少量 95%

的乙醇溶解后，再加水配成1%的水溶液)，加入糖类，分装试管，装量4～5 cm高，并倒放入一杜氏小管(管口向下，管内充满培养液). 115 ℃下湿热灭菌20 min. 灭菌时注意适当延长煮沸时间，尽量把冷空气排尽，以使杜氏小管内不残存气泡. 常用的糖类，如葡萄糖、蔗糖、甘露糖、麦芽糖、乳糖、半乳糖等(后两种糖的用量常加大为1.5%).

11. RCM培养基(强化梭菌培养基，用于厌氧菌培养)：酵母膏3 g，牛肉膏10 g，蛋白胨10 g，可溶性淀粉1 g，葡萄糖5 g，半胱氨酸盐酸盐0.5 g，NaCl 3 g，NaAc 3 g，水1 000 mL，pH8.5，刃天青3 mg/L，121 ℃下湿热灭菌30 min.

12. TYA培养基(用于厌氧菌培养)：葡萄糖40 g，牛肉膏2 g，酵母膏2 g，胰蛋白胨6 g，醋酸铵3 g，KH_2PO_4 0.5 g，$MgSO_4 \cdot 7H_2O$ 0.2 g，$FeSO_4 \cdot 7H_2O$ 0.01 g，水1 000 mL，pH6.5，121 ℃下湿热灭菌30 min.

13. 玉米醪培养基(用于厌氧菌培养)：玉米粉65 g，自来水1 000 mL，混匀，煮10 min成糊状，自然pH，121 ℃下湿热灭菌30 min.

14. 中性红培养基(用于厌氧菌培养)：葡萄糖40 g，胰蛋白胨6 g，酵母膏2 g，牛肉膏2 g，醋酸铵3 g，KH_2PO_4 5 g，中性红0.2 g，$MgSO_4 \cdot 7H_2O$ 0.2 g，$FeSO_4 \cdot 7H_2O$ 0.01 g，水1 000 mL，pH6.2，121 ℃下湿热灭菌30 min.

15. $CaCO_3$明胶麦芽汁培养基(用于厌氧菌培养)：麦芽汁(6波美)1 000 mL，水1 000 mL，$CaCO_3$ 10 g，明胶10 g，pH6.8，121 ℃下湿热灭菌30 min.

16. BCG牛乳培养基(用于乳酸发酵)：(A)溶液：脱脂乳粉100 g，水500 mL，加入1.6%溴甲酚绿(B.C.G)乙醇溶液1 mL，80 ℃下灭菌20 min. (B)溶液：酵母膏10 g，水500 mL，琼脂20 g，pH6.8，121 ℃下湿热灭菌20 min. 以无菌操作趁热将(A)、(B)溶液混合均匀后倒平板.

17. 乳酸菌培养基(用于乳酸发酵)：牛肉膏5 g，酵母膏5 g，蛋白胨10 g，葡萄糖10 g，乳糖5 g，NaCl 5 g，水1 000 mL，pH6.8，121 ℃下湿热灭菌20 min.

18. 乙醇发酵培养基(用于乙醇发酵)：蔗糖10 g，$MgSO_4 \cdot 7H_2O$ 0.5 g，NH_4NO_3 0.5 g，20%豆芽汁2 mL，KH_2PO_4 0.5 g，水100 mL，自然pH.

19. 柯索夫培养基(用于钩端螺旋体培养)：优质蛋白胨0.4 g，NaCl 0.7 g，KCl 0.02 g，$NaHCO_3$ 0.01 g，$CaCl_2$ 0.02 g，KH_2PO_4 0.09 g，NaH_2PO_4 0.48 g，蒸馏水500 mL，无菌兔血清40 mL. 制法：除兔血清外的其余各成分混合，加热溶解，调pH至7.2，121 ℃下湿热灭菌20 min，待冷却后，加入无菌兔血清，制成8%的血清溶液，然后分装试管(5～10 mL/管)，56 ℃水浴灭活1 h后备用.

20. 豆芽汁培养基：黄豆芽500 g，加水1 000 mL，煮沸1 h，过滤后补足水分，121 ℃下湿热灭菌后存放备用，此即为50%的豆芽汁.

用于细菌培养：10%的豆芽汁200 mL，葡萄糖(或蔗糖)50 g，水800 mL，pH7.2～7.4.

用于霉菌或酵母菌培养：10%的豆芽汁200 mL，糖50 g，水800 mL，自然pH.

(霉菌用蔗糖,酵母菌用葡萄糖.)

21. LB(Luria-Bertani)培养基(细菌培养,常在分子生物学中应用):双蒸馏水950 mL,胰蛋白胨 10 g,NaCl 10 g,酵母提取物(bacto-yeast extract)5 g,用 1 mol/L NaOH (约 1 mL)调节 pH 至 7.0,加双蒸馏水至总体积为 1 L,121 ℃下湿热灭菌30 min.

含氨苄青霉素 LB 培养基:待 LB 培养基灭菌后冷至 50 ℃左右加入抗生素,至终浓度为 80～100 mg/L.

22. 复红亚硫酸钠培养基(远藤氏培养基,用于水体中大肠菌群测定):蛋白胨10 g,牛肉浸膏 5 g,酵母浸膏 5 g,琼脂 20 g,乳糖 10 g,K_2HPO_4 0.5 g,无水亚硫酸钠 5 g,5%的碱性复红乙醇溶液 20 mL,蒸馏水 1 000 mL.

制作过程:先将蛋白胨、牛肉浸膏、酵母浸膏和琼脂加入到 900 mL 水中,加热溶解,再加入 K_2HPO_4,溶解后补充水至 1 000 mL,调 pH 至 7.2～7.4.随后加入乳糖,混匀溶解后,于 115 ℃下湿热灭菌 20 min.再称取亚硫酸钠至一无菌空试管中,用少许无菌水使其溶解,在水浴中煮沸 10 min 后,立即滴加于 20 mL 5%的碱性复红乙醇溶液中,直至深红色转变为淡粉红色为止.将此混合液全部加入到上述已灭菌的并仍保持融化状态的培养基中,混匀后立即倒平板,待凝固后存放冰箱备用.若颜色由淡红变为深红,则不能再用.

23. 乳糖蛋白胨半固体培养基(用于水体中大肠菌群测定):蛋白胨 10 g,牛肉浸膏 5 g,酵母膏 5 g,乳糖 10 g,琼脂 5 g,蒸馏水 1 000 mL,pH7.2～7.4,分装试管(10 mL/管),115 ℃下湿热灭菌 20 min.

24. 乳糖蛋白胨培养液(用于多管发酵法检测水体中大肠菌群):蛋白胨 10 g,牛肉膏 3 g,乳糖 5 g,NaCl 5 g,蒸馏水 1 000 mL,1.6%的溴甲酚紫乙醇溶液 1 mL.调 pH 至 7.2,分装试管(10 mL/管),并放入倒置杜氏小管,115 ℃下湿热灭菌20 min.

25. 三倍浓乳糖蛋白胨培养液(用于水体中大肠菌群测定):将乳糖蛋白胨培养液中各营养成分以扩大 3 倍加入到 1 000 mL 水中,制法同上,分装于放有倒置杜氏小管的试管中,每管 5 mL,115 ℃下湿热灭菌 20 min.

26. 伊红美蓝培养基(EMB 培养基,用于水体中大肠菌群测定和细菌转导):蛋白胨 10 g,乳糖 10 g,K_2HPO_4 2 g,琼脂 25 g,2%伊红 Y(曙红)水溶液 20 mL,0.5%美蓝(亚甲蓝)水溶液 13 mL,pH7.4.制作过程:先将蛋白胨、乳糖、K_2HPO_4和琼脂混匀,加热溶解后,调 pH 至 7.4,115 ℃下湿热灭菌 20 min,然后加入已分别灭菌的伊红液和美蓝液,充分混匀,防止产生气泡.待培养基冷却到 50 ℃左右倒平皿.如培养基太热,会产生过多的凝集水.因此可在平板凝固后倒置存于冰箱备用.在细菌转导实验中用半乳糖代替乳糖,其余成分不变.

27. 加倍肉汤培养基(用于细菌转导):牛肉膏 6 g,蛋白胨 20 g, NaCl 10 g,水 1 000 mL, pH7.4～7.6.

28. 半固体素琼脂(用于细菌转导):琼脂 1 g,水 100 mL,121 ℃下湿热灭菌30 min.

29. 豆饼斜面培养基(用于产蛋白酶霉菌菌株筛选):豆饼 100 g 加水 5～6 倍,煮出滤汁 100 mL,汁内加入 KH_2PO_4 0.1 g,$MgSO_4$ 0.05 g,$(NH_4)_2SO_4$ 0.05 g,可溶性淀粉 2 g,pH6,琼脂 2～2.5 g.

30. 酪素培养基(用于蛋白酶菌菌株筛选):分别配制 A 液和 B 液.

A 液:称取 $Na_2HPO_4 \cdot 7H_2O$ 1.07 g,干酪素 4 g,加适量蒸馏水,并加热溶解;B 液:称取 KH_2PO_4 0.36 g,加水溶解. A、B 液混合后,加入酪素水解液 0.3 mL,加琼脂 20 g,最后用蒸馏水定容至 1 000 mL.

酪素水解液的配制:1 g 酪蛋白溶于碱性缓冲液中,加入 1%的枯草芽孢杆菌蛋白酶 25 mL 加水至 100 mL,30 ℃下水解 1 h. 用于配制培养基时,其用量为 1 000 mL培养基中加入 100 mL 以上水解液.

31. 细菌基本培养基(用于筛选营养缺陷型):$Na_2HPO_4 \cdot 7H_2O$ 1 g,$MgSO_4 \cdot 7H_2O$ 0.2 g,葡萄糖 5 g,NaCl 5 g,K_2HPO_4 1 g,水 1 000 mL,pH7.0,115 ℃下湿热灭菌 30 min.

32. YEPD 培养基(用于酵母原生质体融合):酵母粉 10 g,蛋白胨 20 g,葡萄糖 20 g,蒸馏水 1 000 mL,pH6.0,115 ℃下湿热灭菌 20 min.

33. YEPD 高渗培养基(用于酵母原生质体融合):在 YEPD 培养基中加入 0.6 mol/L 的 NaCl,3%的琼脂.

34. YNB 基本培养基(用于酵母原生质体融合):0.67%的酵母氮碱基(YNB,不含氨基酸,Difco),2%的葡萄糖,3%的琼脂,pH6.2. 另一配方为:葡萄糖 10 g $(NH_4)_2SO_4$ 1g,K_2HPO_4 0.125 g,KH_2PO_4 0.875g,KI 0.0001 g,$MgSO_4 \cdot 7H_2O$ 0.5g,$CaCl_2 \cdot 2H_2O$ 0.1 g,NaCl 0.1 g,微量元素母液 1 mL,维生素母液 1 mL(母液均按常规配制),水 1 000 mL,pH5.8～6.0.

35. YNB 高渗基本培养基(用于原生质体融合):在 YNB 基本培养基中加入 0.6 mol/L NaCl.

36. 酚红半固体柱状培养基(用于检查氧与菌生长的关系):蛋白胨 1 g,葡萄糖 10 g,玉米浆 10 g,琼脂 7 g,水 1 000 mL,pH7.2. 在调好 pH 后,加入 1.6%的酚红溶液数滴,至培养基变为深红色,分装于大试管中,装量约为试管高度的 1/2,115 ℃下灭菌 20 min. 细菌在此培养基中利用葡萄糖生长产酸,使酚红从红色变成黄色,在不同部位生长的细菌可使培养基的相应部位颜色改变. 但注意培养时间不能太长,因为酸可扩散以致不能正确判断结果.

以上各种培养基均可配制成固体或半固体状态,只需改变琼脂用量即可,前者为 1.5%～2.0%,后者为 0.3%～0.8%.

八、酸碱指示剂的配制(按笔画顺序排列)

中文名称	英文名称	应加的 NaOH/mL*	酸性颜色	碱性颜色	pH 范围
甲基红	methyl red	37.0	红	黄	4.2～6.3
甲酚红	cresol red	26.2	黄	红	7.2～8.8
甲酚红	cresol red	0.1%的乙醇(90%)	红	黄	0.2～1.8
间甲酚紫(酸域)	meta-creso purple	26.2	红	黄	1.2～2.8
间甲酚紫(碱域)	meta-cresol purple	26.2	黄	紫	7.4～9.0
茜素黄-R	alizarin yellow-R	0.1%的水溶液	黄	红	10.1～12.0
氯酚红	chlorophenol red	23.6	黄	红	4.8～6.4
溴酚蓝	bromophenol blue	14.9	黄	蓝	3.0～4.6
溴酚红	bromophenol red	19.5	黄	红	5.2～6.8
溴甲酚绿	bromecresol green	14.3	黄	红	3.8～5.4
溴甲酚紫	bromoocresol purple	18.5	黄	紫	5.2～6.8
溴麝香草酚蓝	bromothymol blue	16.0	黄	蓝	6.0～7.6
酚红	Phenol red	28.2	黄	红	6.8～8.4
酚酞	Phenolphthalein	1%的乙醇(90%)	无色	红	8.2～9.8
麝香草酚蓝(碱域)	thymol blue	21.5	黄	蓝	8.0～9.6
麝香草酚蓝(酸域)	thymol blue	21.5	红	黄	1.2～2.8
麝香草酚酞(百里酚酞)	thymol-phthalein	0.1%的乙醇(90%)	无色	蓝	9.3～10.5

* 精确称取指示剂粉末 0.1 g,移至研钵中,按表中的量分数次加入 0.01 mol/L 的 NaOH 溶液,仔细研磨直至溶解为止,最终用蒸馏水稀释至 250 mL,从而配成 0.04%的指示剂溶液.但甲基红及酚红溶液应稀释至 500 mL,故最终浓度为 0.02%.

九、微生物实验用染色液及试剂的配制

（一）实验用染色液的配制

1. 黑色素液

水溶性黑素 10 g，蒸馏水 100 mL，甲醛溶液 0.5 mL. 可用做荚膜的背景染色.

2. 墨汁染色液

国产绘图墨汁 40 mL，甘油 2 mL，液体石炭酸 2 mL. 先将墨汁用多层纱布过滤，加甘油混匀后，水浴加热，再加石炭酸搅匀，冷却后备用. 可用做荚膜的背景染色.

3. 吕氏(Loeffier)美蓝染色液

A 液：美蓝(methylene blue，又名甲烯蓝)0.3 g，95%的乙醇 30 mL；B 液：0.01%的 KOH 100 mL. 混合 A 液和 B 液即成吕氏美蓝染色液，用于细菌单染色，可长期保存. 根据需要可配制成稀释美蓝液，按 1：10 或 1：100 稀释均可.

4. 革兰氏染色液

(1) 结晶紫(crystal violet)液：结晶紫乙醇饱和液(结晶紫 2 g 溶于 20 mL 95%的乙醇中)20 mL，1%的草酸铵水溶液 80 mL，将以上两液混匀置 24 h 后过滤即成. 此液不易保存，如有沉淀出现，需重新配制.

(2) 卢戈(Lugol)氏碘液：碘 1 g，碘化钾 2 g，蒸馏水 300 mL. 先将碘化钾溶于少量蒸馏水中，然后加入碘，使之完全溶解，再加蒸馏水至 300 mL 即成. 配成后贮于棕色瓶内备用. 如变为浅黄色，则不能使用.

(3) 95%的乙醇：用于脱色，脱色后可选用以下(4)或(5)其中的一项复染即可.

(4) 稀释石炭酸复红溶液：取碱性复红乙醇饱和液(碱性复红 1 g、95%的乙醇 10 mL 与 5%的石炭酸 90 mL 混合溶解即成)10 mL 加蒸馏水 90 mL 即成.

(5) 番红溶液：番红 O(safranine，又称沙黄 O)2.5 g，95%的乙醇 100 mL，溶解后可贮存于密闭的棕色瓶中，用时取 20 mL 与 80 mL 蒸馏水混匀即可.

以上染液配合使用，可区分出革兰氏染色阳性(G^+)或阴性(G^-)细菌，G^- 细菌被染成蓝紫色，G^+ 细菌被染成淡红色.

5. 鞭毛染色液

A 液：丹宁酸 5.0 g，$FeCl_3$ 1.5 g，15%的甲醛溶液 2.0 mL，1%的 NaOH 1.0 mL，蒸馏水 100 mL；B 液：$AgNO_3$ 2.0 g，蒸馏水 100 mL.

待 $AgNO_3$ 溶解后，取出 10 mL 备用，向其余的 90 mL$AgNO_3$ 中滴加 NH_4OH，即可形成很厚的沉淀，继续滴加 NH_4OH 至沉淀刚刚溶解成为澄清溶液为止. 再将备用的 $AgNO_3$ 慢慢滴入，则溶液出现薄雾，但轻轻摇动后，薄雾状的沉淀又消失，继续滴入 $AgNO_3$，直到摇动后仍呈现轻微而稳定的薄雾状沉淀为止. 如雾重，说明银盐沉淀出，不宜再用. 通常在配制当天使用，次日效果欠佳，第 3 天则不能使用.

6. 0.5%的沙黄(Safranine)液

2.5%的沙黄乙醇液 20 mL,蒸馏水 80 mL.将 2.5%的沙黄乙醇液作为母液保存于不透气的棕色瓶中,使用时稀释.

7. 5%的孔雀绿水溶液

孔雀绿 5.0 g,蒸馏水 100 mL.

8. 0.05%的碱性复红

碱性复红 0.05 g,95%的乙醇 100 mL.

9. 齐氏(Ziehl)石炭酸复红液

碱性复红 0.3 g 溶于 95%的乙醇 10 mL 中为 A 液,0.01%的 KOH 溶液 100 mL为 B 液.混合 A、B 液即成.

10. 姬姆萨(Giemsa)染液

(1) 贮存液:称取姬姆萨粉 0.5 g,甘油 33 mL,甲醇 33 mL.先将姬姆萨粉研细,再逐滴加入甘油,继续研磨,最后加入甲醇,在 56 ℃下放置 1~24 h 后即可使用.

(2) 应用液(临用时配制):取 1 mL 贮存液加 19 mL pH7.4 的磷酸缓冲液即成.亦可按贮存液∶甲醇=1∶4 的比例配制成染色液.

11. 乳酸石炭酸棉蓝染色液(用于真菌固定和染色)

石炭酸(结晶酚)20 g,乳酸 20 mL,甘油 40 mL,棉蓝 0.05 g,蒸馏水 20 mL.将棉蓝溶于蒸馏水中,再加入其他成分,微加热使其溶解,冷却后使用.滴少量染液于真菌涂片上,加上盖玻片即可观察.霉菌菌丝和孢子均可被染成蓝色.染色后的标本可用树脂封固,能长期保存.

12. 1%的瑞氏(Wright's)染色液

称取瑞氏染色粉 6 g,放研钵内磨细,不断滴加甲醇(共 600 mL)并继续研磨使溶解.经过滤后染液须贮存一年以上才可使用.保存时间愈久,则染色色泽愈佳.

13. 阿氏(Albert)异染粒染色液

A 液:甲苯胺蓝(toluidine blue)0.15 g,孔雀绿 0.2 g,冰醋酸 1 mL,95%的乙醇 2 mL,蒸馏水 100 mL;B 液:碘 2 g,碘化钾 3 g,蒸馏水 300 mL.

先用 A 液染色 1 min,倾去 A 液后,用 B 液冲去 A 液,并染色 1 min.异染粒呈黑色,其他部分为暗绿或浅绿色.

(二) 实验用试剂的配制

1. 乳酸苯酚固定液

乳酸 10 g,结晶苯酚 10 g,甘油 20 g,蒸馏水 10 mL.

2. 1.6%的溴甲酚紫

溴甲酚紫 1.6 g 溶于 100 mL 乙醇中,贮存于棕色瓶内保存备用.用做培养基指示剂时,每 1 000 mL 培养基中加入 1.6%的溴甲酚紫 1 mL 即可.

3. VP 试剂

$CuSO_4$ 1g,蒸馏水 10 mL,浓氨水 40 mL,10%的 NaOH 950 mL.先将 $CuSO_4$

溶于蒸馏水中，然后加浓氨水，最后加入10%的NaOH.

4. 0.02%的甲基红试剂

甲基红0.1 g，95%的乙醇760 mL，蒸馏水100 mL.

5. 吲哚反应试剂

对二甲基氨基苯甲醛8 g，95%的乙醇760 mL，浓盐酸160 mL.

6. Alsever's 血细胞保存液

葡萄糖2.05 g，柠檬酸钠0.8 g，NaCl 0.42 g，蒸馏水100 mL. 以上成分混匀后，微加温使其溶解后用柠檬酸调节pH至6.1，分装于三角瓶中（30～50 mL/瓶），113 ℃下湿热灭菌15 min，备用.

7. Hank's 液

(1) 贮存液A液：(Ⅰ) NaCl 80 g，KCl 4 g，$MgSO_4 \cdot 7H_2O$ 1 g，$MgCl_2 \cdot 6H_2O$ 1 g，用双蒸馏水定容至450 mL；(Ⅱ) $CaCl_2$ 1.4 g（或 $CaCl_2 \cdot 2H_2O$ 1.85 g）用双蒸馏水定容至50 mL. 将Ⅰ和Ⅱ液混合，加氯仿1 mL即成.

(2) 贮存液B液：$Na_2HPO_4 \cdot 12H_2O$ 1.52 g，KH_2PO_4 0.6 g，酚红0.2 g，葡萄糖10 g，用双蒸馏水定容至500 mL，然后加氯仿1 mL. 酚红应先置研钵内磨细，然后按配方顺序一一溶解.

(3) 应用液：取上述贮存液的A和B液各25 mL，加双蒸馏水定容至450 mL，113 ℃下湿热灭菌20 min. 置4 ℃下保存. 使用前用无菌3%的 $NaHCO_3$ 调至所需pH.

（注意：药品必须全部用A.R试剂，并按配方顺序加入，用适量双蒸馏水溶解，待前一种药品完全溶解后再加入后一种药品，最后补足水到总量.）

(4) 10%小牛血清的Hank's液：小牛血清必须先经56 ℃、30 min灭活后才可使用，应小瓶分装保存，长期备用. 用时按10%的用量加至应用液中.

8. 0.1 mol/L 的 $CaCl_2$ 溶液

双蒸馏水900 mL，$CaCl_2$ 11 g，定容至1 L，可用孔径为0.22 μm的滤器过滤除菌或121 ℃下湿热灭菌20 min.

9. 0.05 mol/L 的 $CaCl_2$ 溶液

双蒸馏水900 mL，$CaCl_2$ 5.5 g，定容至1 L，可用孔径为0.22 μm的滤器过滤除菌或121 ℃下湿热灭菌20 min.

10. α-淀粉酶活力测定试剂

(1) 碘原液：称取碘11 g，碘化钾22 g，加水溶解定容至500 mL.

(2) 标准稀碘液：取碘原液15 mL，加碘化钾8 g，定容至500 mL.

(3) 比色稀碘液：取碘原液2 mL，加碘化钾20 g，定容至500 mL.

(4) 2%的可溶性淀粉：称取干燥可溶性淀粉2 g，先以少许蒸馏水混合均匀，再徐徐倾入煮沸的蒸馏水中，继续煮沸2 min，待冷却后定容至100 mL（此液须当天配制使用）.

(5) 标准糊精液：称取分析纯糊精0.3 g，用少许蒸馏水混匀后倾入400 mL水中，冷却后定容至 500 mL，加入几滴甲苯试剂防腐，冰箱保存.

11. pH6.0 的磷酸氢二钠-柠檬酸缓冲液

称取 $Na_2HPO_4 \cdot 12H_2O$ 45.23 g，柠檬酸（$C_6H_8O_7 \cdot H_2O$）8.07 g，加蒸馏水定容至 1 000 mL.

12. 0.1 mol/L 的磷酸缓冲液（pH7.0）

称取 $Na_2HPO_4 \cdot 12H_2O$ 35.82 g，溶于 1 000 mL 蒸馏水中，即为 A 液；称取 $NaH_2PO_4 \cdot 2H_2O$ 15.605 g，溶于 1 000 mL 蒸馏水中，即为 B 液. 取 A 液 61 mL，B 液 39 mL，可得到 100 mL 0.1 mol/L pH7.0 的磷酸缓冲液.

13. 测定乳酸的试剂

(1) pH9.0 的缓冲液：在 300 mL 容量瓶中加入甘氨酸 11.4 g，24％的 NaOH 2 mL，加 275 mL 蒸馏水.

(2) NAD 溶液：NAD 600 mg 溶于 20 mL 蒸馏水中.

(3) L(＋)LDH：加 5 mg L(＋)LDH 于 1 mL 蒸馏水中.

(4) D(－)LDH：加 2 mg D(－)LDH 于 1 mL 蒸馏水中.

14. Taq 缓冲液（10×）

Tris-HCl (pH8.4) 100 mmol/L，KCl 500 mmol/L，$MgCl_2$ 15 mmol/L，BSA（牛血清清蛋白）或明胶 1 mg/mL

15. dNTP 混合液

dATP 50 mmol/L，dCTP 50 mmol/L，dGTP 50 mmol/L，dTTP 50 mmol/L.

16. 1％的琼脂糖

取琼脂糖 1 g，TAE100 mL，100 ℃融化后待凉至 40 ℃倒胶，胶厚度为 0.4～0.6 cm.

17. TAE

Tris 碱 4.84 mL，冰乙酸 1.14 mL，0.5 mol/L pH8.0 的 EDTA-$Na_2 \cdot 2H_2O$（乙二胺四乙酸钠盐）2 mL.

18. 0.5 mol/L 的 EDTA(pH8.0)

在 800 mL 蒸馏水中加 186.1 g EDTA，剧烈搅拌，用 NaOH 调 pH 至 8.0（约 20 g 颗粒），定容至 1 L，分装后 121 ℃下湿热灭菌备用.

19. 硝酸盐还原试剂

(1) 格里斯氏(Griess)试剂：① A 液：对氨基苯磺酸 0.5 g，稀醋酸（10％左右）150 mL；② B 液：α 萘胺 0.1 g，蒸馏水 20 mL，稀醋酸（10％左右）150 mL.

(2) 二苯胺试剂：二苯胺 0.5 g 溶于 100 mL 浓硫酸中，用 20 mL 蒸馏水稀释.

在培养液中滴加 A、B 液后溶液如变为粉红色、玫瑰红色、橙色或棕色等，表示有亚硝酸盐还原，反应为阳性. 如溶液为无色，则可加 1～2 滴二苯胺试剂. 如溶液呈蓝色，则表示培养液中仍存在有硝酸盐，从而证实该菌无硝酸盐还原作用；如溶液不呈蓝色，则表示形成的亚硝酸盐已进一步还原成其他物质，故硝酸盐还原反应仍为阳性.

十、微生物学实验中常用的数据表

（一）常用消毒剂

名称	浓度	使用范围	注意问题
升汞	0.05%～0.1%	植物组织和虫体外部消毒	腐蚀金属器皿
甲醛（福尔马林）	10 mL/ m^3	接种室消毒	用于熏蒸
来苏水（煤酚皂液）	3%～5%	接种室消毒，擦洗桌面及器械	杀菌力强
新洁尔灭	0.25%	皮肤及器皿消毒	对芽孢无效
石炭酸（苯酚）	3%～5%	接种室消毒（喷雾），器皿消毒	杀菌力强
高锰酸钾	0.1%	皮肤及器皿消毒	随用随配
生石灰	1%～3%	消毒地面及排泄物	腐蚀性强
硫柳汞	0.01%～0.1%	生物制品防腐，皮肤消毒	多用于抑菌
漂白粉	2%～5%	皮肤消毒	腐蚀金属，伤皮肤
乙醇	70%～75%	皮肤消毒	对芽孢无效
硫磺	15 g/m^2	熏蒸，空气消毒*	腐蚀金属

* 10 mL/m^3加热熏蒸，使其产生黄色浓烟，立即密闭房间，熏蒸 6～24 h.

（二）比重糖度换算表

波尔度（Baume）	比重	糖度（Brix）	波尔度（Baume）	比重	糖度（Brix）
1	1.007	1.8	24	1.200	43.9
2	1.015	3.7	25	1.210	45.8
3	1.002	5.5	26	1.220	47.7
4	1.028	7.2	27	1.231	49.6
5	1.036	9.0	28	1.241	51.5
6	1.043	10.8	29	1.252	53.5
7	1.051	12.6	30	1.263	55.4
8	1.059	14.5	31	1.274	57.3
9	1.067	16.2	32	1.286	59.3
10	1.074	18.0	33	1.2697	61.2
11	1.082	19.8	34	1.309	63.2
12	1.091	21.7	35	1.321	65.2
13	1.099	23.5	36	1.333	67.1
14	1.107	25.3	37	1.344	68.9
15	1.116	27.2	38	1.356	70.8
16	1.125	29.0	39	1.368	72.7
17	1.134	30.8	40	1.380	74.5
18	1.143	32.7	41	1.392	76.4
19	1.152	34.6	42	1.404	78.2

续表

波尔度(Baume)	比重	糖度(Brix)	波尔度(Baume)	比重	糖度(Brix)
20	1.161	36.4	43	1.417	80.1
21	1.171	38.3	44	1.429	82.0
22	1.180	40.1	45	1.442	83.8
23	1.190	42.0	46	1.455	85.7

（三）常用干燥剂

用　　途	常用干燥剂名称
气体的干燥	石灰、无水 $CaCl_2$、P_2O_5、浓 H_2SO_4、KOH
流体的干燥	P_2O_5、浓 H_2SO_4、无水 $CaCl_2$、无水 K_2CO_3、无水 Na_2SO_4、无水 $MgSO_4$、无水 $CaSO_4$、KOH、金属钠
干燥剂中的吸水	P_2O_5、浓 H_2SO_4、无水 $CaCl_2$、硅胶
有机溶剂蒸汽干燥	石蜡片
酸性气体的干燥	石灰、KOH、NaOH
碱性气体的干燥	浓 H_2SO_4、P_2O_5

十一、各国主要菌种的保藏机构

单位名称	单位缩写	单位名称	单位缩写
中国微生物菌种保藏管理委员会	CCCM	中国科学院微生物研究所菌种保藏中心	
中国科学院武汉病毒所菌种保藏中心		轻工部食品发酵工业科学研究所	
卫生部药品生物检定所		中国医学科学院皮肤病研究所	
中国医学科学院病毒研究所		国家医药总局四川抗生素研究所	
华北制药厂抗生素研究所		农业部兽医药品监察所	
世界菌种保藏联合会	WFCC	日本微生物菌种保藏联合会	JFCC
美国标准菌株保藏中心	ATCC	北海道大学农学部应用微生物教研室	AHU
美国农业部北方研究利用发展部	NRRL	东京大学农学部发酵教研室	ATU
美国农业研究服务处菌种收藏馆	ARS	东京大学应用微生物研究所	IAM
美国 Upjohn 公司菌种保藏部	UPJOHN	东京大学医学科学研究所	IID
加拿大 Alberta 大学霉菌标本室	UAMH	东京大学医学院细菌学教研室	MTU
加拿大国家科学研究委员会	NRC	大阪发酵研究所	IFO
法国典型微生物保藏中心	CCTM	广岛大学工业学部发酵工业系	AUT
捷克和斯洛伐克国家菌保会	CNCTC	新西兰植物病害真菌保藏部	PDDCC
荷兰真菌中心收藏所	CBS	德国科赫研究所	RKI
英国国立典型菌种收藏馆	NCTC	德国发酵红叶研究所微生物收藏室	MIG
英联邦真菌研究所	CMI	德国微生物研究所菌种收藏室	KIM
英国国立工业细菌收藏所	NCIB		

参考文献

[1] Lack AJ, Evans DE. Instant notes in plant biology. Oxford: BIOS Scientific Publishers Limited, 2001.

[2] Rudall PJ. Anatomy of flowering plants: an introduction to structure and development. 3rd ed. London: Cambridge University Press, 2007.

[3] Evert RF. Esau's plant anatomy, meristems, cells, and tissues of the plant body: their structure, function, and development. 3rd ed. New Jersey: John Wiley & Sons, Inc,2006.

[4] Wyatt S, Rothwell G, Sardar H. Experimental anatomy of plant development. http://www.plantbio.ohiou.edu/instruct/pbio442—542/.

[5] 植物学实验. http://tve.npust.edu.tw:8080/college/agriculture/npus12/hh/

[6] 刘凌云,郑光美.普通动物学.北京:高等教育出版社,2000.

[7] 刘凌云,郑光美.普通动物学实验指导.北京:高等教育出版社,2000.

[8] 丁汉波.脊椎动物学.北京:高等教育出版社,1983.

[9] 马克勤.脊椎动物比较解剖学实验指导.北京:高等教育出版社,1986.

[10] 周正西,王宝青.动物学.北京:中国农业大学出版社,1999.

[11] 华中师范学院,南京师范学院,湖南师范学院.动物学.北京:高等教育出版社,1983.

[12] 江静波等.无脊椎动物学.北京:高等教育出版社,1981.

[13] 杨安峰.脊椎动物学.北京:北京大学出版社,1992.

[14] 武云飞,姜国良,刘云.水生脊椎动物学.北京:中国海洋大学出版社,2000.

[15] 姜乃澄.动物学实验指导.杭州:浙江大学出版社,2001.

[16] 方展强.动物学实验指导.长沙:湖南科技出版社,2005.

[17] 王爱琴.动物学实验.南京:东南大学出版社,2002.

[18] 郑平.环境微生物学实验指导.杭州:浙江大学出版社,2005.

[19] 黄秀梨.微生物学实验指导.北京:高等教育出版社,2003.

[20] 杨文博.微生物学实验.北京:化学工业出版社,2004.

[21] 诸葛健,王正祥.工业微生物试验技术手册.北京:中国轻工业出版社,1994.

[22] 闵航.微生物学实验.杭州:浙江大学出版社,2005.
[23] 堵南山等.无脊椎动物学.上海:华东师范大学出版社,1989.
[24] 黄诗笺等.动物生物学实验指导.北京:高等教育出版社,2006.